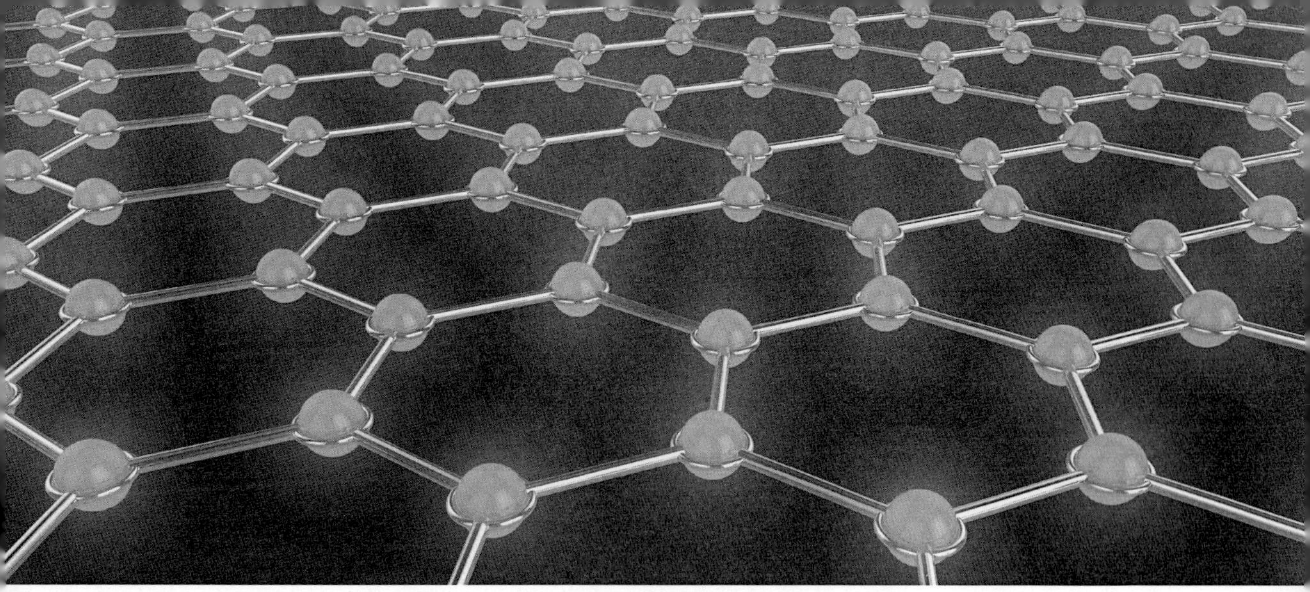

집합조직해석

Texture Analysis Program System
for Cubic and Hexagonal Crystal Symmetry

박노진 · 정효태 저

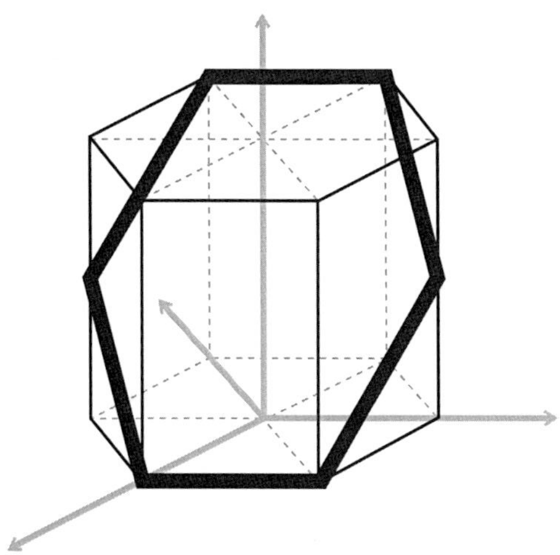

홍릉과학출판사

서 문

공업적으로 널리 사용되는 금속, 세라믹스 등은 대부분 다결정질(polycrystalline) 재료로 구성되어 있으며, 일부분이지만 폴리머 재료도 결정질화 되어 있다. 이러한 결정질 재료에서 대부분의 물리적, 기계적, 화학적 특성은 단결정인 경우 이방성(anisotropy)을 나타내기 때문에 다결정으로 구성되어 있는 재료의 거시적인 특성은 이들을 구성하고 있는 결정립들의 방위분포, 즉 집합조직(texture, preferred orientation)이 어떻게 형성되어 있느냐에 따라 다르게 나타날 수 있다. 따라서 재료공학에서 집합조직은 매우 중요하게 인식되고 있으며 집합조직의 정량적인 분석에 대한 요구는 증가하고 있다. 또한 암석(rock)의 집합조직을 분석함으로 오랜 기간 동안 형성된 지질학적 정보를 얻을 수 있으며 조개, 뼈 등에서도 우선성장 조직을 연구함으로써 생체재료의 이해 및 개발에 이용하는 등 기존의 재료공학 이외의 분야에서도 그 효용성이 날로 증대되고 있다.

집합조직을 측정하는 방법으로는 1990년대부터 매우 빠르게 개발된 개개 결정립의 방위를 직접 측정하는 방법이 있다. 이는 후방산란 전자회절기가 장착된 주사전자현미경(SEM)에서 EBSD(Electron BackScatter Diffraction)를 이용한 OIM (Orientation Image Mapping)을 통하여 높은 정확도를 가지고 측정하는 방법으로 여러 분야에서 이용되고 있다. 하지만 이 방법은 측정영역이 상당히 제한적이고, 시편의 종류 및 조건에 따라 측정하기 어려운 경우가 있기 때문에 시편 전체의 대표성을 나타내는 집합조직을 측정하고 응용하기에는 한계가 있다.

넓은 영역에서의 집합조직을 측정하는 목적으로는 일반적으로 X-선 혹은 중성자선 회절을 이용하는 방법이 사용되고 있다. 또한 선형, 면형 검출기 혹은 에너지분산형 검출기 등을 적용하여 측정속도 및 정확도를 향상시킬 수 있는 기술도 개발되어 있다. 나아가 모든 측정은 자동화되어 있어 컴퓨터를 통하여 제어되고 있다. 이러한 측정의 결과는 극밀도함수(pole density distribution function) 소위 극점도(pole figure)로 나타난다.

극점도는 특정한 결정면의 2차원적인 분포를 나타낸다. 예를 들면, {111} 극점도는 회절 위치에 해당되는 Bragg각 2θ에 시편을 고정시킨 후 고니오미터(goniometer)의 회전 및 기울임을 통하여 측정 가능한 모든 방향에서 회절되는 {111} 결정면의 분포를 나타낸다. 이렇게 측정된 2차원 극점도는 집합조직의 발달정도를 정성적으로는 판단할 수 있지만, 극점도의 적분성(integral property about diffraction direction) 때문에 정량적인 분석에는 한계가 있다. 이를 위해서 3차원적인 ODF(Orientation Distribution Function)을 2차원적인 극점도로부터 계산해야 하는데 이를 "극점도 반전(pole figure inversion)" 혹은 "ODF-분석"이라고 하는데 이는 여러 개의 2차원적인 투영사진에서 3차원적인 분포를 계산하는 "컴퓨터 토모그래피(computer tomography)"와 비슷한 원리이다. 이러한 분석은 여러 방법에 의해 수행될 수 있는데 본 책에서는 급수전개법에 의한 수학적인 방법으로 해석하였다.

급수전개법은 직교함수(orthogonal function, harmonic function)계의 직교성을 이용하는 것으로 조화함수법(harmonic method)이라고도 하며 ODF-분석에 가장 효과적인 방법으로 알려져 있다. 이는 1976년 J. Jura, J. Pospiech, H. J. Bunge에 의하여 표준 프로그램으로 개발되고 현재까지 넓은 영역에서 응용되고 있다.

또한 1990년대에 이르러 ODF의 positivity를 이용하여 "Ghost" 문제를 해결하여 완전 ODF를 해석하고, 극점도의 positivity를 이용하여 불완전하게 측정된 극점도 혹은 측정되지 않은 극점도까지 이용하여 해석하며, 이 과정에서 반복적인 (iterative) 방법을 이용하는 등 많은 발전을 거듭하였다.

본 책에서 소개하는 프로그램은 이러한 일련의 개발과정을 거쳐 완성된 프로그램으로 입방정(cubic) 또는 육방정(hexagonal) 결정구조를 가지며 시편대칭은 3사정(triclinic), 단사정(monoclinic, RD 및 TD를 축으로 하는 단사정), 사방정(orthorhombic), 축대칭(axial symmetry)을 갖는 경우에 이용할 수 있으며, 추후 다른 결정계로 확장할 예정이다. 이론적인 배경과 프로그램 시스템의 구성은 1982년 Butterworths Publishers(London)에서 발간된 "Texture Analysis in Materials Science(H. J. Bunge)"와 1993년 Cuvillier Verlag(Goettingen, Germany)에서 발간된 "Program System ODF-Analysis(E. Dahlem-Klein, H. Klein, N. J. Park)"을 참고했음을 밝혀둔다.

본 책의 1장에서는 집합조직이란 무엇인지를 설명하였으며, 2장에서는 ODF-분석의 이론적인 부분을 간략하게 설명하였다. 3장에서는 결정의 방위(crystal orientation)를 나타내는 여러 가지 표현법과 상호관계를 설명하였고, 극점도(PF ; Pole Figure)와 역극점도(IPF ; Inverse Pole Figure), 그리고 방위분포함수(ODF : Orientation Distribution Function)를 나타내는 오일러공간(euler space)에서 집합조직의 표현을 4장에서 설명하였다. 5장은 극점도 측정을 위한 실험방법에 대한 내용이고, 1장에서 소개한 집합조직의 정량화를 위한 방위분포함수의 계산에 대한 이론적 배경을 구현한 프로그램의 사용에 대하여 6장에서도 설명하였다. 계산 결과의 예를 7장에 수록하였으며, 마지막으로 8장에는 집합조직의 표현으로 가장 많이 사용되는 밀러지수에 대하여 자세히 설명하였으며, 주요한 결정격자면과 방향에 대하여 그림으로 나타내었다. 또한 프로그램과 예제는 책자에 첨부된 CD에 수록하여 공개하며, 저자들의 홈페이지에서도 다운받을 수 있다.

박노진: http://kit.kumoh.ac.kr/~njpark/

정효태: http://knusun.kangnung.ac.kr/~htjeong/

본 책과 프로그램이 조화함수법을 이용하여 ODF를 분석하고자 하는 모든 이들의 이해와 참고에 도움이 되길 바란다.

저자

목 차

CHAPTER 01

집합조직이란?

현대사회에서 공학적으로 사용되는 금속재료들은 반도체 분야 등과 같이 특수한 목적을 갖는 용도로 개발된 일부 단결정재료 또는 비정질재료를 제외하고는 일반적으로 각 결정립들이 인접결정립과 결정방위가 다른 다결정이다. 이와 같은 다결정 집합체의 특징을 갖는 일반적인 금속재료들은 그 결정립 구조에 따라 재료물성의 특징들을 나타내는 것은 잘 알려져 있다. 결정립의 크기에 따라 재료의 강도나 연신율이 달라지는 것이나, 결정립의 모양이 길게 늘어나 종횡비(aspect ratio)가 다른 경우 단축과 장축방향의 재료물성이 달라지는 등 미세조직에 따른 재료물성의 변화는 중요한 재료공학 분야의 연구자들의 연구주제이다. 그러나 이와 같은 미세조직의 변화만이 아니라 집합조직(texture)이라는 특성의 변화에 의해서도 재료물성이 현저하게 변화하는 것이 확인되고 있으며, 이와 같은 집합조직의 변화에 따른 영향을 활용하고자 하는 연구가 활발히 이루어지고 있다. 먼저, 집합조직이 무엇인지와 집합조직에 따라 재료물성의 변화가 왜 생기는지에 대해 간략히 살펴보도록 하자.

결정구조를 갖는 금속재료의 경우 한 개의 결정립 내부는 완전한 단결정이라고 가정하면, 각각의 결정립은 재료부품, 또는 시편의 형상과 일정한 방위 관계를 갖게 될 것이다. 즉, 예를 들면 압연한 판재라고 하면 판재의 면에 특정 결정방위가 놓이게 될 것이다. 이러한 관계는 판재면 외에도 판재 폭방향이나 판재 길이방향으로도 특정 결정방위가 놓이게 된다. 만일 재료부품 또는 시편 전체가 단결정이라고 하면, 시편의 형상에 따라 판재면 방향, 판재 폭방향, 판재 길이방향으로 모두 다른 결정학적인 방향들이 놓이게 될 것이고, 따라서 모든 방향으로의 재료물성이 결정학적인 구조에 따라 달라질 것임은 명확하다. 따라서 재료부품이 단결정이라고 하면, 그 부품은 결정구조에 따른 방향별 차이에 의해 재료물성의 이방성(anisotropy)이 나타나게 된다.

그러나 일반적으로 금속재료는 단결정이 아니라, 다결정 집합체이다. 폭 1m, 길이 1m, 두께 1mm인 얇은 판재 내에서 평균결정립의 크기가 10μm이라고 하면 이만한 크기의 판재 내부에는 $10^5 \times 10^5 \times 10^2 = 10^{12}$개 즉, 1조개 결정립이 존재한다. 이러한 결정립들이 모두 각기 서로 다른 방향으로 배열되어 완전히 무질서하게 배치되어 있다면, 거시적인 재료부품에서는 금속재료의 결정학적인 특성에 따른 방향성을 전혀 나타낼 수 없을 것이다. 이와 같은 경우라면, 우리는 이 부품에는 재료의 이방성이 없는 등방성 재료(isotropic material)라고 말하며, 재료는 집합조직(texture)이나 결정학적인 우선방위(preferred orientation)가 없다고 정의한다.

무수히 많은 다결정 집합체에서 결정립방위가 무질서한 분포를 가지는 경우는 극히 드문 일이며, 모든 제조공정을 거치면서 특정한 결정방향들이 특정한 시편의 방향으로 모이게 된다. 이와 같이 무질서하지 않은 방위분포를 가진 재료는 우선방위 또는 집합조직을 가졌다고 하며, 그 모이는 정도가 심할수록 집합조직이 강하게 발달하였다고 한다.

이러한 집합조직은 결정학적인 특징으로서 결정립의 배열이나 석출물, 합금에서 상(phase)의 분포와 같은 미세조직학적 특징과는 구분된다. 등축결정립조직도 대부분 집합조직을 나타내고 원리적으로는 연신된 결정립조직에서 무질서한 방위분포를 가질 수도 있다. 집합조직은 금속을 제조하는 모든 과정에서 발달하며, 집합조직의 정확한 특성은 재료 자체의 결정구조 특성과 더불어 제조공정의 기계적 처리와 열처리의 복합과정으로 결정된다. 집합조직 발달에서 중요한 공정을 나누어 살펴보면 응고, 소성변형, 열처리, 상변태의 네 가지 분야를 들 수 있으며, 이외에도 지질학적인 과정을 통하여 형성되기도 하며, 전해/무전해 도금공정, 스퍼터링 공정, 분말야금공정, 용접공정 등의 다양한 제조공정에서도 집합조직이 그 제조공정의 특성에 따라 발달한다.

1. 금속 응고(Solidification)

응고집합조직은 용융금속의 응고공정을 통하여 형성된다. 개별 주조에서의 특성 영역은 일반적으로

(1) 표면의 냉각 영역
(2) 주상정 영역
(3) 중심 등축정 영역

으로 나뉠 수 있다. 표면의 냉각 영역에서는 결정립들이 무질서방위를 가지거나 우선방위를 나타낼 수 있지만 중심 영역에서는 대체로 무질서한 방위를 나타낸다. 그리고 주상정 영역에서는 방향성을 갖는 수지상의 성장에 의하여 강한 집합조직이 발달한다. 연속주조의 경우에는 재료의 인출속도, 표면 냉각속도 등에 따라 열흐름 방향이 변화하므로 이에 따라 수지상의 성장방향도 변화하여 집합조직도 다르게 발달한다. 수지상의 성장방향은 용융금속의 응고방향으로 결정구조에 따른 표면에너지와 열전달방향 등의 영향에 의해 특정한 결정방향이 성장하는 것으로 보고되고 있다. 주조조직은 응고조건에 따라 주상정의 방향이 바뀌거나, 주상정에서 등축정으로 변화될 수 있으므로 응고공정은 결국 주조 후 제품의 집합조직에 큰 영향을 미치게 된다.

2. 소성변형(Plastic Deformation)

변형집합조직은 슬립(slip)과 쌍정(twin)에 의한 변형과정에서 형성된다. 주조 등을 통하여 용융금속에서 응고된 금속재료를 이용하여 제품을 제조하기 위해서는 다양한 소성가공공정이 이루어진다. 심하게 변형된 재료의 집합조직은 주로 슬립에 의해 영향을 받지만 쌍정에 의해서도 상당한 방위 재배열을 동반하기 때문에 큰 영향을 받는다. 외부에서 가해지는 변형을 재료 내부에서 수용하기 위해서는 슬립이나 쌍정변형이 일어나게 된다. 슬립이나 쌍정 모두 특정한 면(슬립면, 또는 쌍정면)에서 특정한 방향(슬립방향 또는 쌍정방향)으로 원자가 이동하면서 변형을

수용한다. 이때에 특정한 방향과 특정한 면으로 원자가 이동하게 되므로 외부에서 주어지는 임의의 변형을 수용하기 위해서는 다수의 슬립계 또는 쌍정계가 작용하게 되며, 이와 같은 변형기구가 작동하면 결과적으로 변형을 수용하면서 결정격자는 회전하게 된다. 이러한 결정격자의 회전은 각각 결정립의 방위를 회전시키며 결과적으로 집합조직의 변화를 가져오게 되는 것이다. 최종 집합조직은 외부에서 작용하는 변형률 텐서의 특성, 변형의 크기, 변형의 이력(history), 결정구조에 따른 변형모드(deformation mode) 등에 의해 결정된다.

3. 열처리(Heat Treatment)

냉간 소성변형된 금속을 어닐링처리하면 회복(recovery), 재결정(recrystallization), 결정립성장(grain growth)의 연속적이며 복합적인 과정이 일어난다. 회복에서는 대부분의 과잉 점결함들이 제거되고 전위들이 어느 정도 재배열되지만 집합조직은 변하지 않는다. 재결정 중에는 새로운 결정립들이 핵생성되어 고경각입계 이동에 의해 냉간가공된 기지를 잠식하며 성장하게 된다. 결정립들이 새로이 형성되므로 큰 방위의 변화가 있게 되고 전체적으로 집합조직은 1차 재결정 집합조직을 나타낸다.

재결정 집합조직은 핵생성되는 재결정방위를 중시하는 이론, 결정립 성장을 중시하는 이론, 변형 동안의 축적에너지를 중시하는 이론 등이 있으며, 이에 따라 변형집합조직과 재결정 집합조직간의 관계를 해석하고 있다. 또는 냉간 변형집합조직과 재결정 집합조직이 동일한 경우도 있다. 재결정이 완료된 후에는 결정립 성장이 일어난다. 만약 결정립 성장이 정상적이고 연속적이라면 집합조직이 점진적으로 변화되지만 결정립 성장이 비정상적이고 불연속하다면 극히 일부의 결정립만이 매우 크게 성장하고 집합조직은 크게 변화할 것이다. 이러한 과정을 2차 재결정이라 부르고 일반적으로 조직에 분산된 2상 입자들의 존재에 기인한다. 그런데 2차 재결정은 단상의 금속에서도 발생할 수 있고 이 경우의 필요조건은 매우 강한 1차 재결정 집합조직이 존재해야 한다는 것이다.

4. 상변태(Phase Transformation)

변태집합조직은 변태 전, 후의 상(phase)사이의 방위 관계에 그 기원을 두고 있다. 그 전형적인 예가 강에서 α 페라이트와 γ 오스테나이트 상의 방위 관계를 정의하는 Kurdjumov-Sachs 관계이다.

$$(111)\gamma \parallel (110)\alpha \quad : \quad [110]\gamma \parallel [111]\alpha$$

위의 관계로부터 알 수 있는 것은 집합조직이 이미 존재하고 있는 경우 상변태가 일어나면 알려진 방위 관계에 의해 최종 구조에는 새로운 집합조직이 반드시 형성된다는 것이다.

소성가공에 의해 발달한 집합조직의 형태는 가해진 응력계의 특성에 의해 결정되고 가공 작업의 대칭성을 반영하게 된다. 축대칭의 변형을 일으키는 선재 드로잉과 같은 작업으로는 섬유집합조직(fiber texture)이 생성되어 결정학적 방향이 주변형축이나 유동방향에 평행하게 놓이게 된다. 이상적인 경우에는 이 축 주위로 회전되어 발달하는 모든 방위들이 집합조직에 나타나야 하지만 다른 집합조직과 같이 섬유집합조직도 완전하게 발달하지 않고 특정 방위에 대한 방위 분포가 종종 불균일하게 나타난다. 축대칭 변형을 일으키는 가장 간단한 응력계는 일축인장과 일축압축이지만 각각의 경우 변형량에 제한이 있으므로 집합조직이 강하게 발달할 수 없게 된다. 선재 드로잉, 스웨이징, 압축 등에서는 매우 큰 변형이 얻어질 것이고 결국 강한 섬유집합조직이 발달하게 된다. 섬유집합조직 중에서 특정 결정면이 선재표면에 평행하게 놓이는 경우는 원통형 집합조직(circular texture)이라 한다.

압연이나 압출 등의 가공공정에서 발달하는 집합조직은 가해준 변형시스템에 따라 발달하게 되고 비교적 제품 전체에서 균일한 것으로 예측된다. 불균일한 집합조직을 형성하는 작업으로는 단조, 디프드로잉 등과 같은 많은 가공법이 있다. 그 경우 응력과 변형률 등이 제품의 위치에 따라 다르고 제품전체의 집합조직은 단순한 방법으로 나타낼 수 없다. 실제로 거의 모든 집합조직은 어느 정도 불균일하다. 압연판재에서는 판재표면과 롤 사이의 마찰로 인하여 중심에서 표면으로의 집합조직 변화가 있다. 마찰력이 존재하면 재료의 변형에서 전단변형이 크게 작용하게 되며,

이와 같은 전단변형의 영향으로 표면에 형성된 집합조직은 전단집합조직(shear texture)을 나타내는 반면 중심에서는 거의 평면변형(plane strain) 조건에 가까워지므로 평면변형에 의한 집합조직이 발달한다. 일반적으로는 전단변형집합조직은 표면에서 전체 두께의 약 10~20% 정도만 발달한다. 유사한 집합조직의 불균질 현상이 인발선재나 압출 제품에서 관찰되고 이것도 표면 마찰의 영향에 의한 전단변형의 결과이다.

기원과 형태에 상관없이 집합조직을 갖는 금속은 단결정의 이방성을 반영하므로 재료의 성질에 큰 영향을 준다. 집합조직이 발달한 판재에서 항복응력은 판재면에서의 방향에 따라 변하게 되므로 디프드로잉과 같은 작업에서 불균일한 유동이 발생하는 문제가 있다. 그런데 우선방위가 무조건 해로운 것은 아니다. 재료물성의 이방성 중에서 적절한 집합조직을 형성시킬 수 있는 제조공정을 개발하면, 합금의 개발이나 미세조직의 제어없이 우수한 재료물성을 나타내는 방향의 성질만 선택하여 재료부품에 사용할 수 있다. 예를 들면 변압기 코어재료로 철손이 가장 적은 방위가 배열되도록 강한 집합조직을 가지는 강판을 사용하는 것은 잘 알려져 있으며, 저탄소강에서의 ND∥⟨111⟩ 섬유집합조직의 발달을 활용한 고성형성의 확립,

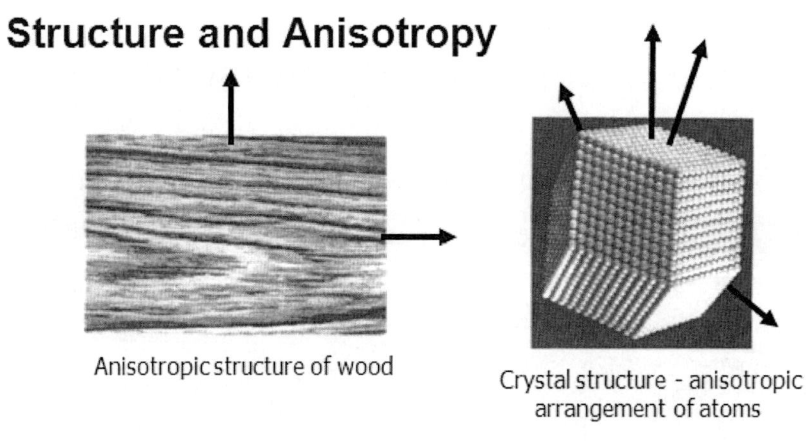

그림 1.1 재료의 구조에 따른 이방성을 보여주는 그림으로 화살표 방향으로의 재료성질이 차이가 있음을 알 수 있다.

콘덴서용 알루미늄 박막의 {001}〈100〉 Cube 재결정 집합조직을 활용한 터널에칭 효과 증대 등 상당히 많은 영역에서 응용되고 있다. 그러므로 집합조직의 제어는 동일한 원재료를 이용한 공정제어로써, 연구 집약적인 고부가가치를 구현하는 연구 분야이고, 이러한 집합조직의 발달 정도를 정량적으로 정의하는 것은 매우 중요하다.

또한 집합조직을 연구하는 것이 중요한 이유는 지질학적인 형성과정, 금속의 변형과정, 어닐링과정, 전기도금과정, 재료의 산화과정, 원자의 확산과정, 상변태과정 등에 대한 이해를 쉽게 만들어 주며, 집합조직은 소성변형, 재료의 기계적, 자기적, 물리적, 열적, 전기적 성질들과 부식, 산화, 마모 등의 성질에서 나타나는 이방성의 근원이기 때문이다.

CHAPTER 02

이론적 배경

2.1 기본개념

다결정 재료에서의 집합조직은 다결정을 구성하고 있는 전체 결정립들의 방위분포함수 $f(g)$를 이용하여 정의할 수 있다. 각 결정립의 결정좌표계(crystal coordinate system)를 K_B, 결정립들이 구성하고 있는 시편의 좌표계(sample coordinate system)를 K_A라 하면 방위 혹은 회전 g를 이용한 결정립에서 K_B와 K_A의 관계를 다음 식 (2.1)과 같이 표현할 수 있다(그림 2.1). 즉 시편 내 하나의 결정립의 방위 g는 시편좌표계 K_A를 결정좌표계 K_B로 변환시키는 회전이다.

$$K_B = g \cdot K_A \tag{2.1}$$

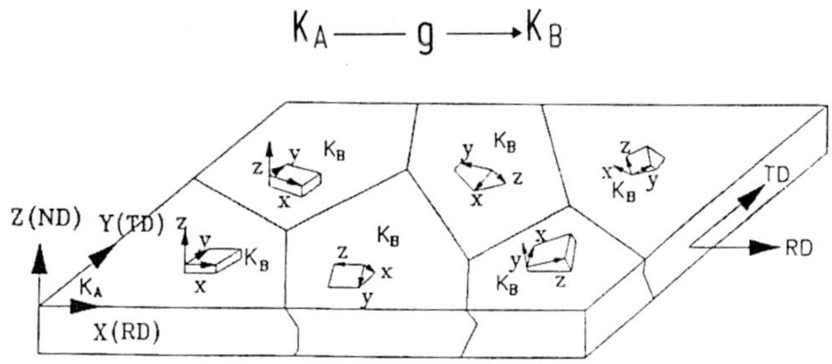

그림 2.1 시편좌표계 K_A와 결정좌표계 K_B의 관계를 나타내는 결정립의 방위 g

결정좌표계는 일반적으로 결정의 대칭성을 이용하여 결정하는데, 예를 들면 입방정(cubic) 결정계에서는 입방축인 [100], [010], [001]을 좌표계의 축으로 설정한다. 시편좌표계 역시 시편모양 혹은 제조공정 등에서 나타나는 대칭성을 이용하며, 예를 들면, 판재의 경우 압연방향(RD ; Rolling Direction), 압연면에 수직한 법선방향(ND ; Normal Direction), 이 두 방향에 수직한 판재의 횡방향(TD ; Transverse Direction)을 좌표계의 축으로 한다. 그림 2.2에는 금속판재와 지질학적 광물시편에서의 시편좌표계 및 입방정과 육방정(hexagonal) 결정계에서의 결정좌표계 선택의 예를 보여주고 있다.

시편좌표계 K_A를 결정좌표계 K_B로 이동시키며, 결정의 방위를 설명할 수 있는 회전 g는 여러 방법에 의하여 이해할 수 있다. 예를 들면 그림 2.3(a)에서 나타낸 것과 같이 밀러지수(Miller index)를 이용하여 표현하는 방법이 있는데, 이 방법에서는 시편좌표계의 중요한 방향인 압연방향을 포함하는 압연면과 평행한 면의 지수를 (hkl)로 하고, 압연방향과 평행한 방향을 $[uvw]$로 하여 식 (2.2)와 같이 표현한다.

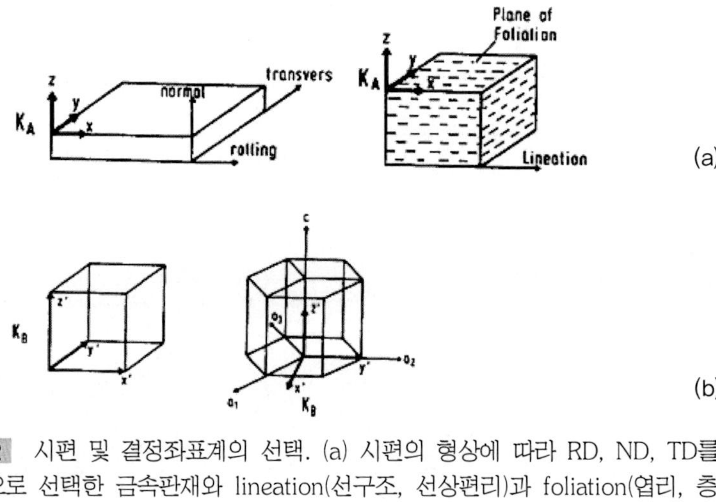

그림 2.2 시편 및 결정좌표계의 선택. (a) 시편의 형상에 따라 RD, ND, TD를 시편좌표계의 축으로 선택한 금속판재와 lineation(선구조, 선상편리)과 foliation(엽리, 층리면에 평행하게 발달된 벽개면) 방향을 축으로 택한 지질학적 광물시편에서의 시편결정계, (b) 낮은 지수를 갖는 방향(즉, 대칭성이 큰 방향)과 평행하게 좌표계의 축으로 선택한 결정좌표계, 입방정결정계의 [100], [010], [001]과 육방정결정계에서의 $[10\bar{1}0]$, $[11\bar{2}0]$, [0001]

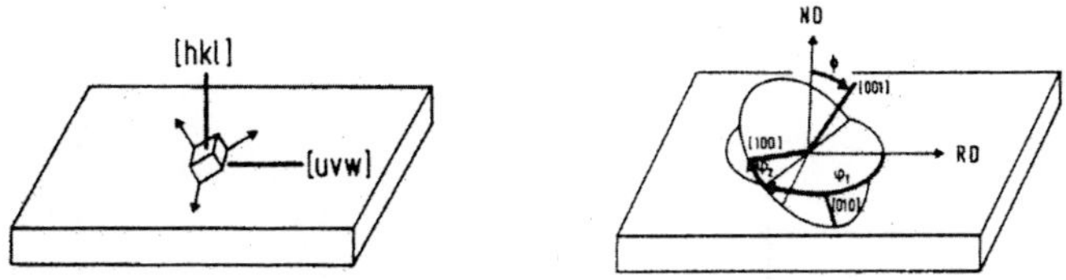

(a) (b)

그림 2.3 방위 g의 표현, (a) 밀러지수 (hkl)과 $[uvw]$을 이용, (b) 오일러각 $\{\varphi_1,\ \Phi,\ \varphi_2\}$을 이용하는 방법

$$g = (h\,k\,l\,)[u\,v\,w] \tag{2.2}$$

다른 방법으로 3개의 오일러각(Euler angle, $\{\varphi_1,\ \Phi,\ \varphi_2\}$)에 의해 표현되는데 그림 2.3(b)에서와 같이 각각의 오일러각이 나타내진다. 이 오일러각은 3번의 회전을 나타내는데, K_A 좌표계에 적용해 K_B 좌표계로 일치시키는 회전각이다.

$$g = \{\varphi_1,\ \Phi,\ \varphi_2\} \tag{2.3}$$

즉, 다음과 같이 3번의 회전을 시편좌표계 K_A에 적용해 결정좌표계 K_B로 일치시키고, 이때 회전되는 세 개의 각을 오일러각이라 한다.

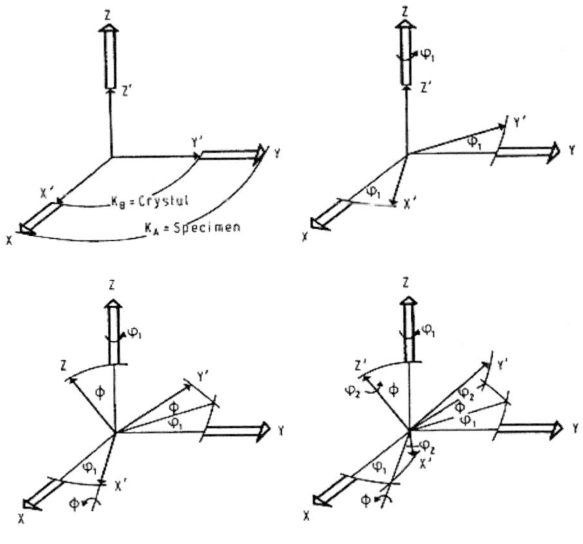

1. Z축(ND)을 중심으로 φ_1 만큼 회전
2. 회전된 X축(X')을 중심으로 Φ만큼 회전
3. 회전된 Z축(Z')을 중심으로 φ_2만큼 회전

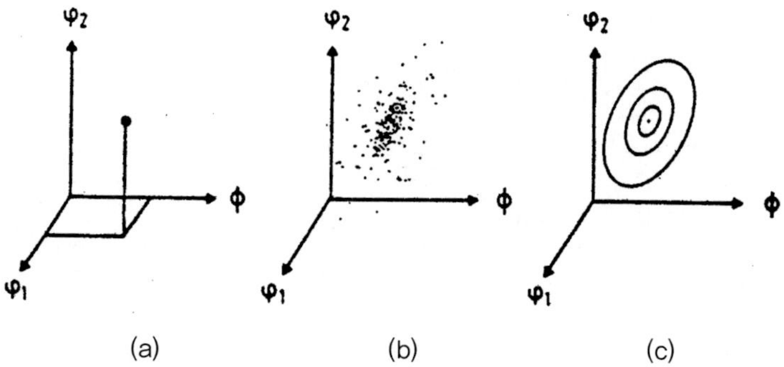

그림 2.4 오일러공간에서 결정방위의 표현. (a) 하나의 결정방위, (b) 모든 결정립의 방위(집합조직), (c) 연속적인 분포함수로 나타낸 집합조직

최종적으로 회전된 축은 결정좌표계 K_B와 일치한다. 이와 같이 얻어진 오일러각{φ_1, Φ, φ_2}들은 각각의 오일러각을 좌표축으로 하는 직교좌표계로 구성된 공간에 표현하며 이때의 공간을 오일러공간(Euler space)이라 한다. 오일러공간의 한 점은 하나의 결정방위를 나타낸다(그림 2.4(a)). 모든 결정립의 방위(그림 2.4(b))를 총체적으로 집합조직(texture)이라 하며, 그림 2.4(c)에서와 같이 연속적인 분포함수로 나타낸다.

그림 2.4(c)에서 보여주는 집합조직은 결정립 개수의 분포함수로 정의하고 있다. 그러나 일반적으로 집합조직은 다음 식 (2.4)와 같이 결정의 부피에 대한 분포함수를 사용하고 있다. 특히 결정립의 크기가 다른 경우에는 결정의 부피를 이용하는 것이 더 타당하다.

$$f(g) = f(\varphi_1, \Phi, \varphi_2) = \frac{dV(g)/V}{dg} \tag{2.4}$$

여기에서 방위밀도 $f(g)$는 무질서(random)한 분포값의 배수로 다음 식과 같이 정규화(normalization)한다. 이는 집합조직이 발달하지 않고 무질서한 경우, 모든 $f(g)$는 1의 값을 가짐을 의미한다.

$$f_{\text{random}} = \oint f(g)dg = 1 \tag{2.5}$$

방위분포함수 $f(g)$는 두 종류의 대칭성을 갖는데, 첫째는 결정의 대칭성(crystal symmetry, 예: 입방정 대칭성)이며, 둘째는 시편의 대칭성(sample symmetry)이다. 예를 들면, 일반적인 방법으로 압연된 판재의 경우 사방정(orthorhombic) 시편대칭성을 가지며, 봉재나 선재의 경우는 축(axial) 형태의 시편대칭성을 갖는다. 이 경우 대칭에 의한 등가점(symmetrically equivalent points)에서는 방위분포함수가 같은 값을 갖는다. 이를 식으로 표현하면 다음과 같이 나타낼 수 있다.

$$f(g^c \cdot g \cdot g^s) = f(g) \tag{2.6}$$

여기에서 g^s는 시편대칭성의 대칭조작이고, g^c는 결정대칭성의 대칭조작을 나타낸다. 그러므로 집합조직의 함수는 방위공간의 모든 범위에서 구해야 하는 것이 아니고 비대칭 단위(asymmetric unit) 내에서만 구하면 된다. 이때 경면(mirror plane), 반전(inversion)과 같은 2차 대칭조작 및 특정 결정방향에서의 회전대칭(예, 입방정 결정계에서 [111]-축에서의 3회전)은 고려하지 않았다. 결정계와 시편에서 모두 대칭성이 없는 경우(triclinic crystal symmetry, triclinic sample symmetry)에는 방위분포함수를 전체 방위공간인 $0 \leq \varphi_1 \leq 2\pi$, $0 \leq \Phi \leq \pi$, $0 \leq \varphi_2 \leq 2\pi$에서 구해야 하지만, 입방정의 결정대칭(cubic crystal symmetry)과 사방정의 시편대칭(orthorhombic sample symmetry)을 갖는 경우에는 다음 범위에서 집합조직 함수가 구해지면 충분하다.

$$0° \leq \{\varphi_1, \Phi, \varphi_2\} \leq 90° \quad \text{cubic-orthorhombic} \tag{2.7a}$$

입방정의 결정대칭에서 시편대칭이 없는 경우(triclinic sample symmetry)에는 범위가 다음과 같이 넓어진다.

$$0° \leq \varphi_1 \leq 360°,\ 0° \leq \{\Phi, \varphi_2\} \leq 90° \quad \text{cubic-triclinic} \tag{2.7b}$$

그러나 이 범위에서도 입방정 결정계에 포함되어 있는 [111]-축을 중심으로 한 대칭성 때문에 3개의 비대칭 단위를 포함하고 있다.

집합조직 함수는 직교좌표계로 구성된 공간에서 등밀도 평면(그림 2.5(a)) 또는 오일러공간의 평단면에서 등고선(그림 2.5(b))으로 표현할 수 있다. 단면은 오일러

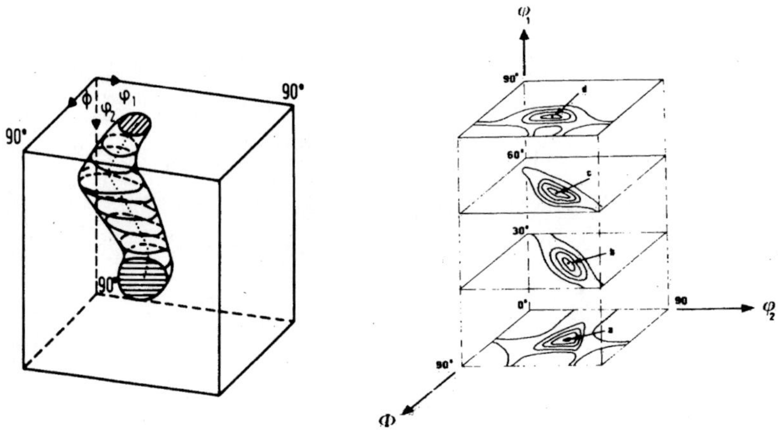

(a) (b)

그림 2.5 오일러공간에서 방위분포의 표현. (a) 등밀도 평면, (b) 평단면에서의 등고선

각들 중에서 어느 것이나 임의로 선택할 수 있다.

$\Phi=0°$일 때 오일러공간은 변질(degenerate)되어 있다. 즉 이 면에서는 모든 $\varphi_1+\varphi_2=const.$인 경우에 같은 방위를 나타낸다(그림 2.6).

이러한 경우 다른 각좌표계(angular coordinate)를 도입하면 해결할 수 있는데,

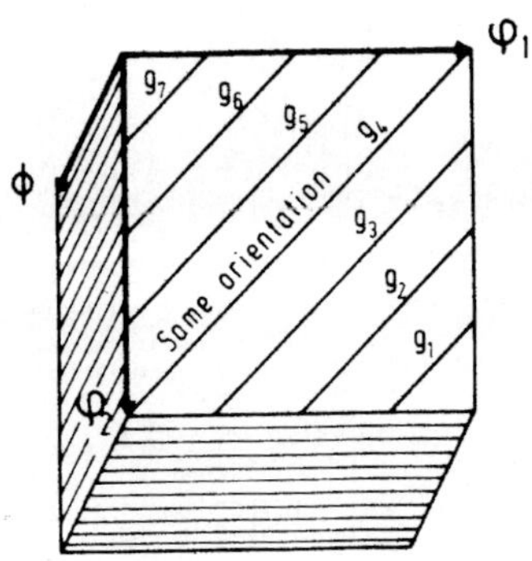

그림 2.6 $\Phi=0°$에서 변질된 오일러공간. 선에 표현되어 있는 방위는 하나의 같은 방위를 나타냄

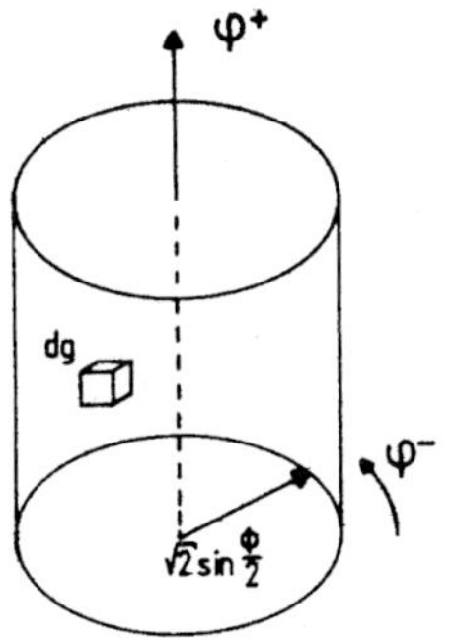

그림 2.7 극좌표계에서 $[\phi,\ \varphi^+]$-좌표계를 이용한 방위분포의 표현

예를 들면 그림 2.7에서 보여주듯이 $[\phi,\ \varphi^+]$-좌표계를 이용하여 극좌표계(polar coordinate)로 표현하면 $\Phi = 0°$ 일 때 오일러공간은 변질(degenerate)되지 않는다. 이때 φ^+, φ^-는 식 (2.8)에 의하여 φ_1, φ_2를 이용하여 구할 수 있다. 그러나 직교좌표계로 표현하면 오일러공간이 변질되어 있지만 편의상 많은 보고들은 직교좌표계를 사용하여 표현한다.

$$\varphi^+ = [\varphi_1 + \varphi_2] \tag{2.8}$$

$$\varphi^- = [\varphi_1 - \varphi_2]$$

축대칭성(axial symmetry)의 집합조직을 나타내는 경우 방위분포함수 $f(\varphi_1,\ \Phi,\ \varphi_2)$는 φ_1에 무관한 값을 갖는다. 이때의 집합조직은 3차원이 아닌 2차원 방위분포함수 $f(\Phi,\ \varphi_2)$ 혹은 역극점도(inverse pole figure)로 완전히 설명할 수 있다.

2.2 극점도와 역극점도

하나의 특정한 시편방향 $\vec{y}$는 시편좌표계 K_A에서 직교좌표 혹은 극좌표를 이용해서 다음과 같이 표현된다.

$$\vec{y} = [y_1,\ y_2,\ y_3] = \{\alpha, \beta\} \tag{2.9}$$

극좌표 $\{\alpha,\ \beta\}$는 극점도를 측정할 때 시편기울임각 α와 시편회전각 β로 표시되는 각이다.

결정방향 $\vec{h}$도 이와 유사하게 결정좌표계 K_B에서 다음과 같이 정의된다.

$$\vec{h} = [h_1,\ h_2,\ h_3] = \{\theta,\ \gamma\} \tag{2.10}$$

여기서 특정한 시편방향 $\vec{y}$에 평행한 특정한 결정방향 $\vec{h}$을 갖는 모든 결정립들을 고려하면, 이러한 결정들의 부피분율은 다음 식과 같이 방위분포함수를 적분하여 얻을 수 있다.

$$A(\vec{h},\ \vec{y}) = \frac{1}{2\pi}\int_{\vec{h}\parallel\vec{y}} f(g)d\psi \tag{2.11}$$

식 (2.11)에서 결정방향 $\vec{h}$를 일정하게 유지하고 $\vec{y}$를 변수로 취하면 그림 2.8과 같은 극밀도분포(pole density distribution), 즉 극점도(pole figure)를 얻을 수 있다.

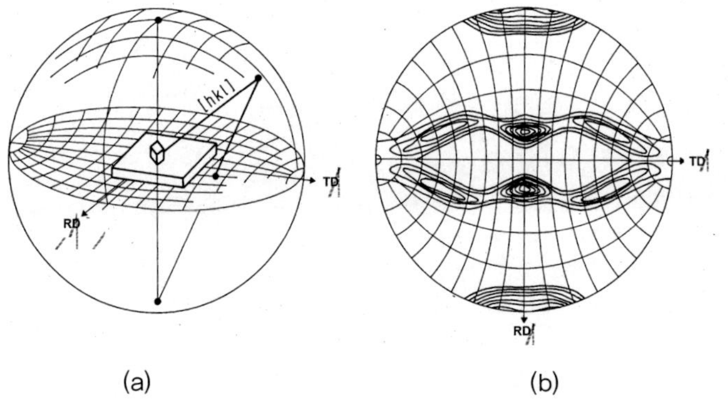

그림 2.8 (a) 극밀도분포(pole density distribution) 혹은 극점도(pole figure)는 한 결정면(hkl)에 수직한 특정한 결정방향 $\vec{h}$의 분포를 시편에 의해 결정된 시편좌표계(RD, TD, ND)에 표시, (b) 스테레오 투영도에 표현한 극점도

$$A(\vec{h},\ \vec{y}) = P_{\vec{h}}(\vec{y}) = P_{\vec{h}}(\alpha,\ \beta)$$: pole density distribution, pole figure (2.12)

반면에 특정한 시편방향 $\vec{y}$를 일정하게 유지하고 결정방향 $\vec{h}$ 를 변수로 취하면 그림 2.9와 같은 축분포함수(axis distribution function), 즉 역극점도(inverse pole figure)를 얻을 수 있다.

$$A(\vec{h},\vec{y}) = R_{\vec{y}}(\vec{h}) = R_{\vec{y}}(\theta,\gamma)$$: axis distribution function, inverse pole figure (2.13)

시편이 축대칭성을 갖고 있는 경우에는 축방향의 역극점도로 집합조직을 완전히 표현할 수 있다.

극점도를 측정할 수 있는 고니오미터(texture goniometer)를 사용하는 다결정의 회절시험에서 낮은 지수를 갖는 결정면(hkl)에 수직한 결정방향 $\vec{h}$ 의 극점도를 측정할 수 있고, 식 (2.11)에 의하면 극점도는 방위분포함수와 다음의 관계가 있음

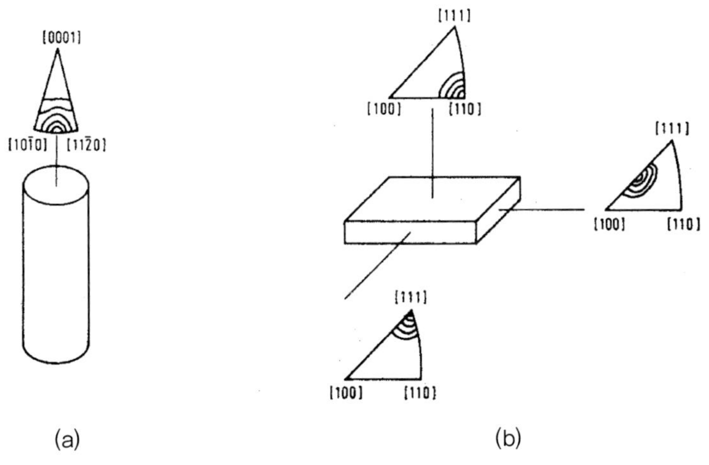

그림 2.9 역극점도는 특정한 시편방향과 일치하는 재료 내의 각 결정립들이 갖는 방향의 분포를 결정좌표계(스테레오 표준투영도의 결정학적 비대칭 단위구역)에 표시. (a) 육방정을 갖는 축대칭인 시편의 축방향에 대한 역극점도, (b) 입방정 재료의 RD, TD, ND에 대한 역극점도

을 알 수 있다. 여기서 α는 시편 기울임각, β는 회전각이다.

$$P_{hkl}(\alpha,\ \beta) = \frac{1}{2\pi}\int_{(hkl)\perp(\alpha,\beta)} f(g)d\psi \tag{2.14}$$

X-ray(또는 neutrons, electrons)의 회절은 회절격자면의 (hkl)과 $(\bar{h}\bar{k}\bar{l})$ 양면을 구분하지 못하므로 실험적으로 구해지는 극점도 $\widetilde{P}$ 는 항상 두 부분의 중첩된 결과로 나타난다.

$$\widetilde{P}_{hkl}(\alpha,\ \beta) = \frac{1}{2}[P_{hkl}(\alpha,\ \beta) + P_{\bar{h}\bar{k}\bar{l}}(\alpha,\ \beta)] \tag{2.15}$$

그림 2.10에서 보여주듯이 극점도는 판재에서 사방정(orthorhombic)계 대칭, 선재에서 축방향 대칭과 같은 시편대칭성을 보여주며, 역극점도에서는 결정대칭성을 나타낸다.

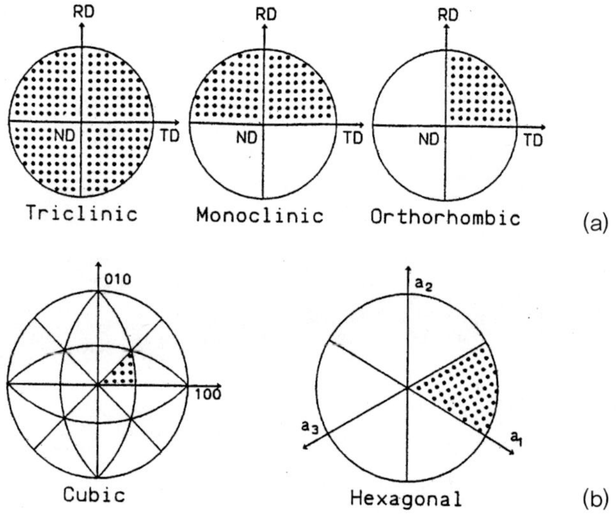

그림 2.10 극점도와 역극점도의 대칭. (a) 시편대칭(극점도) : 사방정대칭(orthorhombic : 1사분면), 단사정대칭(monoclinic : 2사분면), 3사정대칭(triclinic : 4사분면), (b) 결정대칭(역극점도) : 입방정, 육방정대칭

2.3 급수전개

집합조직함수 $f(g)$는 일반화된 구함수(generalized spherical function)를 이용한 조화함수의 급수(series)로 다음과 같이 전개할 수 있다.

$$f(g) = \sum_{l=0}^{L} \sum_{\mu=1}^{M(l)} \sum_{\nu=1}^{N(l)} C_l^{\mu\nu} \cdot T_l^{\mu\nu}(g) \tag{2.16}$$

여기서 $T_l^{\mu\nu}(g)$는 $\overset{:\,.}{T_l^{\mu\nu}}(g)$로 나타내어 대칭성을 고려하여 표현할 수 있는데 이는 식 (2.6)에 의해 결정대칭성과 시편대칭성을 모두 고려한 것으로 불변이다. 결정대칭성은 함수의 기호 T의 왼쪽 위에 두 개의 점(입방정인 경우)으로 표시하고 시편대칭성은 오른쪽 위에 한 개의 점(사방정인 경우)으로 표시한다. 그러나 편의상 이 책의 모든 식에서 대칭성을 표현하는 점을 표기하지 않았다. 또한 $M(l)$은 결정대칭성의 독립적인 함수의 갯수이고, $N(l)$은 시편대칭성의 독립적인 함수의 갯수이다. 이 갯수는 조화함수의 전개차수 l에 따라서 그림 2.11과 같다. 전개차수 l은 무한대(∞)로 전개할 수 있지만, 전개차수가 커짐에 따라 계수(C-coefficient)가 0으로 수렴하기 때문에 적절한 차수 L까지 전개하면 충분하며 이는 집합조직의 강도와도 관계가 있으며 2.8절에서 자세히 설명하였다.

식 (2.11)의 $f(g)$를 식 (2.16)을 사용하여 표현하면

$$A_{hkl}(\vec{h}, \vec{y}) = \sum_{l=0}^{L} \sum_{\mu=1}^{M(l)} \sum_{\nu=1}^{N(l)} \frac{4\pi}{2l+1} C_l^{\mu\nu} \cdot k_l^{*\mu}(hkl) \cdot k_l^{\nu}(\alpha, \beta) \tag{2.17}$$

여기서 k_l^{μ} k_l^{ν}는 결정방향 $\vec{h}$와 시편방향 $\vec{y}$의 대칭구면 조화함수이다. 결정방향 $\vec{h}$를 일정하다고 가정하면 식 (2.17)로부터

$$P_{hkl}(\alpha,\ \beta) = \sum_{l=0}^{L} \sum_{\nu=1}^{N(l)} F_l^{\nu}(hkl) \cdot k_l^{\nu}(\alpha,\ \beta) \tag{2.18}$$

를 얻는다.

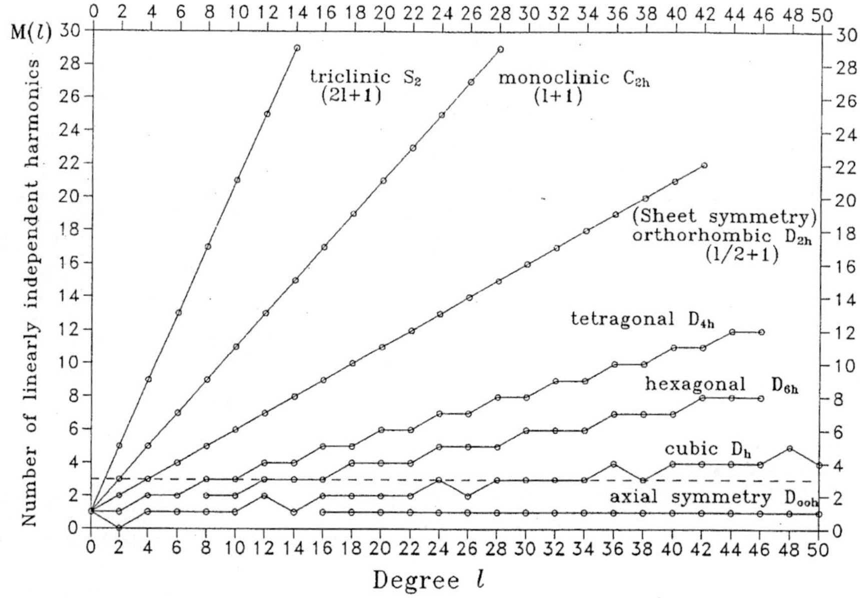

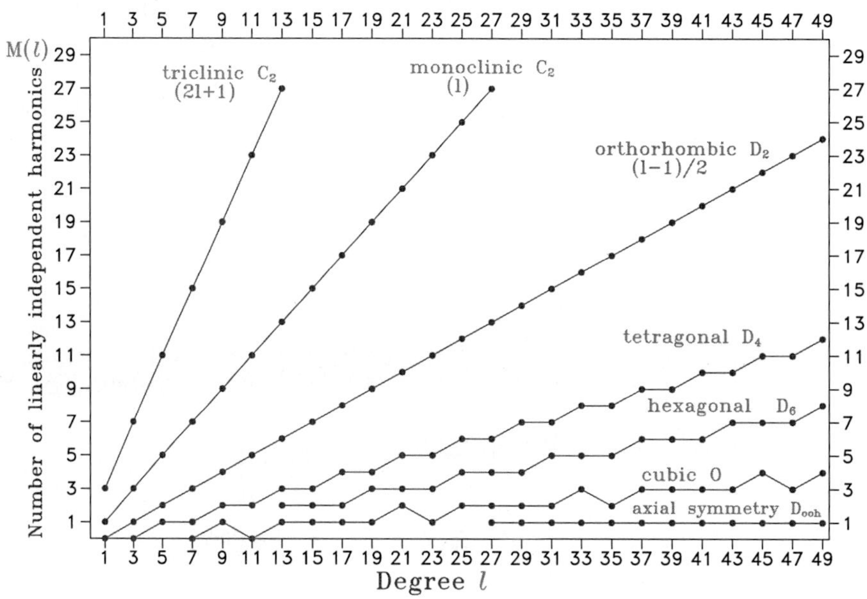

그림 2.11 여러 대칭성에 대한 전개차수 l 에서의 독립적인 조화함수의 수

이때 계수 $F_l^\nu(hkl)$는

$$F_l^\nu(hkl) = \frac{4\pi}{2l+1}\sum_{\mu=1}^{M(l)} C_l^{\mu\nu} \cdot k_l^{*\mu}(\theta_{hkl}, \gamma_{hkl}) \qquad (2.19)$$

식 (2.19)는 l과 ν의 조합에 대한 $M(l)$개의 미지수 $C_l^{\mu\nu}$를 가진 선형 연립방정식이다. 그러므로 이 방정식은 최소한 미지수만큼의 방정식을 사용할 수 있다면 해를 구할 수가 있다. 즉, 미지수 $M(l)$개만큼의 극점도가 필요하다. 이때 계수 $F_l^\nu(hkl)$는 측정된 극점도 $P_{hkl}(\alpha,\ \beta)$로부터 식 (2.18)의 반전(inversion)에 의해 얻어진다.

$$F_l^\nu(hkl) = \int_{\alpha=0}^{\pi}\int_{\beta=0}^{2\pi} P_{hkl}(\alpha,\beta) \cdot k_l^{*\nu}(\alpha,\beta) \cdot \sin\alpha \, d\alpha \, d\beta \qquad (2.20)$$

적분식 (2.20)은 완전 극점도(측정범위: $0° \le \alpha \le 90°$, $0° \le \beta \le 360°$)에 대해서 적용되며, 식 (2.19)의 $M(l)$값은 그림 2.11에서와 같이 차수 l이 증가함에 따라 증가하며, 측정 극점도 (hkl)의 수는 최대 차수의 l에 해당되는 $M(l)$값보다 커야만 한다. 극점도의 수가 $M(l)$값보다 클 때는 식 (2.19)는 과결정(over-determined)된다. 피할 수 없는 실험오차를 고려하면 식 (2.19)는 최소승자법에 의해 풀어야 한다. 여기서 $P_{hkl}(\alpha,\beta)_{\exp}$가 측정된 극점도, $F_l^\nu(hkl)_{\exp}$가 이 극점도를 사용하여 식 (2.20)에 의해 계산된 계수값이라 하면, 식 (2.19)는 다음 조건으로 풀 수 있다.

$$\sum_{(hkl)}\left[F_l^\nu(hkl)_{\exp} - \frac{4\pi}{2l+1}\sum_{\mu=1}^{M(l)} C_l^{\mu\nu} \cdot k_l^{*\mu}(\theta_{hkl}, \gamma_{hkl})\right]^2 = \text{Min.} \qquad (2.21)$$

이렇게 얻어진 $C_l^{\mu\nu}$ 값으로부터 F_l^ν값, 즉 $F_l^\nu(hkl)_{calc}$을 식 (2.19)에 따라 계산할 수 있고, 식 (2.18)에 의해서는 계산된 극점도 $P_{hkl}(\alpha,\beta)_{calc}$를 얻을 수 있다.

식 (2.17)에서 시편방향 $\vec{y}$가 일정하다고 가정하면 역극점도를 얻을 수 있다.

$$R_{\vec{y}}(\theta,\gamma)=\sum_{l=0}^{L}\sum_{\mu=1}^{M(l)}H_l^{\mu}(\vec{y})\cdot k_l^{*\mu}(\theta,\gamma) \tag{2.22}$$

이때의 계수는

$$H_l^{\mu}(\vec{y})=\frac{4\pi}{2l+1}\sum_{\nu=1}^{N(l)}C_l^{\mu\nu}\cdot k_l^{\nu}(\vec{y}) \tag{2.23}$$

그러므로 측정된 극점도 $P_{hkl}(\alpha,\ \beta)$로부터 계수 $F_l^{\nu}(hkl)$, $C_l^{\mu\nu}$ 그리고 마지막으로 ODF $f(g)$를 계산할 수 있다. 이 과정을 그림 2.12에 도식적으로 나타냈다. 이 그림에서 볼 수 있듯이 역극점도나 극점도를 계수 $C_l^{\mu\nu}$ 값으로부터 재계산할

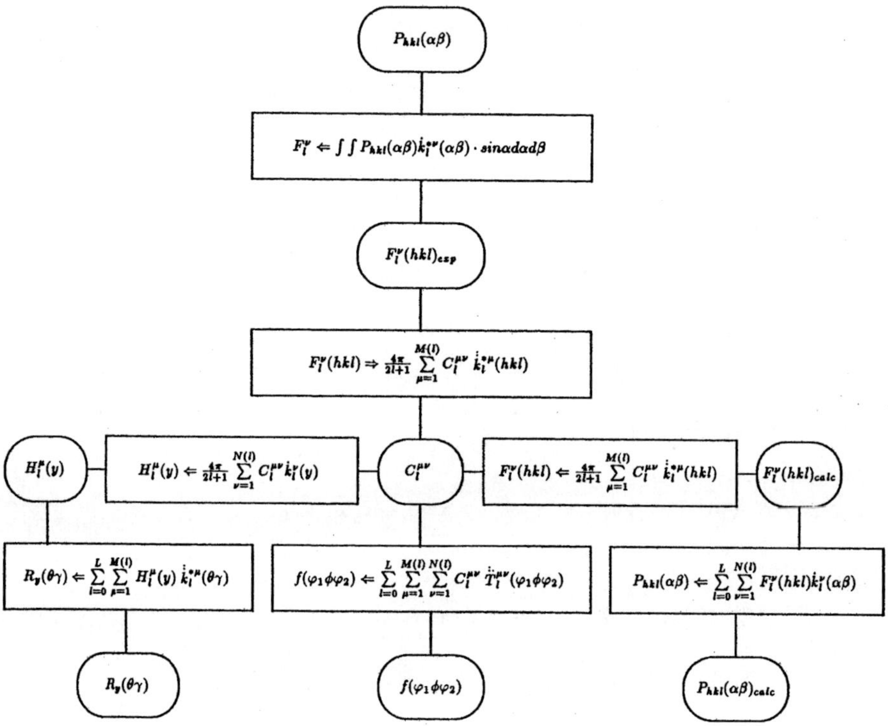

그림 2.12 측정된 극점도(measured pole figure)로부터 불완전한 ODF, 역극점도(inverse pole figure), 계산된 극점도(calculated pole figure)를 계산하기 위한 흐름도

수 있으며, 이것은 측정되지 않은 극점도까지도 계산할 수 있음을 나타낸다. 그리고 측정된 극점도와 재계산된 극점도를 비교함으로써 모든 과정의 오차를 추정할 수 있고(실험에서 발생하는 오차 및 급수의 제한에 의해 발생하는 오차) 이러한 오차의 척도로 차극점도(difference pole figure)를 사용할 수 있다. 이상적인 경우 차극점도의 값은 0이 되어야 한다.

$$\Delta P_{hkl}(\alpha,\ \beta) = P_{hkl}(\alpha,\ \beta)_{\exp} - P_{hkl}(\alpha, \beta)_{calc} \tag{2.24}$$

2.4 불완전, 완전 방위분포함수(ODF)

식 (2.20)에서 $P_{hkl}(\alpha, \beta)$ 대신 식 (2.15)에서와 같이 $\widetilde{P}_{hkl}(\alpha,\ \beta)$로 대체하면, 계수 $\widetilde{F}_l^{\nu}(hkl)$의 크기를 다음 관계를 이용해 구할 수 있다.

$$k_l^{*\mu}(\theta_{\bar{h}\bar{k}\bar{l}}, \gamma_{\bar{h}\bar{k}\bar{l}}) = (-1)^l \cdot k_l^{*\mu}(\theta_{hkl}, \gamma_{hkl}) \tag{2.25}$$

따라서 식 (2.19)에서로부터

$$\widetilde{F}_l^{\nu}(hkl) = \frac{4\pi}{2l+1} \sum_{\mu=1}^{M(l)} C_l^{\mu\nu} \cdot \frac{1}{2}[1+(-1)^l] \cdot k_l^{*\mu}(\theta_{hkl}, \gamma_{hkl}) \tag{2.26}$$

이 방정식에서

$$\frac{1}{2}[1+(-1)^l] \begin{cases} = 1 : \text{짝수 } l \\ = 0 : \text{홀수 } l \end{cases} \tag{2.27}$$

이다. 이 결과는 식 (2.19)로부터 얻을 수 있는 계수 $C_l^{\mu\nu}$값은 단지 짝수인 l값의 경우인 것을 보여주고 있다. l값이 홀수일 경우에는 0과 곱해지고 따라서 값을 구할 수 없게 된다. $f(g)$는 l값이 짝수부분(even part)인 $\widetilde{f}(g)$과 홀수부분(odd part)인 $\tilde{\tilde{f}}(g)$로 식 (2.16)의 짝수와 홀수인 l값에 따라 분리할 수 있고 방위분포함수는 다음과 같이 쓸 수 있다.

$$f(g) = \tilde{f}(g) + \tilde{\tilde{f}}(g) \geq 0 \tag{2.28}$$

이 때문에 극점도로부터 직접 얻을 수 있는 것은 짝수(even) 혹은 불완전(reduced) ODF $\tilde{f}(g)$이며, 홀수부분인 $\tilde{\tilde{f}}(g)$는 극점도에서 얻을 수 없다. 홀수부분은 극점도의 변화 없이 의식적으로 가감할 수 있다. 그러나 식 (2.28)에서 보듯이 양의 값을 갖는 조건(positivity condition)을 엄격히 만족시켜야 한다. 즉, $f(g)$는 분포함수이기 때문에 음이 될 수 없다.

2.5 불완전 극점도

그림 2.12에서 보듯이 급수전개의 첫 번째 단계는 측정된 극점도를 적분하는 것이다. 적분구간은 측정위치(시편 기울기 및 회전각)를 나타내는 변수 α와 β로 구성된다. 이는 전체, 즉 $0° \leq \alpha \leq 90°$, $0° \leq \beta \leq 360°$ 영역을 측정하던가 아니면 비대칭 단위 영역으로, 예를 들면 사방정 시편대칭인 경우 $0° \leq \alpha \leq 90°$, $0° \leq \beta \leq 90°$ 범위를 측정함으로 구성될 수 있다. 그러나 이러한 완전 극점도를 측정하는 것이 어렵거나, 불가능한 경우가 있다. 특히 일반적인 X-ray 극점도 측정에서는 시편기울기 α를 0°부터 90°까지 하는 것이 불가능하다.

이러한 경우의 계산도 역시 불완전하게 측정된 극점도를 이용하여 다음과 같이 할 수 있다. 임의의 방위 g는 각 극점도들의 측정된 범위 내에 최소한 한 개의 점을 표현하고 있다고 가정한다. 그러면 측정하지 않은 범위의 정보를 다른 극점도의 측정된 범위에서 얻을 수 있다. 이를 이용하기 위하여 먼저 측정하지 않은 범위의 값을 어떤 추정값으로(극단적인 경우에는 모든 추정값을 0으로 놓음) 대체함으로써 해결할 수 있다. 그런 후 완전 극점도를 이용해 계산하는 과정을 적용해 재계산된 극점도를 얻을 수 있다. 이같이 계산된 극점도는 측정하지 않은 영역의 극점도를 처음보다 더 잘 추정할 수 있다. 이와 같은 과정을 수렴성을 만족시킬 때까지 반복할 수 있는데, 이 과정을 통하여 측정되지 않은 영역을 상당히 정확하게 예측하여 방위분포함수 계산에 사용한다. 그림 2.13에 이 방법의 흐름도를 보여주고 있다.

최소한 첫 번째 단계에서 재계산된 극점도는 오차를 포함하는 추정값이므로 물리적인 의미가 없는 음의 값을 포함하고 있다. 이러한 값들을 0으로 놓으므로(positivity condition) 결과를 개선하고 계산과정의 수렴성을 향상시킨다.

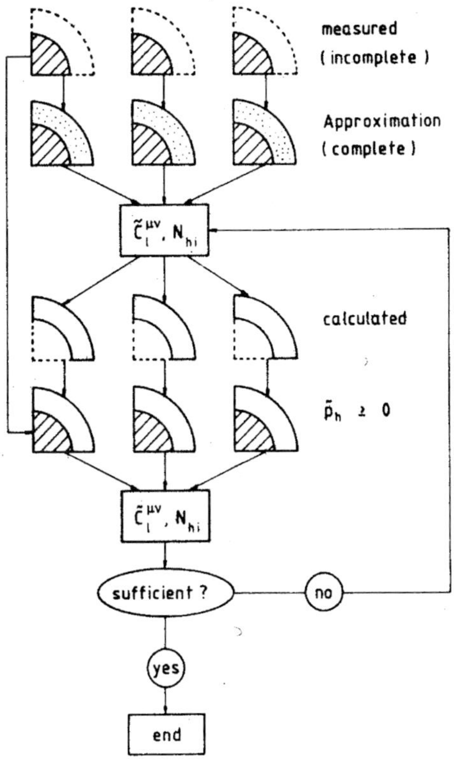

그림 2.13 불완전 극점도로부터 출발하여 짝수차수(reduced)의 ODF를 반복적으로 계산하기 위한 흐름도

2.6 측정되지 않은 극점도의 Positivity

극점도에서의 positivity condition은 측정되지 않은 극점도를 포함해서 모든 극점도에서 만족해야 한다. 그러므로 positivity condition은 첫 번째 반복계산 후 임의의 극점도들을 계산하고, 이렇게 계산된 극점도를 다음 반복계산의 과정에 입력극점도로 사용하는데 적용할 수 있다. 즉,

$$P_{hkl}(\alpha,\beta) \geqq 0 \begin{cases} \text{모든 } hkl \text{ 에 대하여} \\ \text{모든 } \alpha,\beta \text{ 에 대하여} \end{cases} \tag{2.29}$$

식 (2.29)에서 이 조건을 만족하지 않는 값은 모두 0으로 한다. 이 과정을 도식

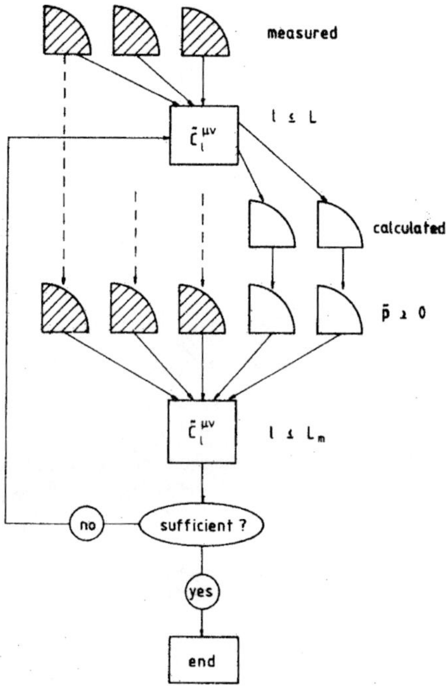

그림 2.14 측정되지 않은 극점도의 positivity condition을 이용하여 반복적으로 계산하기 위한 흐름도

적으로 그림 2.14에 나타내었다.

이 방법은 측정 가능한 제한된 극점도의 갯수에 의한 계수 $C_l^{\mu\nu}$의 불확실한 범위를 상당히 줄여줌으로 실제적으로 매우 중요하다. 이 방법에 의하면 사용 가능한 극점도의 갯수와 $M(l)$값에 의해 주어지는 전개차수보다 더 큰 값을 사용할 수 있다. 특히 많은 극점도를 필요로 하는 낮은 대칭의 결정계를 갖는 경우 유용하게 이용할 수 있다. 입방정대칭인 경우 극단적으로 하나의 불완전 극점도로부터도 비교적 우수한 $f(g)$값의 추정이 가능하다.

2.7 홀수차수의 ODF, 완전 ODF

홀수차수(odd)의 ODF $\tilde{\tilde{f}}(g)$는 식 (2.15)에서 보듯이 측정되어진 극점도 $\widetilde{P}_{hkl}(\alpha, \beta)$로는 구할 수 없다. 그러므로 완전한(full, complete) ODF를 얻는 방법을 생각해야 한다. 식 (2.28)에서 보여주듯이 완전한 $f(g)$는 ODF의 positivity condition에 의해 제한되어 있다. 이 제한은 홀수차수의 ODF $\tilde{\tilde{f}}(g)$를 결정하는데 매우 유용하게 이용될 수 있다. 이것을 이용하여 근사적으로 $\tilde{\tilde{f}}(g)$를 얻는 방법은 다음과 같다.

$\tilde{\tilde{f}}(g)$에 대한 n-차의 근사값이 이미 존재한다고 가정하면

$$^{(n)}\tilde{\tilde{f}}(g) = \sum_{l\mu\nu} C_l^{\mu\nu} \cdot T_l^{\mu\nu}(g) \tag{2.30}$$

그러면

$$^{(n)}f(g) = \tilde{f}(g) + {}^{(n)}\tilde{\tilde{f}}(g) \tag{2.31}$$

이 n-차 근사값에 대한 완전한 ODF이다. 이 근사값이 계속 음의 범위를 가지면

$$^{(n+1)}\hat{f}(g) \begin{cases} = \quad 0 & \text{if } {}^{(n)}f(g) > 0 \\ = \; -{}^{(n)}f(g) & \text{if } {}^{(n)}f(g) < 0 \end{cases} \tag{3.32}$$

으로 하면 다음 조건을 이용해서 ${}^{(n+1)}\hat{f}(g)$에서 홀수차수의 함수 ${}^{(n+1)}\tilde{\tilde{f}}(g)$를 근사적으로 구할 수 있다.

$$\oint [{}^{(n+1)}\hat{f}(g) - {}^{(n+1)}\tilde{\tilde{f}}(g)]^2\, dg = \text{Min.} \tag{2.33}$$

이 과정은 식 (2.32)에서 음의 범위가 없을 때까지 반복한다. 완전 ODF에 대한 결과적인 근사값은 다음 식으로 표현된다.

$$f(g) = \tilde{f}(g) + \sum_{n=1}^{n_{\max}} (n)\tilde{\tilde{f}}(g) \tag{2.34}$$

홀수차수에 대한 시작 근사값은 0으로 해도 된다.

$${}^{(0)}\tilde{\tilde{f}}(g) \equiv 0 \tag{2.35}$$

그림 2.15에서 1차원일 경우의 과정을 도식적으로 보여주고 있다.

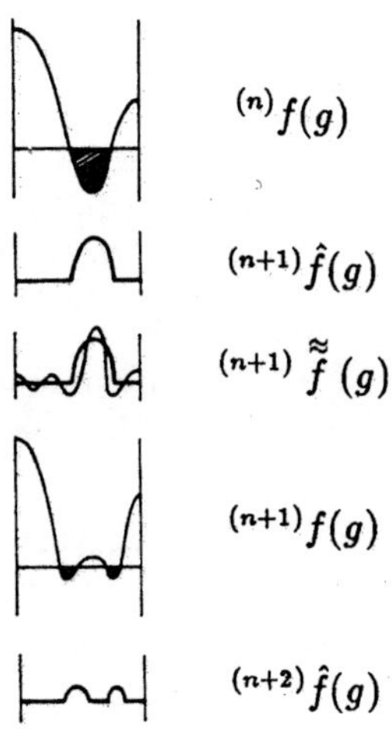

그림 2.15 Positivity 방법으로 홀수차수의 ODF를 계산하기 위한 과정

2.8 급수전개의 수렴도 판단

실질적인 계산에서는 급수전개의 최대 차수 l을 정해야 할 필요가 있다. 집합조직이 높고 좁은 회절패턴으로 되어 있는 경우(강한 집합조직) 약한 집합조직보다 높은 차수의 l이 요구된다. 수렴도에 대한 좋은 판단으로 계수 $C_l^{\mu\nu}$의 절대값 평균을 이용한다.

$$C_l = |\overline{C_l^{\mu\nu}}| = \frac{1}{M(l)\cdot N(l)}\sum_{\mu=1}^{M(l)}\sum_{\nu=1}^{N(l)}|C_l^{\mu\nu}| \tag{2.36}$$

그림 2.16에는 강한 혹은 약한 집합조직을 갖는 경우의 l에 대한 C_l-값의 변화를 보여주고 있다. 이 그림에서 보여주듯이 강한 집합조직을 갖는 경우에 계수 $C_l^{\mu\nu}$의 수렴은 서서히 하고 약한 경우에는 빨리 수렴한다. 즉, 강한 집합조직을

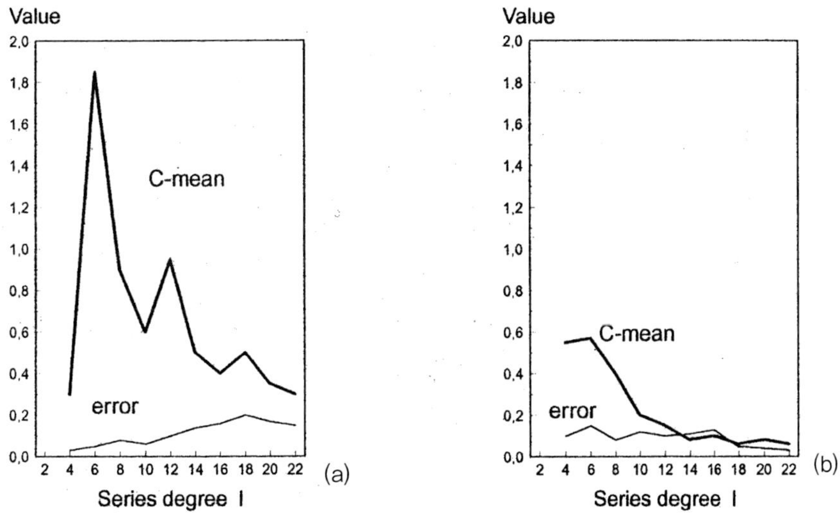

그림 2.16 집합조직의 계수의 절대값 평균 $|\overline{C_l^{\mu\nu}}|$과 오차값 $|\overline{\Delta C_l^{\mu\nu}}|$
(a) 강한 집합조직(느린 수렴) (b) 약한 집합조직(빠른 수렴)

갖는 경우에는 급수전개 차수를 높여야 한다. 오차값 $|\overline{\Delta C_l^{\mu\nu}}|$은 다음 절에서 설명하였다.

2.9 ODF 정확성의 판단

식 (2.24)에서 이미 언급한대로 ODF의 정확성은 차극점도(difference pole figure)를 이용해서 판단할 수 있다. 그러나 극점도의 모든 측정점을 직접 비교하는 것보다 수렴도의 판단에 사용되는 C_l-값과 그림 2.16에서와 같이 비교할 수 있는 계수를 구할 수 있으면 더 의미가 있을 것이다. 이러한 계수는 다음 방법에 의해 구할 수 있다.

차극점도(difference pole figure)를 급수로 전개시키면

$$\Delta P_{hkl}(\alpha,\beta) = \sum_{l=0}^{L}\sum_{\nu=0}^{N(l)} \epsilon_l^{\nu}(hkl)\cdot k_l^{\nu}(\alpha,\beta) \tag{2.37}$$

여기서

$$\epsilon_l^{\nu}(hkl) = F_l^{\nu}(hkl)_{\exp} - F_l^{\nu}(hkl)_{calc} \tag{2.38}$$

그러면 식 (2.21)의 최소승자법으로 얻어지는 계수 $C_l^{\mu\nu}$의 오차는 다음의 식으로 구할 수 있다.

$$\Delta C_l^{\mu\nu} = \sqrt{\beta^{\mu\mu}}\cdot\sqrt{\frac{\sum_i [\epsilon_l^{\nu}(hkl)]^2}{I_p - M(l)}} \tag{2.39}$$

여기서 I_p는 식 (2.21)에서 사용한 극점도의 갯수이고, $\beta^{\mu\mu}$는 식 (2.21)의 특별한 시스템에서 추론되어지는 양이다(Texture analysis in materials science, H.J. Bunge, 1982, Butterworth 참조). 엄밀한 의미로 식 (2.39)는 I_p가 $M(l)$보다 훨씬 클 때만 유효하다. 그러나 실질적으로는 그렇지 못하다. 이렇게 얻어진

$\Delta C_l^{\mu\nu}$값은 계수 $C_l^{\mu\nu}$ 자체 오차의 추정으로 쓰일 수 없다.

계수 $C_l^{\mu\nu}$와 비슷하게 이 값들도 μ와 ν에 대해서 평균할 수 있다.

$$\Delta C_l = |\overline{\Delta C_l^{\mu\nu}}| = \frac{1}{M(l) \cdot N(l)} \sum_{\mu=1}^{M(l)} \sum_{\nu=1}^{N(l)} |\Delta C_l^{\mu\nu}| \tag{2.40}$$

그러면 이 ΔC_l값은 식 (2.36)의 C_l-값과 비교할 수 있는데, C_l-값의 수렴은 해당되는 전개차수의 ΔC_l-값이 어떤 일정한 값에 도달했을 때라고 가정할 수 있다. 이것을 그림 2.13과 2.14에서 반복계산의 조건(criterion)으로 이용할 수 있다.

식 (2.37), (2.38)에서 정의된 ϵ_l^{ν}-값은 차극점도의 모든 α와 β 범위에서의 값을 알고 있는 것으로 가정했다. 만일 극점도가 불완전하게 측정되었으면 $P_{hkl}(\alpha, \beta)_{\exp}$는 불완전한 범위에서만 이용이 가능하다. 그러나 식 (2.37)에서 측정되지 않은 영역을 다음과 같이 놓으면 적용할 수 있다.

$$\Delta P_{hkl}(\alpha, \beta) = 0 \text{ 측정되지 않은 영역} \tag{2.41}$$

그러나 측정되지 않은 영역을 그림 2.13에서와 같이 반복적인 방법으로 다음과 같이 수정하면 더 정확한 $\Delta C_l^{\mu\nu}$값을 구할 수 있다.

$$P_{hkl}^{\exp}(\alpha,\beta) \begin{cases} = P_{hkl}^{\exp}(\alpha, \beta) & \text{측정된 영역} \\ = \mathrm{P}_{\mathrm{hkl}}^{\mathrm{calc}}(\alpha, \beta) & \text{측정되지 않은 영역} \end{cases} \tag{2.42}$$

차극점도를 나타내는 방법으로 다음 식 (2.43)과 같이 각 극점도에서의 R-값(reliability factor)을 계산하여 해석의 정확성을 판단하기도 한다. 여기서 F는 식 (2.19)에서와 같이 극점도를 조화함수의 급수로 전개했을 때 적용되는 계수이다.

$$R_{hkl} = \frac{\sum_{l=0}^{L} \sum_{\nu=1}^{N(l)} |F_l^{\nu}(hkl)_{\exp} - F_l^{\nu}(hkl)_{calc}|}{\sum_{l=0}^{L} \sum_{\nu=1}^{N(l)} |F_l^{\nu}(hkl)_{\exp}|} \tag{2.43}$$

또 다른 방법으로 극점도의 각 측정점에서 측정값과 ODF 해석을 통해 계산된 계산값을 식 (2.44)에 나타낸 것과 같이 비교하여 RP-값으로 나타내기도 한다.

$$RP_{hkl} = \frac{1}{N}\sum_{\alpha}\sum_{\beta}\frac{|P_{hkl}^{\exp}(\alpha,\beta) - P_{hkl}^{calc}(\alpha,\beta)|}{P_{hkl}^{\exp}(\alpha,\beta)} \times 100\,[\%] \tag{2.44}$$

여기서 집합조직이 강하게 발달된 경우에는 측정점에 따라 $P_{hkl}^{\exp}(\alpha, \beta)$이 매우 작은 값을 가질 수 있는데, 이때 매우 작은 수가 식 (2.44)의 분모에 위치하기 때문에 집합조직해석의 정확성과 관계없이 매우 큰 RP-값을 나타낼 수 있다. 이를 방지하기 위하여 식 (2.44)의 계산에 특정한 값 이상을 갖는 경우에만 적용하여 다음과 같이 RP1-값 혹은 RP0.5-값으로 나타낸다.

$$\begin{cases} \mathrm{RP1-값}: \quad \mathrm{P}_{\mathrm{hkl}}^{\exp}(\alpha,\beta) \geq 1.0\text{인 경우} \\ \\ \mathrm{RP0.5-값}: \mathrm{P}_{\mathrm{hkl}}^{\exp}(\alpha,\beta) \geq 0.5\text{인 경우} \end{cases} \tag{2.45}$$

2.10 Texture Index, J

집합조직은 일반화된 구함수(generalized spherical function)에 따른 조화함수 급수전개(series expansion)의 계수 $C_l^{\mu\nu}$를 이용하면 완벽하게 설명할 수 있다. 만일 가우스형태로 분포된 특정한 이상방위(ideal orientation) 등과 같은 방위분포에 대한 지식이 전혀 없으면 전체 계수 $C_l^{\mu\nu}$가 필요하다. 그리고 이 계수가 0보다 크면 클수록 집합조직은 더 강하게 나타난다.

때로는 분포에 대한 구체적인 설명없이 집합조직의 강도를 일반적으로 표현할 필요가 있을 때가 있다. 이를 위하여 하나의 상수로 집합조직의 강도를 표현하는 방법을 제시하였는데, 예를 들면 다음 식과 같이 모든 집합조직함수의 제곱을 적분해서 얻어지는 texture index J이다.

$$J = \oint [f(g)]^2 dg \tag{2.46}$$

이를 급수로 전개하고 정리하면 다음 식과 같이 $C_l^{\mu\nu}$를 이용하여 texture index를 나타낼 수 있다.

$$J = \sum_{l=0}^{L} \sum_{\mu=1}^{M(l)} \sum_{\nu=1}^{N(l)} \frac{1}{2l+1} |C_l^{\mu\nu}|^2 \tag{2.47}$$

무질서(random)한 분포를 갖는 경우, 계수 C_0^{11} 이외에는 0이며, C_0^{11}은 정규화하여 1을 갖는다. 따라서

$$J_r = 1 \tag{2.48}$$

이며, $g = g_o$방위 이외의 방위에서 0의 값을 갖는 집합조직의 경우(즉, 이상적인 단결정의 경우) 다음과 같이 texture index를 나타낼 수 있다.

$$J_{ideal} = \sum_{l=0}^{L} \sum_{\mu=1}^{M(l)} \sum_{\nu=1}^{N(l)} \frac{1}{2l+1} |T_l^{\mu\nu}(g)|^2 \rightarrow \infty \tag{2.49}$$

즉, texture index J는 무질서할 때 1부터 집합조직이 발달될수록 큰 값을 가지며 단결정인 경우 무한대의 값을 갖는다.

2.11 조화함수

2.3절에서 방위 g 혹은 방향에 대한 함수들의 급수전개를 위하여 일반화된 구함수(generalized spherical function)와 구표면 하모닉스(spherical surface harmonics)를 각각 사용하였다. 이 함수들은 결정과 시편대칭에 불변(invariant)이라고 가정한다. 먼저 가장 낮은 결정계, 즉 3사정계(triclinic symmetry)의 경우, 일반화된 구함수를 다음과 같이 정의한다.

$$T_l^{mn}(g) = T_l^{mn}(\varphi_1, \Phi, \varphi_2) = e^{im\varphi_2} \cdot P_l^{mn}(\Phi) \cdot e^{in\varphi_1} \tag{2.50}$$

나아가 함수 $P_l^{mn}(\phi)$는 다음과 같이 표현될 수 있다.

$$P_l^{mn}(\Phi) = \sum_{s=-l}^{+l} Q_l^{ms} \cdot Q_l^{ns} \cdot e^{is\Phi} \tag{2.51}$$

즉,

$$T_l^{mn}(\varphi_1, \Phi, \varphi_2) = \sum_{s=-l}^{+l} Q_l^{ms} \cdot Q_l^{ns} \cdot e^{i[m\varphi_2 + s\Phi + n\varphi_1]} \tag{2.52}$$

이 함수의 중요한 성질은 완전하게 직교계를 구성한다는 점이다. 직교성은 다음에 의해 정의된다.

$$\oint T_l^{mn}(g) \cdot T_{l'}^{*m'n'}(g)\,dg = \frac{1}{2l+1} \cdot \delta_{ll'} \cdot \delta_{mm'} \cdot \delta_{nn'} \tag{2.53}$$

여기서

$$dg = \frac{1}{8\pi^2} \cdot \sin\Phi \cdot d\Phi \cdot d\varphi_1 \cdot d\varphi_2 \tag{2.54}$$

오일러공간의 부피요소(volume element) dg는 무질서한 방위분포(random orientation distribution)에서 결정의 갯수와 같다. $\sin\Phi$는 그림 2.6에서 보는 바와 같은 오일러공간의 변질을 유도한다(그러나 $\sin\Phi$는 방위의 변환 때 발생할 수 있는 방위공간의 왜곡이 없도록 하기 위해 필요). $1/8\pi^2$은 정규화(normalization)하기 위한 인자이다.

구표면 하모닉스는 다음과 같이 정의된다.

$$k_l^n(\vec{y}) = k_l^n(\alpha, \beta) = \frac{1}{\sqrt{2\pi}} \cdot e^{in\beta} \cdot \overline{P_l}^n(\alpha) \tag{2.55}$$

함수 $\overline{P_l}^n$는 정규화된 준(associated) 르정드르(Legendre) 함수이며 식 (2.50)의 P_l^{mn}과 밀접한 관계가 있다.

$$P_l^{0n}(\alpha) = P_l^{n0}(\alpha) = i^{-1}\sqrt{\frac{2}{2l+1}}\,\overline{P}_l^{\,n}(\alpha) \tag{2.56}$$

구표면 하모닉스 역시 완전하게 직교계를 구성하고 직교성은 다음에 의해 정의된다.

$$\oint k_l^n(\alpha,\beta)\cdot k_{l'}^{*n'}(\alpha,\beta)\sin\alpha\, d\alpha\, d\beta = \delta_{ll'}\cdot\delta_{nn'} \tag{2.57}$$

다음의 관계식을 이용하여

$$e^{in\beta} = \cos n\beta + i\sin n\beta \tag{2.58}$$

구표면 하모닉스를 실수항으로 표현할 수 있다.

$$\frac{1}{\sqrt{2\pi}}\overline{P}_l^{\,n}(\alpha)\ ;\ \frac{1}{\sqrt{\pi}}\overline{P}_l^{\,n}(\alpha)\cdot\cos n\alpha;\ \frac{1}{\sqrt{\pi}}\overline{P}_l^{\,n}(\alpha)\cdot\sin n\alpha \tag{2.59}$$

구함수 T_l^{mn} 역시 비슷하게 실수항으로 표현할 수 있다. 이러한 실수형태의 표현방법은 프로그래밍할 때 내부적으로 표현, 사용된다.

대칭불변함수(symmetry invariant function)

구 하모닉스가 식 (2.22)에서와 같이 역극점도의 급수전개로 사용될 때 결정대칭(crystal symmetry)에 대해서 불변이라 가정한다. 또한 식 (2.18)에서와 같이 극점도의 급수전개로 사용될 때 시편대칭에 대해서 불변이어야 한다.

대칭의 불변성은 입방정이 아닌 낮은 대칭(low symmetry)을 갖는 경우 식 (2.55)의 함수에 간단한 선택규칙(selection rule)을 적용하므로 쉽게 얻을 수 있다.

함수 $k_l^n(\alpha,\beta)$에서 계(system)의 z−축에서 p−중첩 회전축(p−fold rotation axis)이 존재할 때, n은 다음과 같은 불변성의 조건이 주어진다.

$$n = p\cdot(\nu-1) \qquad \nu = 1, 2, 3, \ldots \tag{2.60}$$

여기서 각 계의 대칭에 따라 낮은 계에서의 선택조건은 다음과 같이 주어진다.

$$p = \begin{array}{ll} 2 & \text{사방정계 (orthorhombic)} \\ 3 & \text{3방정계 (trigonal)} \\ 4 & \text{정방정계 (tetragonal)} \\ 6 & \text{육방정계 (hexagonal)} \end{array} \qquad (2.61)$$

입방정 대칭의 경우에는 위의 선택법칙에 따라 얻을 수 없고 다음과 같은 입방구표면 하모닉스를 도입한다.

$$k_l^{\mu}(\alpha,\ \beta) = \sum_{m=-l}^{l} A_l^{m\mu} \cdot k_l^m(\alpha, \beta) \qquad (2.62)$$

대칭계수 $A_l^{m\mu}$는 참고문헌 [1,2]에 수록되어 있고 LIBRARY 프로그램에서도 계산된다. 대칭불변함수 $k_l^{\nu}(\alpha, \beta)$와 $k_l^{\mu}(\alpha, \beta)$는 식 (2.57)과 유사하게 완전한 직교계를 구성한다.

식 (2.16)의 $T_l^{\mu\nu}(\varphi_1, \Phi,\ \varphi_2)$는 결정과 시편좌표계 모두에서 대칭불변함수이다. 왼쪽의 지수 μ는 결정계의 지수 m을 대신, 오른쪽의 지수 ν는 시편계의 지수 n을 대신한다. 지수들은 여기서도 식 (2.60), (2.61), (2.62)의 관계를 갖는다.

참고문헌

[1] H.J. Bunge, *Mathematische Methoden der Texturanalyse*, Akademie-Verlag, Berlin, 1969

[2] H.J. Bunge, *Texture Analysis in Materials Science*, Butterworths Publishers, London, 1982

[3] H.J. Bunge and C. Esling (Eds), *Quantitative Texture Analysis*, DGM Informationsgesellschaft Verlag, Oberursel, 1982

[4] H.J. Bunge and C. Esling (Eds), *Advances and Applications of Quantitative Texture Analysis*, DGM Informationsgesellschaft Verlag, Oberursel, 1991

[5] J. Jura, J. Pospiech, and H.J. Bunge, *Ein Standardsystem von Rechenprogramen der dreidimensionalen Texturanalyse*, Metallurgia, 24(1976) 111-176, Polska Akademika, Nauk-Krakow

[6] J. Lense, *Kugelfunktionen*, Akademische Verlagsgesellschaft, Leipzig, 1954

[7] S.L. Belousov, *Tables of Normalized Associated Legendre Polynomials*, Pergamon Press, Oxford, 1962

[8] H.J. Bunge, *Three-Dimensional Texture Analysis, International Materials Review*, 32(1987) 265-291

[9] G. Wassermann and J. Grewen, *Texturen metallischer Werkstoffe*, Springer Verlag, Berlin, 1962

[10] M. Dahms and H.J. Bunge, *The Iterative Series Expansion Method for Quantitative Texture Analysis*, J. Appl. Cryst., 22(1989) 439-447

[11] H.J. Bunge, *Calculation and Representation of Complete ODF*, Proc. of ICOTOM-8, Ed.: J.S.Kallend and G.Gottstein, The Metallurgical Society of AIME, (1988), 69-78

CHAPTER 03

결정방위의 표현

다결정 군집체인 금속재료 시편 내부의 결정립들의 방위를 개략적으로 나타내면 그림 3.1과 같이 서로 다른 결정방위를 갖는 결정립들이 배치되어 있을 것이다. 이와 같은 다결정 재료 내에서 단결정의 방위를 정의하기 위해서는 그림 3.1과 같이 시편에 따라 정의되는 좌표계(이하 시편좌표계, K_A or K_S)와 단결정의 구조에 따라 정의되는 좌표계(이하 결정좌표계, K_B or K_C)의 두 종류를 정의한다. 이 두 좌표계의 정의는 임의로 정할 수 있으나, 일반적으로는 시편좌표계의 경우는 시편의 형상에 따라 결정하고, 결정좌표계의 경우는 대칭성이 큰 방향에 따라 결정한다. 즉, 시편좌표계 K_A는 판재시편의 경우에 압연면에 수직한 방향(ND ; Normal Direction to rolling plane), 압연방향(RD ; Rolling Direction), 이 두

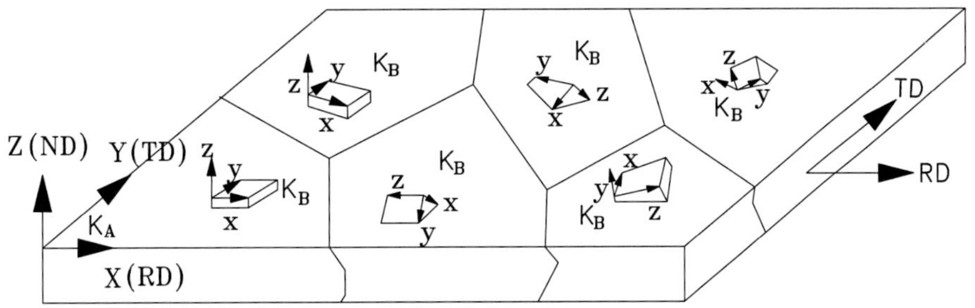

그림 3.1 시편좌표계 K_A와 결정좌표계 K_B

방향에 수직한 방향(TD ; Transverse Direction)을 축으로 잡는 좌표계를 선택하고, 선재나 봉재의 경우는 선재나 봉재의 길이방향 한 방향만이 구분되므로 이 축 방향(AD ; Axial Direction)을 하나의 축으로 잡고 다른 축은 이에 수직하게 임의로 결정한다. 결정좌표계 K_B는 모든 단결정에서 동일하게 결정해야 하며, 입방정의 경우 결정의 대칭성을 고려하여 ⟨100⟩방향 세 개를 좌표축으로 하는 좌표계를 선택한다.

집합조직이란 시편(재료부품) 내부에 있는 결정립의 결정격자가 시편의 내부공간에 어떻게 배치되어 있는 것을 정의하는 것이므로, 두 가지 좌표계가 상대적으로 어떻게 배치되어 있는지를 표현하는 방법이 필요하다(그림 3.2) 그러므로 앞에서와 같이 두 좌표계를 정의하면 다결정 시편 내 단결정의 방위는 시편좌표계 K_A를 결정좌표계 K_B로 변환시키는 회전 g를 정의함으로써 표현한다.

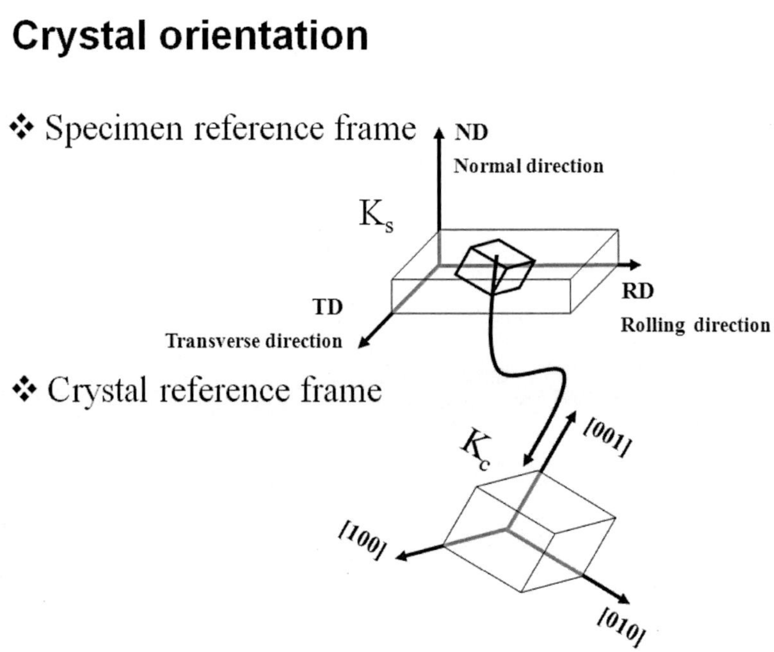

그림 3.2 시편좌표계 $K_A=K_S$와 결정좌표계 $K_B=K_C$

$$K_B = g \cdot K_A \tag{3.1}$$

이와 같은 방위 회전 관계 g를 정의하기 위한 방법으로는 방위 행렬(orientation matrix)을 사용하는 것이 방위 표현이나 수학적 응용에 적절하지만, 처음에 접하기에 복잡하므로 밀러지수 표현법과 같은 간단한 방위 표현법부터 시작하여 다양한 방위의 표현방법을 공부한다.

3.1 밀러지수(Miller Indices)

가장 일반적으로 널리 사용되는 표현방법으로서, 결정방위에 대한 연구내용에서 수학적으로 확장하거나 통계적인 처리를 하는 것은 어려우나, 직관적으로 이해하기가 매우 쉬운 표현방법이다. 밀러지수에 대한 내용은 8장에 자세히 설명하였다.

밀러지수에 의한 결정방위의 표현은 회전을 정의하는 것이 아니고 시편좌표계의 중요한 방향인 ND, RD, TD에 일치하는 결정의 방위를 밀러지수로 나타낸 것이

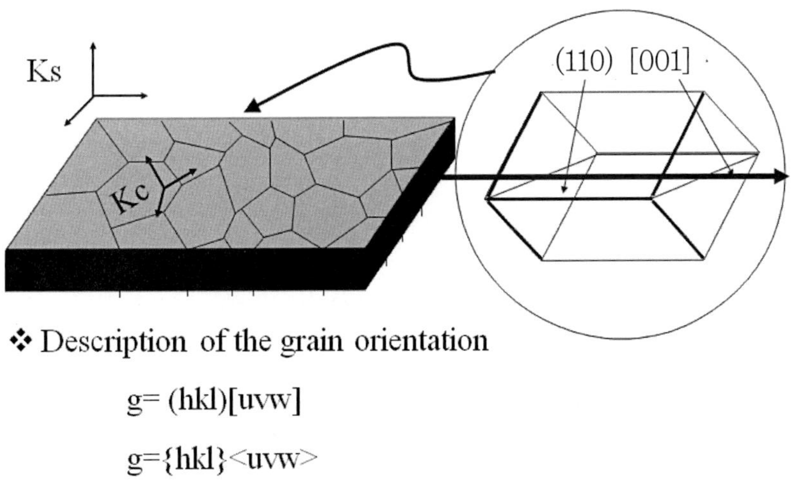

그림 3.3 결정방위에 대한 밀러지수 표현방법

다. 이 표현법은 극점도 등에서 일반적으로 사용하는 것으로 몇 개의 주요한 우선 방위를 표현하는데 매우 간편한 방법이다. ND, RD, TD는 직교좌표축이므로 이중에서 2개의 방향만을 표시하면 되고, 대개 ND와 RD를 다음과 같이 표현한다.

$$g = (hkl)[uvw] \tag{3.2}$$

예를 들어 그림 3.3과 같이 결정립 한 개의 방위가 원 안에 그려놓은 것처럼 판재면인 ND면으로 (110)결정면이 배치되고, 압연방향인 RD 방향으로 [001]방향이 배향되어 있다면, 이 결정립의 방위는 (110)[001]방위라고 표현한다.

3.2 회전축과 회전각(Rotation Axis and Rotation Angle)

시편좌표계와 결정좌표계의 상호관계를 설명함으로써, 시편 내 결정립에서 결정방위가 어떻게 배향되어 있는가를 설명하는 한 가지 방법으로는 회전축과 회전각을 사용한다.

그림 3.4에 나타난 바와 같이 시편좌표계와 결정좌표계는 공간상에서 공통의 회전축을 중심으로 특정 각도만큼 회전하면 두 좌표계를 일치시킬 수 있으며, 이때 회전축과 회전각도는 결정립의 결정방위를 표현하고 있다. 공간상의 회전축은 θ와 ψ(또는 Θ, Ψ) 두 개의 각도를 이용하여 표현하고(이것은 지구에서 위도와 경도를 이용하여 지구중심에서 지표면으로 향하는 축을 정의하는 것과 같다), 그 회전축을 중심으로 결정좌표계를 회전하는 회전각도 ω를 정의하여 결정방위를 표현하고 있다.

이 표현방법에서 결정방위는 회전각과 회전각도 $g = (\boldsymbol{d}, \omega)$로 표현되므로 이에 대한 방위 공간을 원통형 좌표계(cylindrical coordiante)를 사용하여 그림 3.5와 같이 표현한다.

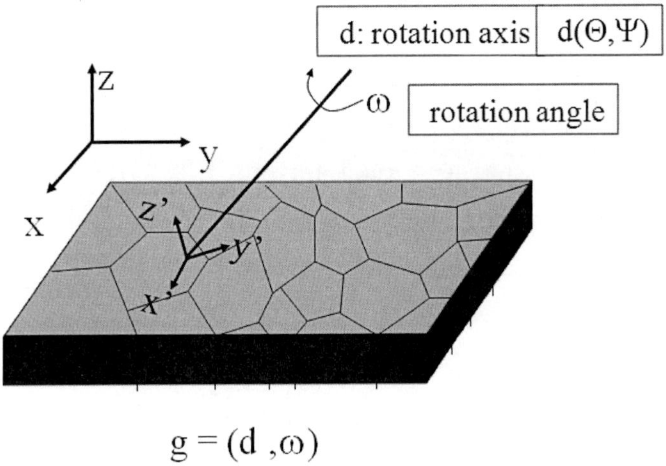

그림 3.4 회전축과 회전각도에 의한 결정방위의 표현

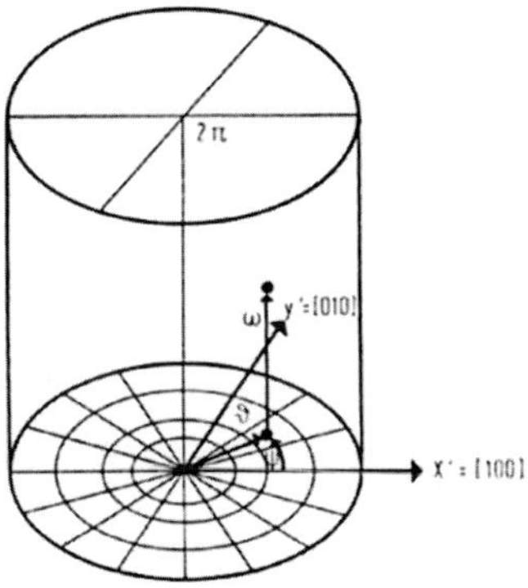

- Three parameters represents a certain crystal orientation
- For example, the parameters that represent the orientation g by the rotation axis and rotation angle are illustrated in this figure.

Representation of the orientation space by the coordinates υψωof the rotation axis and the rotation angle (cylindrical orientation space)

그림 3.5 결정방위를 표현하는 원통형 방위 공간

3.3 극점도(Pole Figure)와 역극점도(Inverse Pole Figure)

극점도(PF ; Pole Figure, 또는 Polefigure)는 스테레오 투영도(stereoprojection)의 극망(polar net) 위에 결정학적인 특정결정면이 어떻게 배향되어 있는가를 나타내는 그림이다. 즉, 결적학적인 방향 {111}면 또는 {110}면 등과 같은 면이 어떻게 공간상에 놓여 있는가를 나타내는 것이다. 그러므로 극망의 기준좌표축은 RD, TD, ND 등과 같이 시편의 기준축이 놓이게 되고, 결정학적인 특정방위들이 시편의 기준축에 상대적으로 어떻게 배향되어 있는지를 나타내는 것이다. 단결정이라면 {111}면이 4종류가 존재하므로 4개의 위치에 {111}면이 존재하는 것으로 스테레오 투영도에 표시될 것이다. 만일 재료가 무질서한 방위를 갖고 있는 경우라면 스테레오 투영도인 극점도상의 모든 방향에 배치되어 있는 상태가 될 것이다.

역극점도(IPF ; Inverse Pole Figure, Inverse polefigure)는 결정학적인 방향들을 표시한 스테레오 투영도의 극망위에 시편좌표계의 특정방향들 즉, ND가 어떻게 분포하고 있는가를 표현한 것이다. 즉, ND의 분포를 표시한 역극점도에서 결정학적인 [111]방향이 위치한 스테레오 투영도상의 위치에 많이 분포한 것으로 나타나면, 이 재료의 ND 방향은 [111]방향이 많은 것으로 해석하는 것이다.

스테레오 투영법에 대해서는 4장에서 자세히 다루도록 하겠다.

극점도와 역극점도에서의 극의 표현은 구면극좌표계(spherical polar coordinate)의 스테레오 투영으로 나타낸다. 극점도에서는 임의의 특정한 결정좌표계의 방향 $< hkl >$을 시편좌표계에 대해서 스테레오 투영하여 나타낸 것으로 극의 방위는 구면극좌표계의 ϕ_{hkl}, γ_{hkl}로 표시한다.

역극점도에서는 임의의 고정된 시편좌표계의 방향 ND, RD, TD 각각을 결정좌표계에 대해서 스테레오 투영하여 나타낸 것으로 극의 방위는 ND 역극점도에서는 ϕ_{ND}, β_{ND}, RD 역극점도에서는 ϕ_{RD}, β_{RD} 그리고 TD 역극점도에서는 ϕ_{TD}, β_{TD}로 표시한다. 극점도 또는 역극점도에서 결정의 방위 분포는 하나 이상 극들의 방위 관계를 통하여 표현되며, 이 방법은 4장에서 자세히 설명하였다. 여기에서는 스테레오 투영에 대해서 이미 알고 있다고 가정하고 간략한 소개만 하도록 한다.

그림 3.6에 (100)극점도, (110)극점도, (111)극점도 세 장의 극점도와 결정좌표계 내에서 RD, TD, ND 방향을 표시한 역극점도를 나타내었다. 앞에서 극점도에서 결정방위 분포는 하나 이상 극들의 방위 관계를 통하여 표현된다고 하였는데, 그림 3.6의 극점도(polefigure)들을 통하여 설명하도록 하자. 먼저 그림 3.6에서 3장

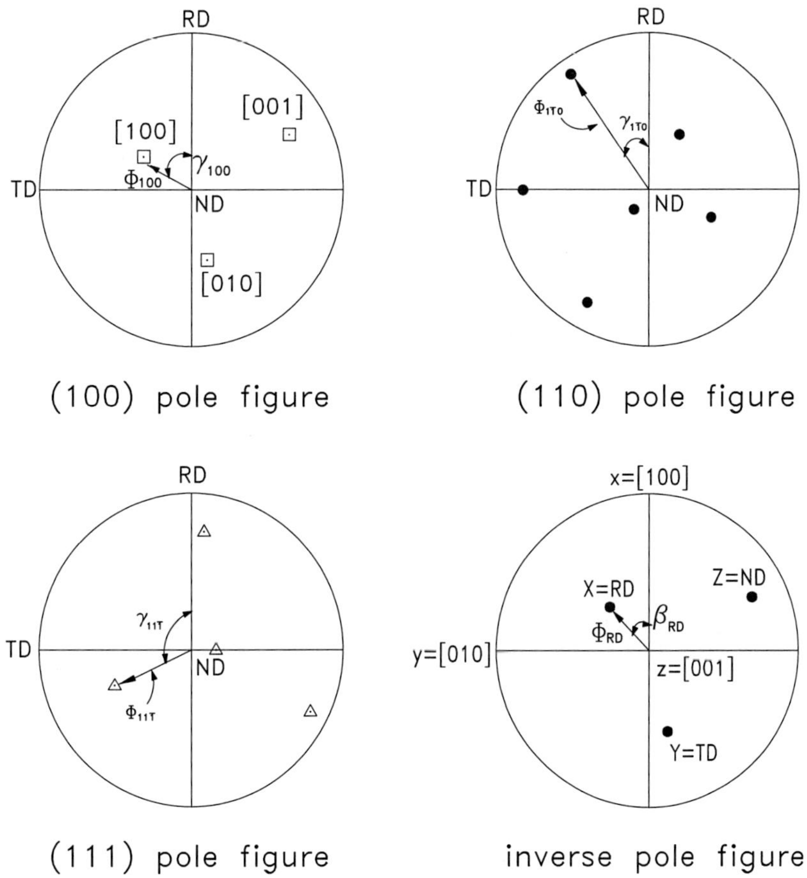

그림 3.6 극점도와 역극점도에서 구면극좌표로 표현된 극의 방위

의 극점도는 모두 한 개의 단결정 방위를 표시하고 있다. 단결정 하나이므로 이 시편에서 〈100〉 방향은 [100], [010], [001], $[\bar{1}00]$, $[0\bar{1}0]$, $[00\bar{1}]$의 6가지이다. 이 중에서 스테레오 투영은 지면 위로 올라오는 방향만 표시하므로 그림 3.6의 (100) 극점도는 3개의 〈100〉방향이 표시된다. 이와 같이 (100)극점도라는 의미는 결정학적인 면들 중에서 {100}면들의 방위만 표시하였다는 것을 의미한다. 그러므로 그림 3.6의 (100)극점도에서는 각각의 〈100〉방향들은 서로 90도씩 떨어져 있고, 〈100〉방향들이 이와 같이 배치되면 ND 방향으로는 〈111〉방향에서 조금 기울어진 방향에 놓이게 될 것이다. 이와 같은 기하학적인 개념에서 극점도를 보고, ND, RD의 결정학적인 방향을 알 수 있게 된다. 그림 3.6에서 3장의 극점도는 각각 다른 시편을 표시한 것이 아니라 하나의 시편에 대한 결정방위 분포를 3가지 극점도를 통하여 표현한 것이다. 그러므로 (110)극점도에서는 동일한 단결정방위에 대한 〈110〉방향들을 표시한 것이고, 〈110〉방향군은 [110], [101], [011]의 3종류에 부호를 고려하면 $[\bar{1}10]$, $[\bar{1}01]$, $[0\bar{1}1]$방향이 있다. 또한 이 6개 방향의 반대방향이 있으므로 총 12개의 방향이 있으며, 스테레오 투영에서 지면으로 올라오는 것들만 고려하면 절반인 6개의 방향이 그림 3.6의 (110)극점도에서와 같이 표시된다.

마찬가지로 그림 3.6의 (111)극점도에서는 4개의 〈111〉방향이 표시되어 있으며, (100)극점도에서 설명한 것과 같이 하나의 〈111〉방향이 ND에 매우 근접하게 배향되어 있음을 알 수 있다.

극점도에서는 결정면군으로 표시되는 모든 동등한 결정면들을 모두 표시하여 결정방위를 해석할 수 있게 한다.

그림 3.6에서의 역극점도는 극점도와 대칭되는 개념의 표현방법이다. 결정학적인 좌표축을 기준으로 한 스테레오 투영도상에 특정방향들을 표시하였다. 이 역극점도를 이용하면 ND 방향으로 어떠한 결정학적 방향이 배향되었는지 직접 알 수 있다. 일반적인 역극점도는 시편의 좌표축들 즉, ND, RD, TD를 동시에 표시하지 않으며, 대개 한 가지 시편좌표축의 방향에 대해서 표시한다. 즉, ND만을 표시한 역극점도를 ND 역극점도, TD만을 표시한 역극점도는 TD 역극점도 등으로 나타낸다. 또한 역극점도의 경우에는 결정학적인 대칭성 때문에 역극점도의 분포등고선이 대칭적으로 나타난다. 다시 말하면 숫자나 표현방법으로는 [100], [010], [001],

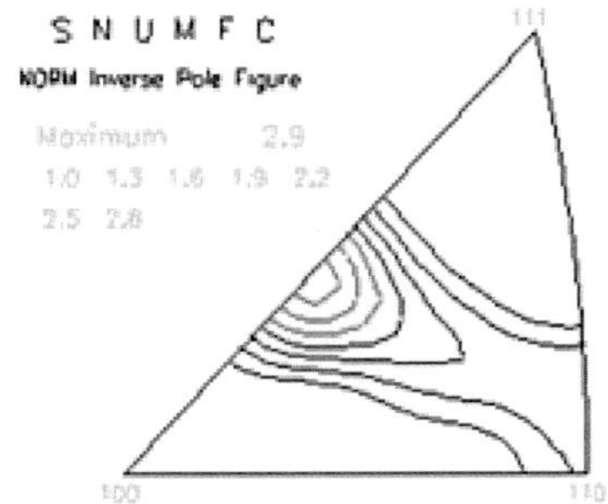

그림 3.7 입방정금속의 ND 역극점도

$[\bar{1}00]$, $[0\bar{1}0]$, $[00\bar{1}]$의 6가지 방향이 구별되는 것으로 보이지만, 실제 공간상에서 결정학적인 대칭성에서 보면 위의 6가지 방향은 구별할 수가 없는 것이다. 그러므로 역극점도 상에도 이러한 대칭적인 동등한 방위들은 동등한 분포를 나타내므로, 역극점도는 결정의 대칭성에 따라 반복적인 분포를 갖게 된다. 그러므로 역극점도는 그림 3.6에서와 같이 원형의 전체 공간분포를 표시하지 않고 결정대칭성에 따라 독립적인 공간만을 표시하는 것이 일반적이다. 입방정(cubic) 결정에서는 그림 3.7과 같이 전체공간의 1/24만을 표시한 삼각형 모양의 공간만을 표시한다.

3.4 오일러각(Euler Angles)

결정방위를 표현하기 위해 시편좌표계와 결정좌표계의 상대적인 관계를 표시해야 한다. 이러한 방법 중 한 가지는 아래에 정의한 3번의 회전을 K_A 좌표계에 적용하여 K_B 좌표계로 일치시키는 것이다. 이와 같은 회전들에서 각각의 회전각으로 오일러각(Euler Angles)을 정의한다. K_A 좌표계의 좌표축을 각각 X, Y, Z 라고 하면 최종으로 회전된 축 X''', Y''', Z'''이 K_B 좌표계를 나타낸다.

1) Z축을 회전축으로 하여 φ_1만큼 회전,
   회전 후의 축은 X', Y', $Z'(=Z)$

2) X'축을 회전축으로 하여 Φ만큼 회전,
   회전 후의 축은 $X''(=X'), Y'', Z''$

3) Z''축을 회전축으로 하여 φ_2만큼 회전,
   회전 후의 축은 $X''',\ Y''',\ Z'''(=Z'')$

여기에서 양(+)의 회전은 회전축 양의 방향으로 진행하는 오른나사의 회전으로 정의한다.

이때의 3개의 회전을 $g=\{\varphi_1,\ \Phi,\ \varphi_2\}=g^{Z'}_{\varphi_2}\cdot g^{X'}_{\Phi}\cdot g^{Z}_{\varphi_1}$으로 표현하고, 회전 g가 K_B 좌표계로 표현되는 결정방위를 표현한다.

앞에서의 설명은 결정방위가 시편공간 내부에서 어떻게 배치, 배향되어 있는지

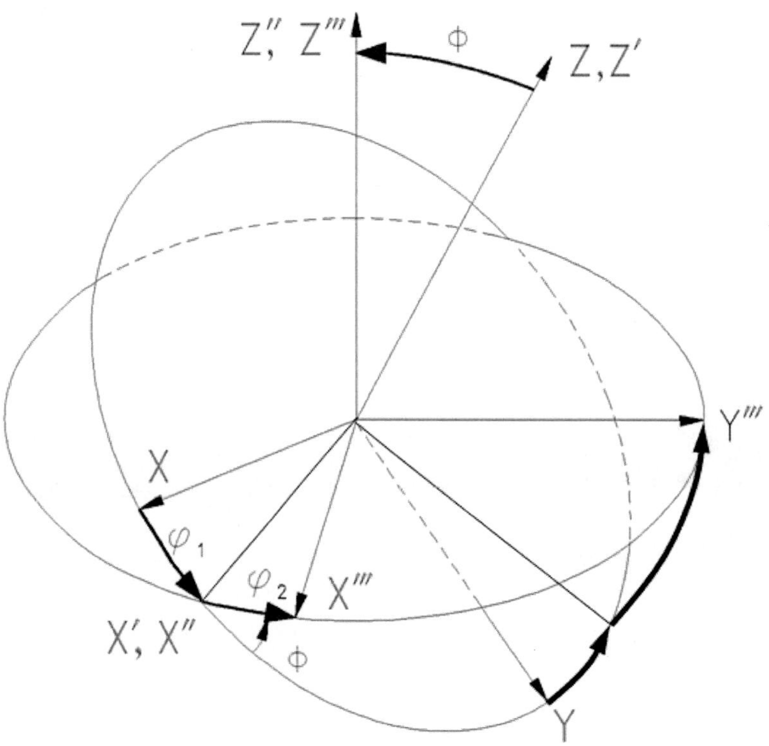

그림 3.8 오일러각의 정의

를 표현하는 방법으로서 3번의 회전을 이용하여 정의하는 방법을 설명한 것이다. φ_1, Φ, φ_2라고 하는 회전각들을 변화시키면 직각좌표계를 공간상에서 임의의 방법으로 배치시키는 모든 방법을 정의할 수 있다. 이와 같이 오일러각을 정의하는 것을 조금 이해하기 쉽게 설명한다면 다음과 같은 설명도 가능하다.

그림 3.10과 같이 지구 위의 비행기가 배향되는 방법, 즉, 비행기가 놓이는 방법을 생각하자. 지구상의 경도와 위도에 따라서 비행기의 위치를 결정하면 비행기

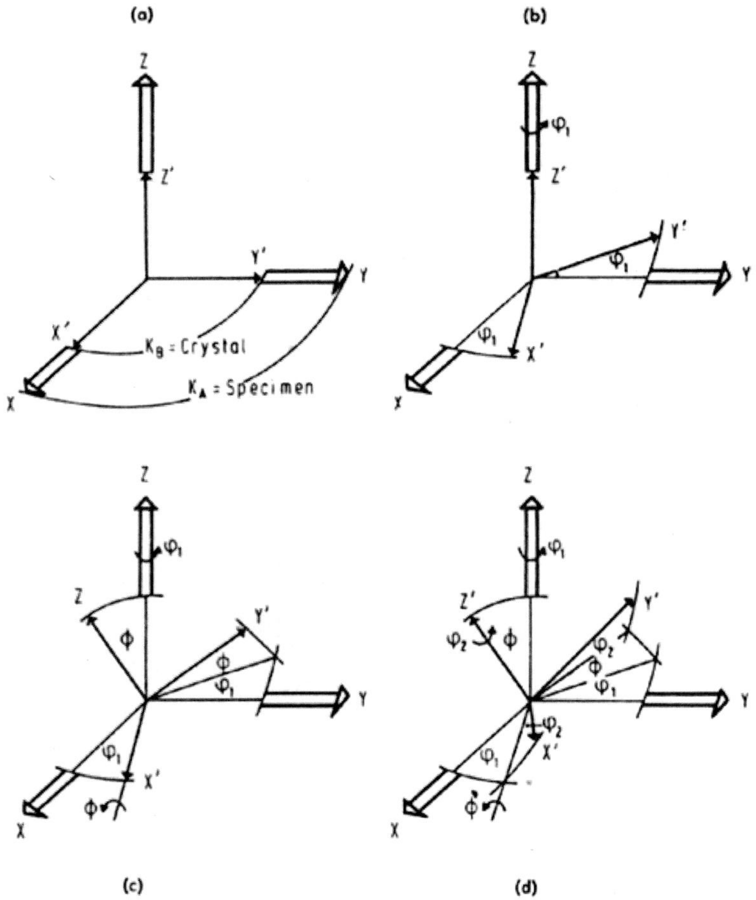

그림 3.9 오일러각의 정의

의 위쪽이 공간에 배향될 수 있는 모든 방법이 결정된다. 또한 이 위도와 경도에서 비행기는 제자리에 회전할 수 있는데 이와 같은 변화에 의해서 비행기가 우주공간 내에서 놓일 수 있는 모든 방법을 정의할 수 있게 된다. 이때 경도와 위도에 해당하는 것이 각각 φ_1, Φ이고 제자리에서 회전하는 각도가 φ_2에 해당한다.

위와 같이 정의된 오일러각 $\{\varphi_1, \Phi, \varphi_2\}$들은 각각의 오일러각을 좌표축으로 하는 직교좌표계로 구성된 공간에 표현하며, 이때의 공간을 오일러공간이라고 한다. 그러므로 오일러공간의 한 점은 하나의 결정방위를 나타낸다.

오일러공간은 오일러각의 정의에서 다음과 같은 성질을 갖는다.

1) 주기 2π

$$g\{\varphi_1+2\pi, \Phi+2\pi, \varphi_2+2\pi\}=g\{\varphi_1, \Phi, \varphi_2\}$$

2) $\Phi=\pi$인 면에 대해 대칭

$$g\{\varphi_1+\pi, 2\pi-\Phi, \varphi_2+\pi\}=g\{\varphi_1, \Phi, \varphi_2\}$$

3) $\Phi=0$인 면에서 $\varphi_1+\varphi_2=$상수인 오일러각은 모두 동일한 방위를 표현한다.

그림 3.10 지구 위의 비행기로 오일러각 정의하기

그러므로 오일러공간은 $\{2\pi,\ 2\pi,\ 2\pi\}$의 주기적인 단위공간을 구성하고, 비대칭 단위공간은 $\{2\pi,\ \pi,\ 2\pi\}$이 된다. 여기에 시편과 결정의 대칭요소에 의해 독립적인 방위 표현을 하는 단위공간은 범위가 더 작게 구성된다.

예를 들어 입방정 금속의 경우는 다양한 결정의 대칭성에 의해 비대칭 단위공간은 $\{\pi/2,\ \pi/2,\ \pi/2\}$이 된다.

오일러각은 앞의 정의와 달리 3번의 회전 중에서 두 번째 회전에서 X'축 회전 대신 Y'축 회전을 이용하여 정의할 수도 있다. 이 때 오일러각은 $\{\Psi\ \Theta\ \Phi\}$로 표시하고 첨자 (2)를 붙여서 첫 번째 정의와 구분한다.

$$g = \{\Psi^{(2)},\ \Theta^{(2)},\ \Phi^{(2)}\} = g^{Z'}_{\phi^{(2)}} \cdot g^{Y'}_{\theta^{(2)}} \cdot g^{Z}_{\varphi^{(2)}} \tag{3.3}$$

두 종류의 오일러각 관계는

$$\Psi_1 = \Psi^{(2)} + \frac{\pi}{2},\ \Phi = \Theta^{(2)},\ \Psi_2 = \Phi^{(2)} - \frac{\pi}{2} \tag{3.4}$$

으로 표현한다. 이 책에서의 오일러공간은 첫 번째 오일러각의 정의를 사용하였다.

오일러각 3번의 회전 $g = \{\varphi_1,\ \Phi,\ \varphi_2\} = g^{Z'}_{\varphi_2} \cdot g^{X'}_{\Phi} \cdot g^{Z}_{\varphi_1}$을 좌표의 회전행렬을 이용하여 표현하면

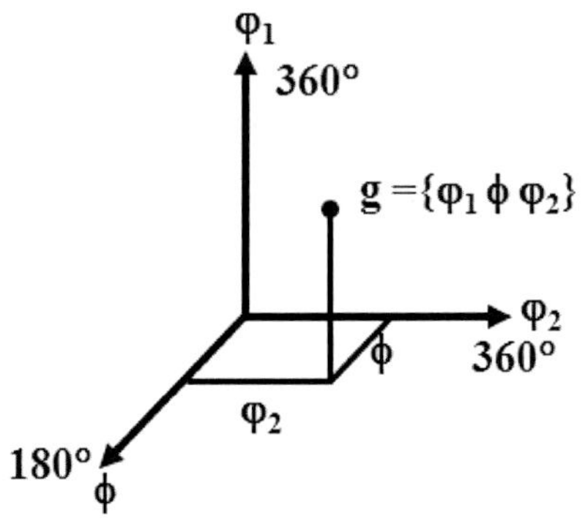

φ_1 [0–360°]

Φ [0–180°]

φ_2 [0–360°]

그림 3.11 오일러각(Euler angles)과 오일러공간(Euler space)

$$g^{Z}_{\varphi_2} \qquad g^{X'}_{\Phi} \qquad g^{Z}_{\varphi_1}$$

$$g=\begin{bmatrix} \cos\varphi_2 & \sin\varphi_2 & 0 \\ -\sin\varphi_2 & \cos\varphi_2 & 0 \\ 0 & 0 & 1 \end{bmatrix} \cdot \begin{bmatrix} 1 & 0 & 0 \\ 0 & \cos\phi & \sin\phi \\ 0 & -\sin\phi & \cos\phi \end{bmatrix} \cdot \begin{bmatrix} \cos\varphi_1 & \sin\varphi_1 & 0 \\ -\sin\varphi_1 & \cos\varphi_1 & 0 \\ 0 & 0 & 1 \end{bmatrix}$$

$$=\begin{bmatrix} \cos\varphi_1\cos\varphi_2-\sin\varphi_1\sin\varphi_2\cos\phi & \sin\varphi_1\cos\varphi_2+\cos\varphi_1\sin\varphi_2\cos\phi & \sin\varphi_2\sin\phi \\ -\cos\varphi_1\cos\varphi_2-\sin\varphi_1\sin\varphi_2\cos\phi & -\sin\varphi_1\cos\varphi_2+\cos\varphi_1\sin\varphi_2\cos\phi & \sin\varphi_2\sin\phi \\ \sin\varphi_1\sin\phi & -\cos\varphi_1\sin\phi & \cos\phi \end{bmatrix}$$

3.5 행렬에 의한 표현

밀러지수로 표현하여 $ND=[hkl]$, $RD=[uvw]$, $TD=[rst]$로 표현된 ND, RD, TD를 각각의 벡터값이 단위벡터가 되도록 즉, 벡터의 길이가 1이 되도록 정규화시킨 값인 방향코사인으로 표현하여 $ND=[h', k', l']$, $RD=[u', v', w']$, $TD=[r', s', t']$라고 하면 결정방위 g에 대해 식 (3.5)의 행렬 표현을 얻을 수 있다. 이러한 결정방위의 행렬 표현은 결정방위와 관련한 응용연구에서 수학적 계산을 하는데 사용한다.

예를 들어 ND, RD, TD가 각각 [110], [001], [$1\bar{1}0$]이라고 하면 방향코사인으로 표시한 ND, RD, TD는 [0.707, 0.707, 0], [0, 0, 1], [0.707, −0.707, 0]이 된다. 이와 같은 방법으로 얻어진 ND, RD, TD를 행렬을 구성하여 결정방위를 표현하는 방법은 다음과 같다.

여기서 시편좌표계는 $X=RD$, $Y=TD$, $Z=ND$, 결정좌표계는 $x=[100]$, $y=[010]$, $z=[001]$이다.

$$g=\begin{bmatrix} u' & r' & h' \\ v' & s' & k' \\ w' & t' & l' \end{bmatrix} = \begin{bmatrix} a_{11} & a_{12} & a_{13} \\ a_{21} & a_{22} & a_{23} \\ a_{31} & a_{32} & a_{33} \end{bmatrix} = [a_{ij}] \qquad (3.5)$$

이와 같은 행렬 표현은 다음과 같은 특징을 가지고 있다.

① 시편좌표계로 표현된 방향 $[XYZ]$을 결정좌표계에 의한 표현 $[xyz]$으로 변환시키는 행렬이 된다.

$$\begin{bmatrix} x \\ y \\ z \end{bmatrix} = \begin{bmatrix} u' & r' & h' \\ v' & s' & k' \\ w' & t' & l' \end{bmatrix} \begin{bmatrix} X \\ Y \\ Z \end{bmatrix}, \quad x_i = \sum_{j=1}^{3} a_{ij} X_j \tag{3.6}$$

여기서 X_i는 X, Y, Z을 표현하고 x_i는 x, y, z을 표현한다. 예를 들면 ND의 결정좌표계에 의한 방향을 알고 싶을 경우, ND는 시편좌표계의 [001]이므로, 결정좌표계로 식 (3.6)에 적용하면 $[h', k', l']$이 된다.

② 행렬 $[a_{ij}]$에서 각각의 행과 열은 단위벡터이고 서로에 수직하기 때문에 다음의 관계가 성립한다.

$$\sum_{i=1}^{3} a_{ij} a_{ik} = \delta_{jk}, \quad \sum_{j=1}^{3} a_{ij} a_{kj} = \delta_{ik} \tag{3.7}$$

③ 행렬 $[a_{ij}]$의 역행렬은 행렬 $[a_{ij}]$의 전치행렬(transpose matrix)과 동일하다.

$$[a_{ij}]^{-1} = [a_{ji}] \tag{3.8}$$

그러므로 결정좌표계로 표현된 방향 $[xyz]$을 시편좌표계에 의한 표현 $[XYZ]$으로 변환시키는 행렬은 $[a_{ij}]$의 역행렬이자 전치행렬인 $[a_{ji}]$이다.

$$\begin{bmatrix} \mathrm{X} \\ \mathrm{Y} \\ \mathrm{Z} \end{bmatrix} = \begin{bmatrix} \mathrm{u}' & \mathrm{v}' & \mathrm{w}' \\ \mathrm{r}' & \mathrm{s}' & \mathrm{t}' \\ \mathrm{h}' & \mathrm{k}' & \mathrm{l}' \end{bmatrix} \begin{bmatrix} \mathrm{x} \\ \mathrm{y} \\ \mathrm{z} \end{bmatrix} \tag{3.9}$$

④ 행렬 $[a_{ij}]$ 각각의 열들은 결정좌표계로 표현된 시편좌표축의 방향코사인이다. 즉, 역극점도에서 시편좌표축들의 방향코사인으로 행렬의 열이 구성된다. 또한 이와 동시에 행렬의 각 행들은 시편좌표계로 표현된 결정좌표축의 방향코사인으로 구성된다. 그러므로 각각의 행은 극점도에서 [100], [010], [001]의 방향코사인이 된다.

$$[a_{ij}] = \begin{bmatrix} r_X^{(100)} & r_Y^{(100)} & r_Z^{(100)} \\ r_X^{(010)} & r_Y^{(010)} & r_Z^{(010)} \\ r_X^{(001)} & r_Y^{(001)} & r_Z^{(001)} \end{bmatrix} = \begin{bmatrix} r_x^{RD} & r_x^{TD} & r_x^{ND} \\ r_y^{RD} & r_y^{TD} & r_y^{ND} \\ r_z^{RD} & r_z^{TD} & r_z^{ND} \end{bmatrix} \tag{3.10}$$

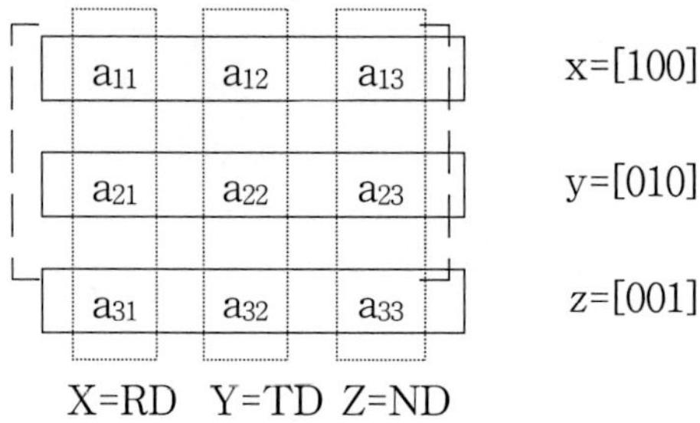

- 시편좌표계로 표현한 결정좌표축의 방향코사인
- 극점도에서 〈100〉방향의 방향코사인

- 결정좌표계로 표현한 시편좌표축의 방향코사인
- 역극점도에서 시편좌표축의 방향코사인

⑤ 행렬의 형태로 회전을 정의함으로써 방위를 표현하면 연속되는 2개의 회전으로 정의되는 방위는 각각 행렬의 곱으로 표현할 수 있다.

$$x_i{}' = \sum_{j=1}^{3} a_{ij}^{(1)} x_j \quad , \quad x_k{}'' = \sum_{i=1}^{3} a_{ki}^{(2)} x_i{}' \tag{3.11}$$

$$x_k{}'' = \sum_{i=1}^{3}\sum_{j=1}^{3} a_{ki}^{(2)} a_{ij}^{(1)} x_j = \sum_{j=1}^{3} a_{kj} x_j$$

여기에서 $a_{kj} = \sum_{i=1}^{3} a_{ki}^{(2)} a_{ij}^{(1)}$

3.6 서로 다른 표현방법 사이의 관계

3.6.1 구면극좌표, 방향코사인, 밀러지수

구면극좌표계의 Φ, β와 방향코사인 r_x, r_y, r_z의 관계는 그림 3.12로부터 식

(3.12)가 성립한다.

$$
\begin{aligned}
r_x &= \sin\Phi\cos\beta \\
r_y &= \sin\Phi\sin\beta \\
r_z &= \cos\Phi
\end{aligned}
\tag{3.12}
$$

$$\Phi = \arccos r_z$$

$$\beta = \arccos \frac{r_x}{\sqrt{1-r_z^2}} = \arcsin \frac{r_y}{\sqrt{1-r_z^2}}$$

방향코사인을 정수로 맞춘 것이 밀러지수이므로 $ND=[hkl]$와 $RD=[uvw]$에 대해서는 식 (3.13), 식 (3.14)의 관계가 성립한다.

$$n = \sqrt{h^2+k^2+l^2} \qquad n' = \sqrt{u^2+v^2+w^2} \tag{3.13}$$

$$
\begin{aligned}
h &= n\sin\Phi_{ND}\cos\beta_{ND} & \mathrm{u} &= \mathrm{n}'\sin\Phi_{RD}\cos\beta_{RD} \\
k &= n\sin\Phi_{ND}\sin\beta_{ND} & \mathrm{v} &= \mathrm{n}'\sin\Phi_{RD}\sin\beta_{RD} \\
l &= n\cos\Phi_{ND} & w &= n'\cos\Phi_{RD}
\end{aligned}
$$

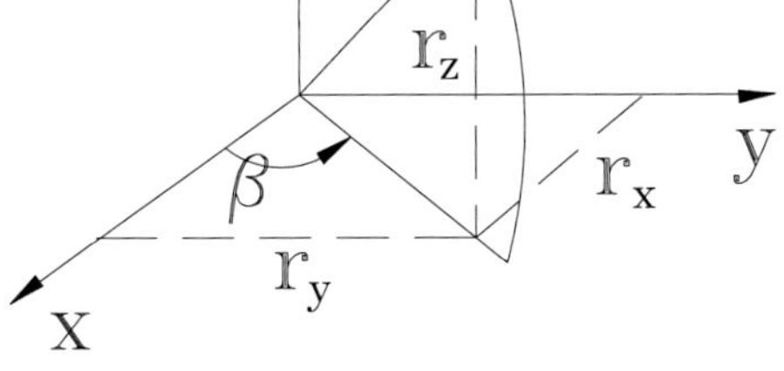

그림 3.12 구면극좌표계의 $\Phi\beta$와 방향코사인 r_x, r_y, r_z의 관계

$$\Phi_{ND} = \arccos\frac{l}{\sqrt{h^2+k^2+l^2}} \qquad \Phi_{RD} = \arccos\frac{w}{\sqrt{u^2+v^2+w^2}} \tag{3.14}$$
$$\beta_{ND} = \arccos\frac{h}{\sqrt{h^2+k^2}} \qquad \beta_{RD} = \arccos\frac{u}{\sqrt{u^2+v^2}}$$
$$= \arcsin\frac{k}{\sqrt{h^2+k^2}} \qquad = \arcsin\frac{v}{\sqrt{u^2+v^2}}$$

3.6.2 행렬 표현과 구면극좌표

결정방위의 행렬에 의한 표현은 행렬의 원소가 결정좌표축 또는 시편좌표축의 방향코사인으로 구성되므로 방향코사인과 구면극좌표와의 관계를 이용하면 행렬표현과 구면극좌표와의 관계를 얻을 수 있다. 결정좌표계로 표현된 시편좌표축의 방향 $X=RD$, $Y=TD$, $Z=ND$를 구면극좌표계로 표현하면 식 (3.15)와 같은 행렬이 구성된다.

$$g = \begin{bmatrix} \sin\Phi_{RD}\cos\beta_{RD} & \sin\Phi_{TD}\cos\beta_{TD} & \sin\Phi_{ND}\cos\beta_{ND} \\ \sin\Phi_{RD}\sin\beta_{RD} & \sin\Phi_{TD}\sin\beta_{TD} & \sin\Phi_{ND}\sin\beta_{ND} \\ \cos\Phi_{RD} & \cos\Phi_{TD} & \cos\Phi_{ND} \end{bmatrix} \tag{3.15}$$

마찬가지로 시편좌표계로 표현된 결정좌표축의 방향 $x=[100]$, $y=[010]$, $z=[001]$을 구면극좌표계로 표현하면 다음의 행렬이 구성된다.

$$g = \begin{bmatrix} \sin\Phi_{100}\cos\gamma_{100} & \sin\Phi_{100}\sin\gamma_{100} & \cos\Phi_{100} \\ \sin\Phi_{010}\cos\gamma_{010} & \sin\Phi_{010}\sin\gamma_{010} & \cos\Phi_{010} \\ \sin\Phi_{001}\cos\gamma_{001} & \sin\Phi_{001}\sin\gamma_{001} & \cos\Phi_{001} \end{bmatrix} \tag{3.16}$$

3.6.3 행렬 표현과 오일러각

오일러각에서 정의되는 3번의 회전을 행렬의 형태로 나타내면 오일러각의 회전은 X축 또는 Z축을 회전축으로 하는 좌표축의 회전이므로 각각의 회전을 다음과 같이 정의한다.

$$g^{Z}_{\varphi_1} = \begin{bmatrix} \cos\varphi_1 & \sin\varphi_1 & 0 \\ -\sin\varphi_1 & \cos\varphi_1 & 0 \\ 0 & 0 & 1 \end{bmatrix} \tag{3.17}$$

$$g^{X'}_{\phi} = \begin{bmatrix} 1 & 0 & 0 \\ 0 & \cos\phi & \sin\phi \\ 0 & -\sin\phi & \cos\phi \end{bmatrix} \tag{3.18}$$

$$g^{Z'}_{\varphi_2} = \begin{bmatrix} \cos\varphi_2 & \sin\varphi_2 & 0 \\ -\sin\varphi_2 & \cos\varphi_2 & 0 \\ 0 & 0 & 1 \end{bmatrix} \tag{3.19}$$

연속된 회전은 행렬의 곱으로 나타낼 수 있으므로 결정방위의 행렬표현과 오일러각 사이에는 식 (3.20)의 관계가 성립한다.

$$g\{\varphi_1,\ \phi,\ \varphi_2\} = g^{Z'}_{\varphi_2} \cdot g^{X'}_{\phi} \cdot g^{Z}_{\varphi_1} \tag{3.20}$$

$$= \begin{bmatrix} \cos\varphi_1\cos\varphi_2 - \sin\varphi_1\sin\varphi_2\cos\phi & \sin\varphi_1\cos\varphi_2 + \cos\varphi_1\sin\varphi_2\cos\phi & \sin\varphi_2\sin\phi \\ -\cos\varphi_1\sin\varphi_2 - \sin\varphi_1\cos\varphi_2\cos\phi & -\sin\varphi_1\sin\varphi_2 + \cos\varphi_1\cos\varphi_2\cos\phi & \cos\varphi_2\sin\phi \\ \sin\varphi_1\sin\phi & -\cos\varphi_1\sin\phi & \cos\phi \end{bmatrix}$$

3.6.4 밀러지수와 오일러각

식 (3.5)와 식 (3.20)의 행렬을 비교하면 쉽게 밀러지수와 오일러각의 관계를 구할 수 있다. 식 (3.5)에서 행렬의 원소는 방향코사인값이므로 이를 고려해야 한다.

$$n = \sqrt{h^2 + k^2 + l^2} \qquad n' = \sqrt{u^2 + v^2 + w^2} \tag{3.21}$$

$$\begin{aligned} h &= n\sin\phi\sin\varphi_2 & u &= n'(\cos\varphi_1\cos\varphi_2 - \sin\varphi_1\sin\varphi_2\cos\phi) \\ k &= n\sin\phi\cos\varphi_2 & v &= n'(-\cos\varphi_1\sin\varphi_2 - \sin\varphi_1\cos\varphi_2\cos\phi) \\ l &= n\cos\phi & w &= n'\sin\varphi_1\sin\phi \end{aligned}$$

식 (3.21)의 관계로부터

$$\phi = \arccos\frac{l}{\sqrt{h^2+k^2+l^2}} \tag{3.22}$$

$$\varphi_2 = \arccos\frac{k}{\sqrt{h^2+k^2}} = \arcsin\frac{h}{\sqrt{h^2+k^2}}$$

$$\varphi_1 = \arcsin\left[\frac{w}{\sqrt{u^2+v^2+w^2}}\sqrt{\frac{h^2+k^2+l^2}{h^2+k^2}}\right]$$

$$\cos\phi = \frac{l}{\sqrt{h^2+k^2+l^2}}, \quad \sin\phi = \frac{\sqrt{h^2+k^2}}{\sqrt{h^2+k^2+l^2}}$$

식 (3.21), (3.22)의 관계식을 이용하여 낮은 밀러지수로 표현되는 결정방위의 오일러각을 계산할 수 있다. 이러한 계산에 의해서 밀러지수와 오일러각의 관계를 입방정(cubic)계의 결정구조와 사방정(orthorhombic)계의 시편구조를 가진 경우에 대해서 그림 3.13과 그림 3.14에 나타내었다. 그림 3.13은 φ_2 단면에 대해서 표현하였으며, 그림에서 같은 선상의 방위는 같은 압연면, $ND(hkl)$을 갖는 방위이고, 가위표는 압연방향, RD을 표현한다. 그림 3.14와 그림 3.15는 φ_1 단면을 나타낸 것이다. 식 (3.21)에서 알 수 있듯이 압연면은 오일러각 중에서 φ_1과는 관계가 없으므로 φ_1 단면에서 같은 결정면의 위치는 각 단면이 동일하다. 이것을 첫 번째 단면에서 원으로 표시하였고, 그 결정면 위치를 표기하였다. 각 단면에서 가위표로 표시한 방위는 앞에서의 압연면과 그 압연방향을 표기하였고, 그 밀러지수를 표현하는 정확한 오일러각을 함께 표기하였다.

또한 그림 3.13에서 그림 3.15까지의 세부 그림을 확대하여 수록하였다.

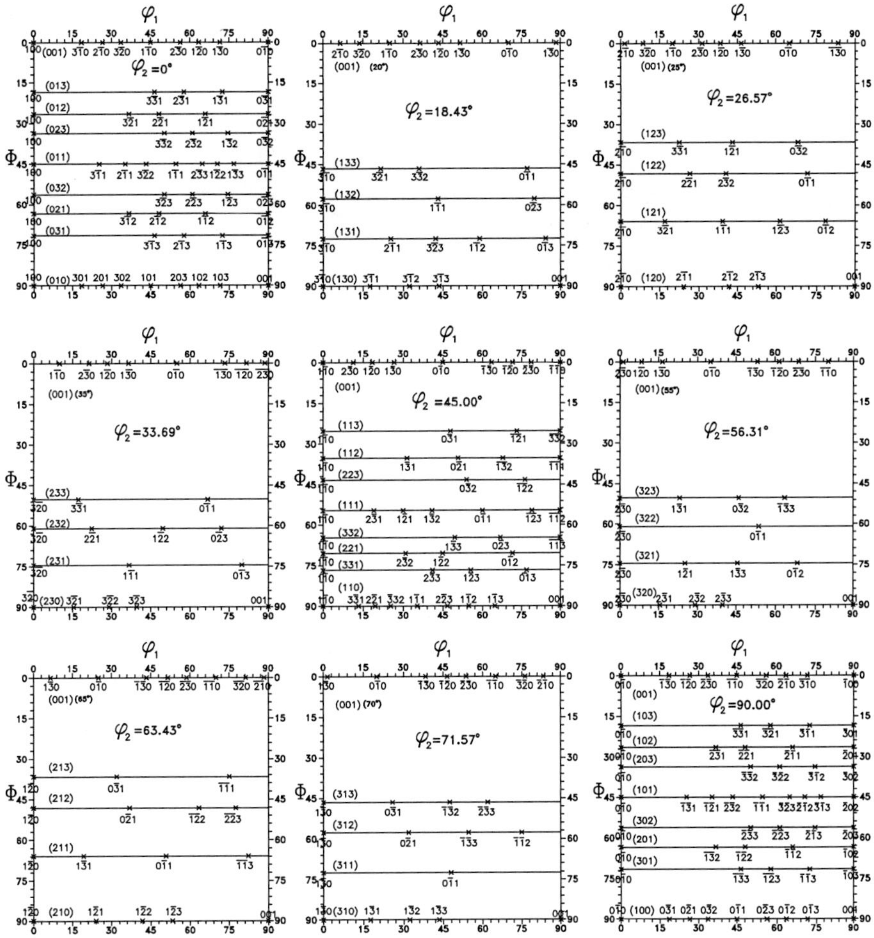

그림 3.13 오일러각과 밀러지수의 관계(φ_2 단면)

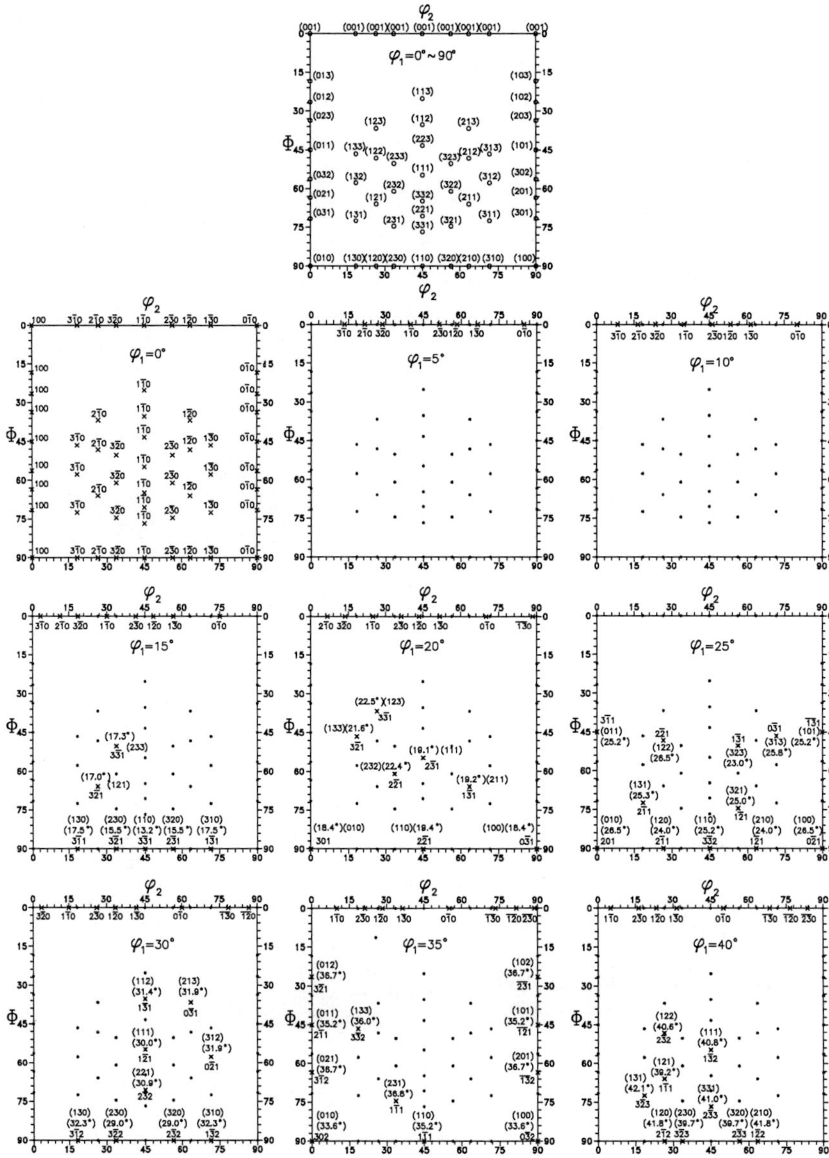

그림 3.14 오일러각과 밀러지수의 관계(φ_1 단면)

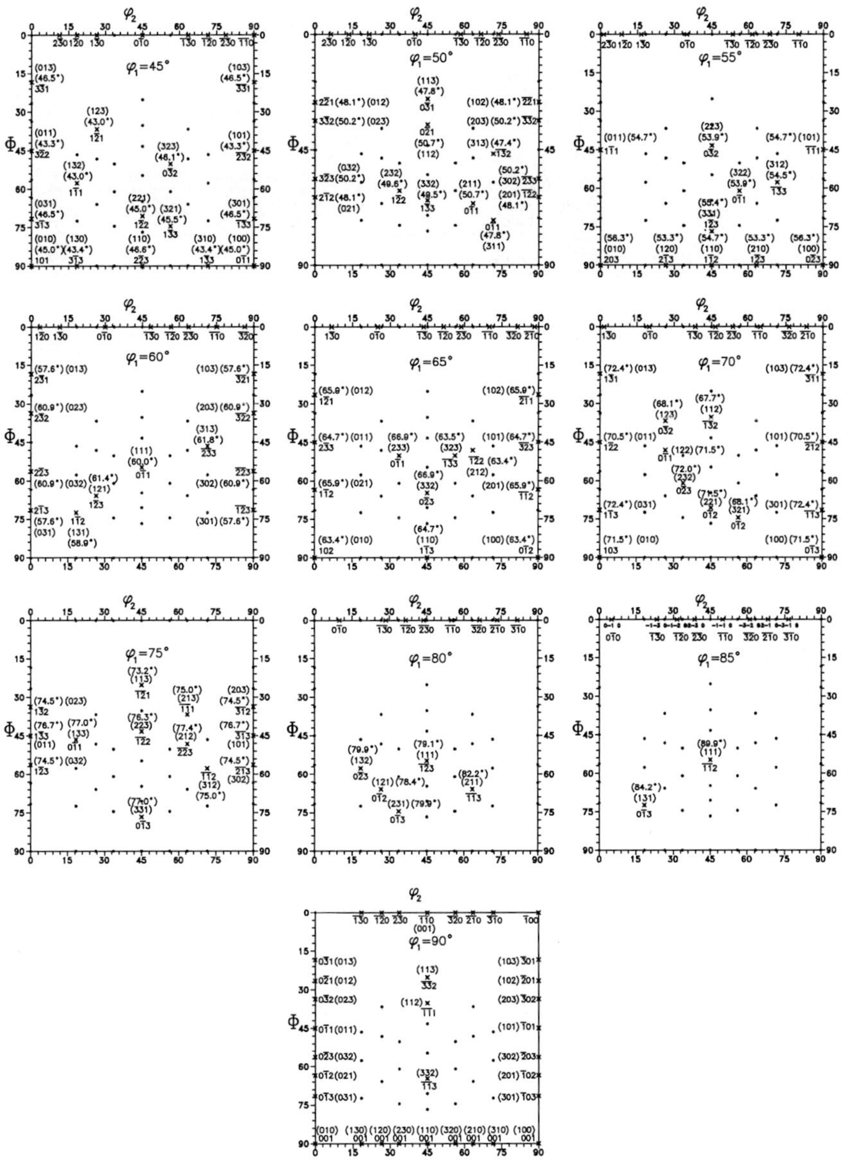

그림 3.15 오일러각과 밀러지수의 관계(φ_1 단면)

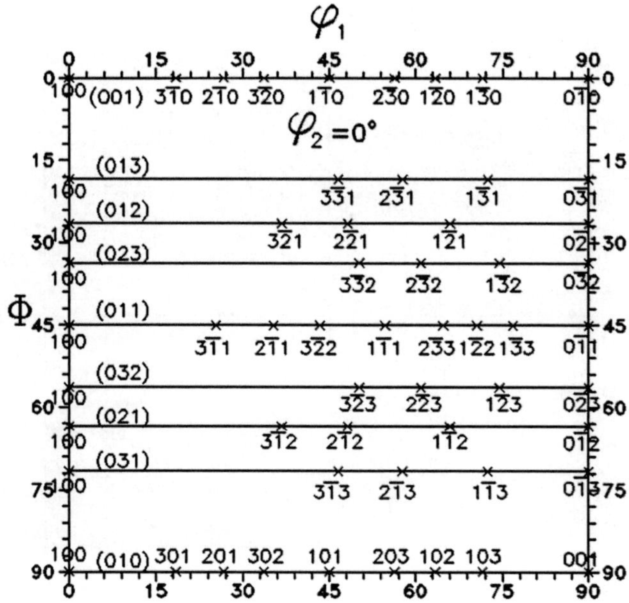
φ1
Φ
φ2 =0°
(001)
(013)
(012)
(023)
(011)
(032)
(021)
(031)
(010)

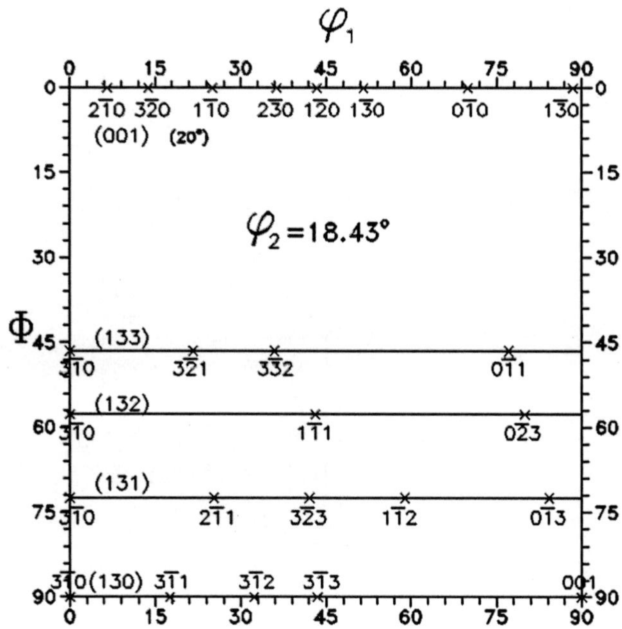
φ1
Φ
φ2 =18.43°
(001) (20°)
(133)
(132)
(131)
(130)

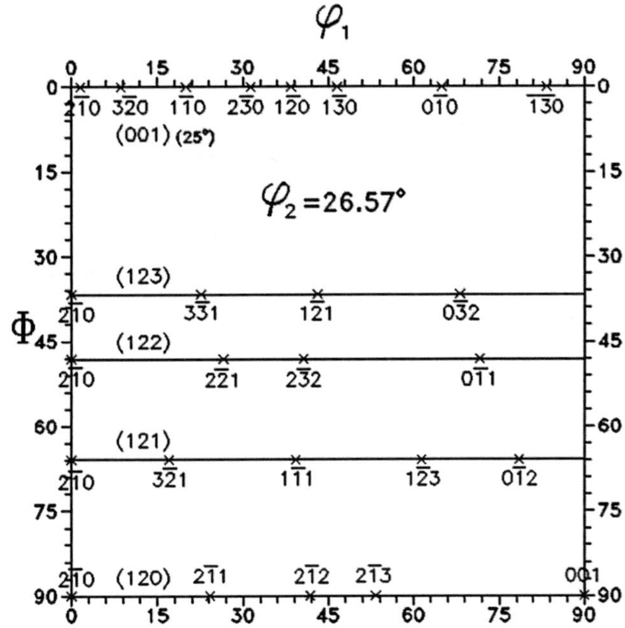
φ_1
φ_2=26.57°
Φ
(001) (25°)
(123)
(122)
(121)
(120)

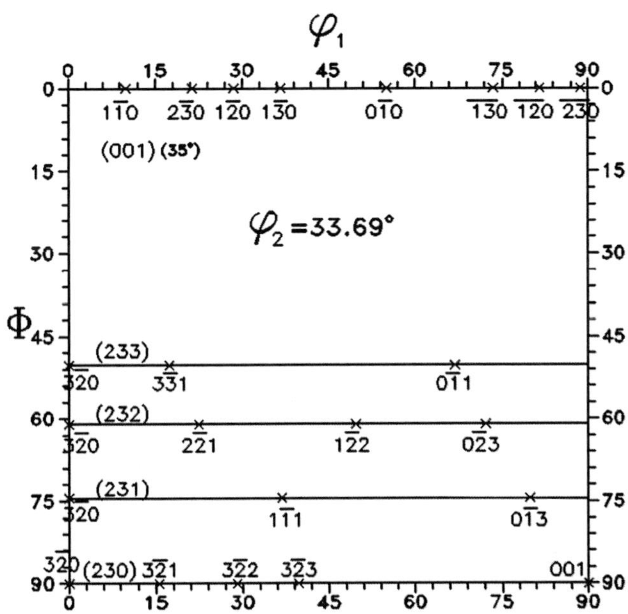
φ_1
φ_2=33.69°
Φ
(001) (35°)
(233)
(232)
(231)
(230)

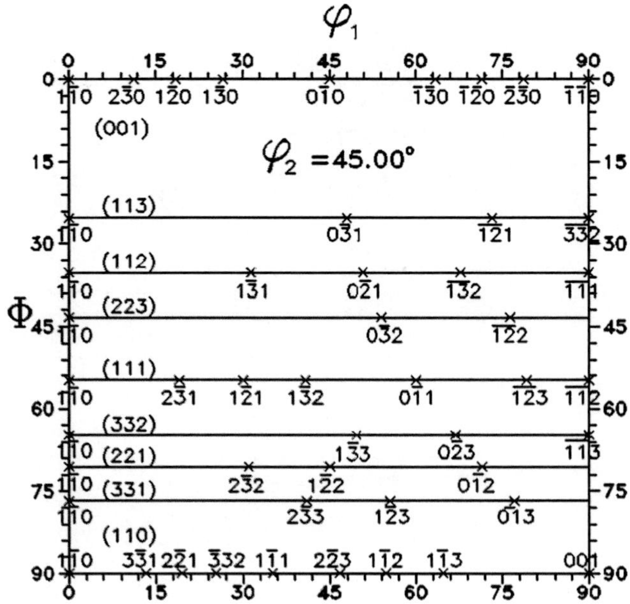
φ_1
φ_2 =45.00°
Φ
(001)
(113)
(112)
(223)
(111)
(332)
(221)
(331)
(110)

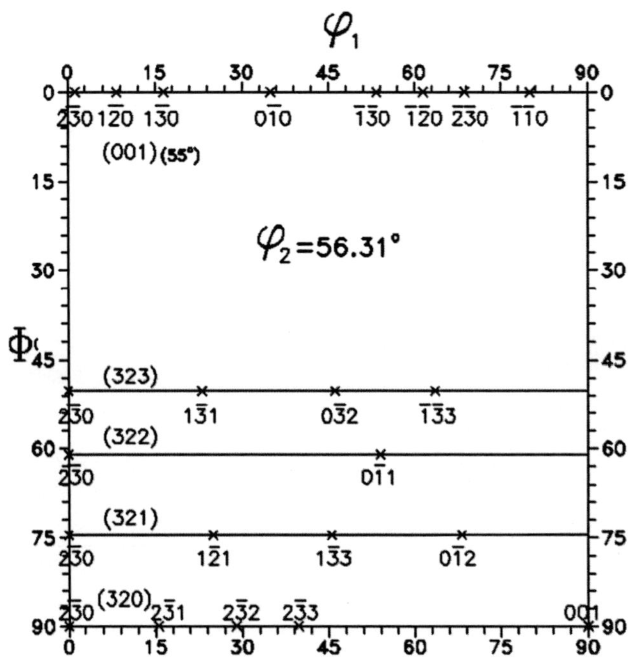
φ_1
φ_2=56.31°
Φ
(001)(55°)
(323)
(322)
(321)
(320)

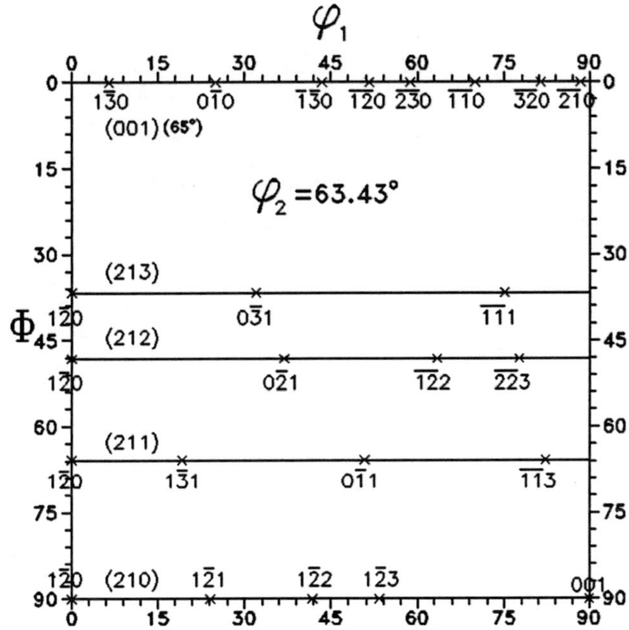
φ1
φ2 =63.43°
(001) (65°)
(213)
(212)
(211)
(210)
Φ

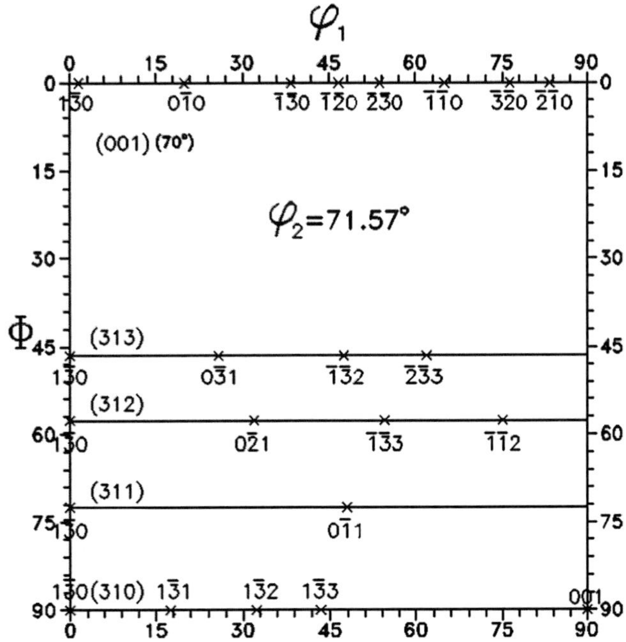
φ1
φ2=71.57°
(001) (70°)
(313)
(312)
(311)
(310)
Φ

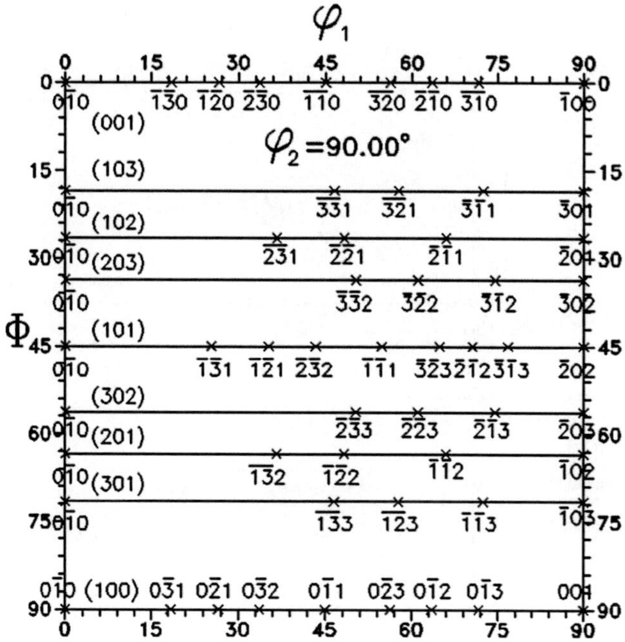
φ_1
φ_2=90.00°
Φ
(001)
(103)
(102)
(203)
(101)
(302)
(201)
(301)
(100)

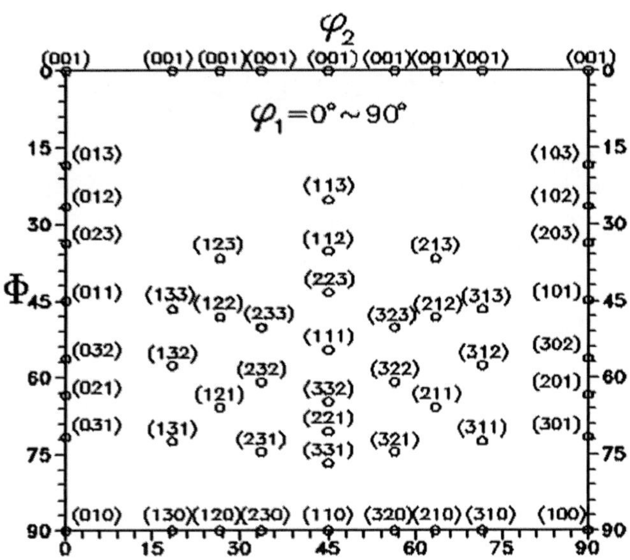

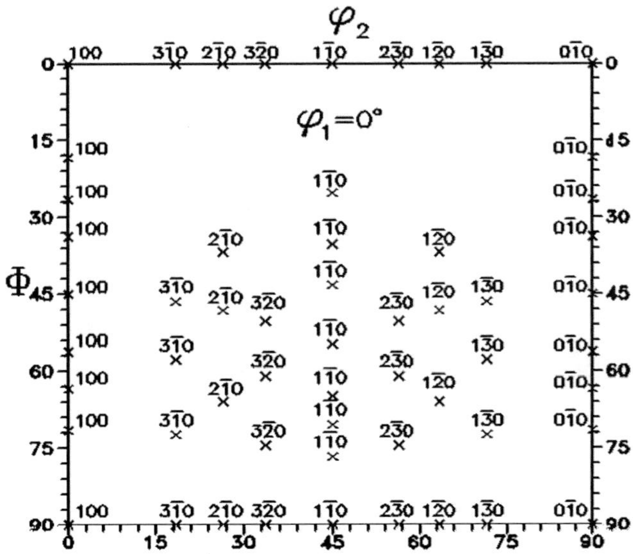

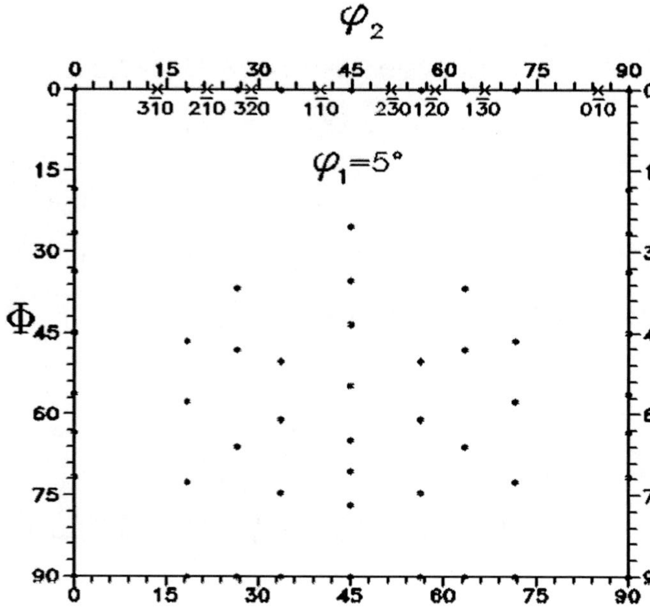
φ_2
3$\bar{1}$0 2$\bar{1}$0 3$\bar{2}$0 1$\bar{1}$0 2$\bar{3}$0 1$\bar{2}$0 1$\bar{3}$0 0$\bar{1}$0
φ_1=5°
Φ

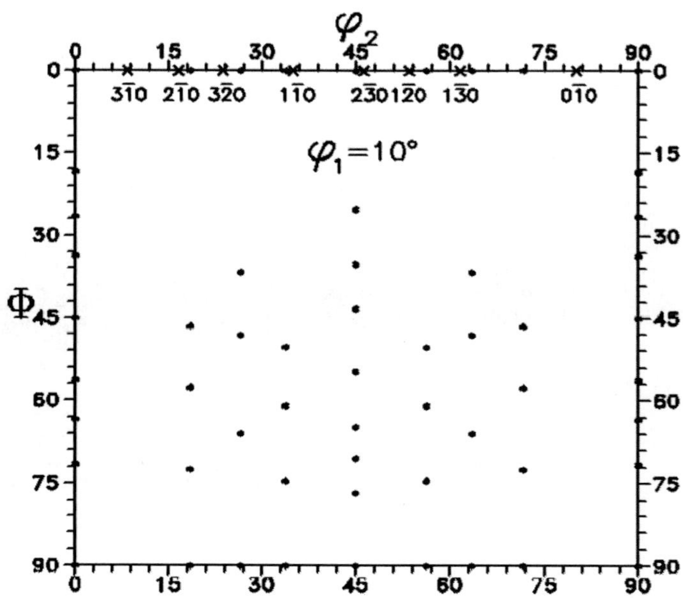
φ_2
3$\bar{1}$0 2$\bar{1}$0 3$\bar{2}$0 1$\bar{1}$0 2$\bar{3}$0 1$\bar{2}$0 1$\bar{3}$0 0$\bar{1}$0
φ_1=10°
Φ

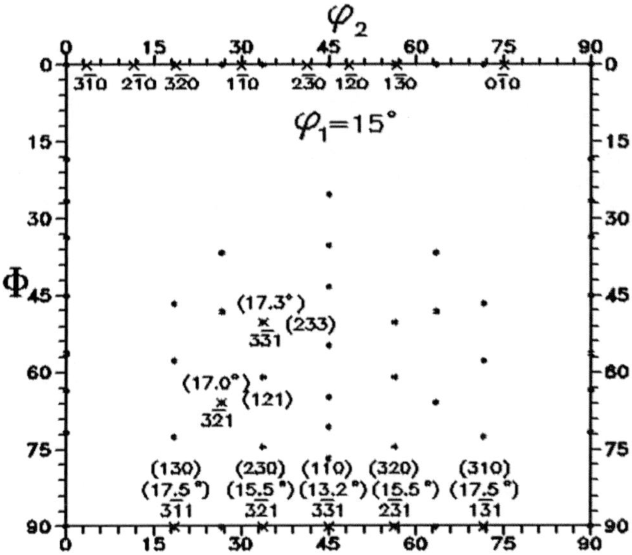
φ_2
φ_1=15°
Φ
(17.3°)
$3\bar{3}1$ (233)
(17.0°)
$3\bar{2}1$ (121)
(130) (230) (1$\bar{1}$0) (320) (310)
(17.5°) (15.5°) (13.2°) (15.5°) (17.5°)
$3\bar{1}1$ $3\bar{2}1$ $3\bar{3}1$ $2\bar{3}1$ $1\bar{3}1$

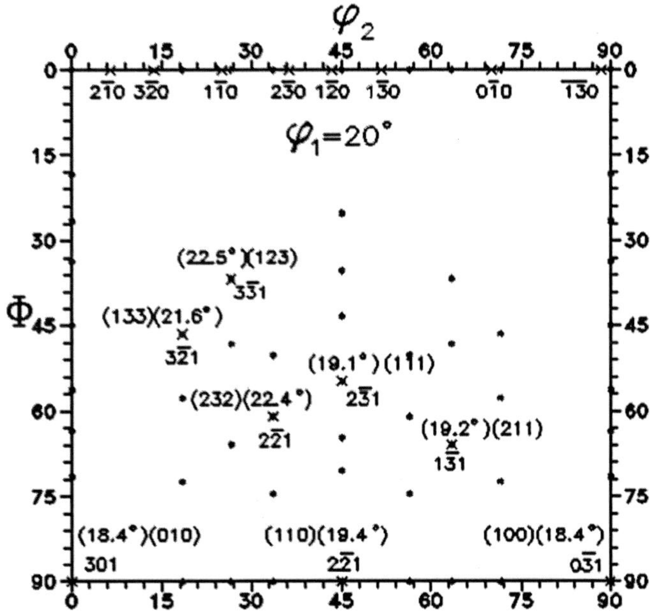
φ_2
φ_1=20°
Φ
(22.5°)(123)
$3\bar{3}1$
(133)(21.6°)
$3\bar{2}1$
(19.1°)(1$\bar{1}$1)
$2\bar{3}1$
(232)(22.4°)
$2\bar{2}1$
(19.2°)(211)
$1\bar{3}1$
(18.4°)(010)
301
(110)(19.4°)
$2\bar{2}1$
(100)(18.4°)
$0\bar{3}1$

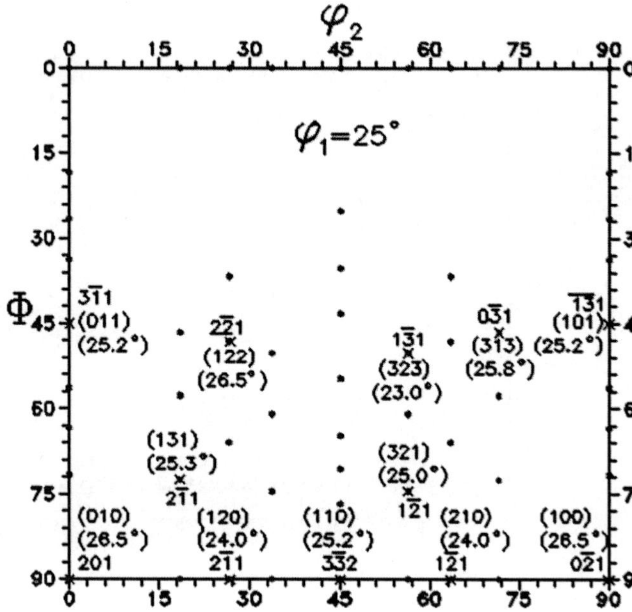
φ2
φ1=25°
Φ

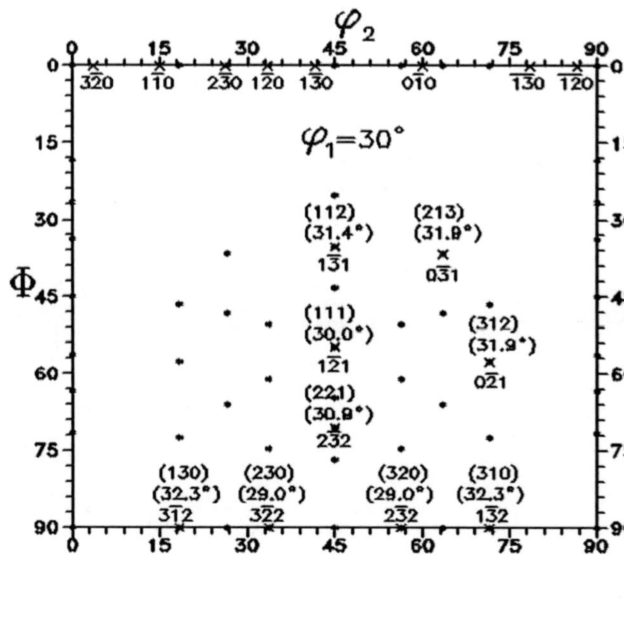
φ2
φ1=30°
Φ

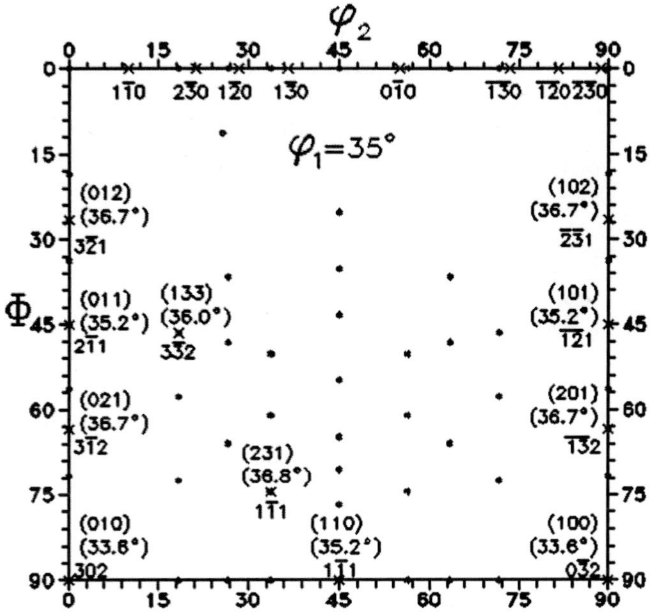
φ2
φ1=35°
Φ
(012)
(36.7°)
(102)
(36.7°)
(011)
(35.2°)
(133)
(36.0°)
(101)
(35.2°)
(021)
(36.7°)
(201)
(36.7°)
(231)
(36.8°)
(010)
(33.6°)
(110)
(35.2°)
(100)
(33.6°)
302

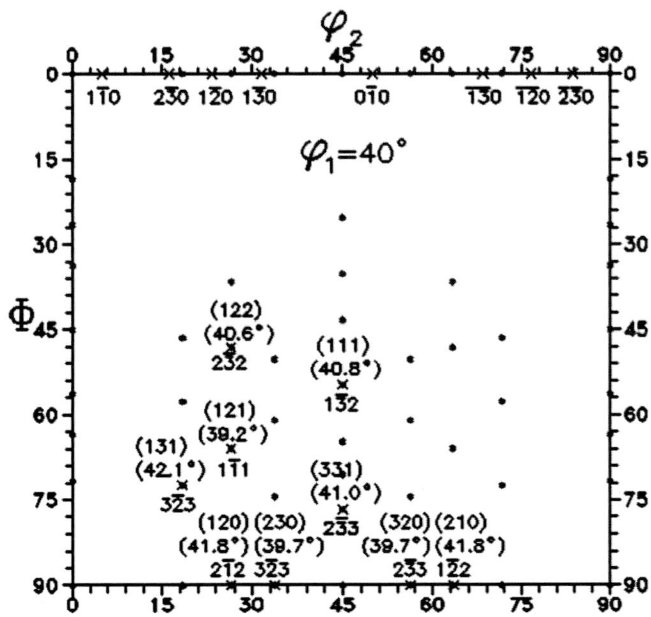
φ2
φ1=40°
Φ
(122)
(40.6°)
(111)
(40.8°)
(121)
(39.2°)
(131)
(42.1°)
(331)
(41.0°)
(120)
(41.8°)
(230)
(39.7°)
(320)
(39.7°)
(210)
(41.8°)

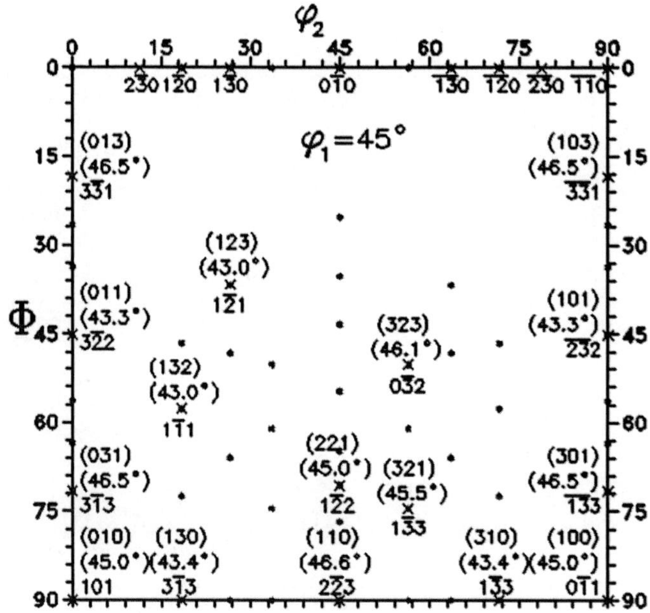
φ_2
$\varphi_1=45°$
Φ
(013) (46.5°) 3$\bar{3}$1
(103) (46.5°) $\bar{3}\bar{3}$1
(123) (43.0°) 1$\bar{2}$1
(011) (43.3°) 3$\bar{2}$2
(101) (43.3°) $\bar{2}\bar{3}$2
(323) (46.1°) 0$\bar{3}$2
(132) (43.0°) 1$\bar{1}$1
(221) (45.0°) 1$\bar{2}$2
(321) (45.5°) 1$\bar{3}$3
(031) (46.5°) 3$\bar{1}$3
(301) (46.5°) $\bar{1}\bar{3}$3
(010) (45.0°) 101
(130) (43.4°) 3$\bar{1}$3
(110) (46.6°) 2$\bar{2}$3
(310) (43.4°) 1$\bar{3}$3
(100) (45.0°) 0$\bar{1}$1

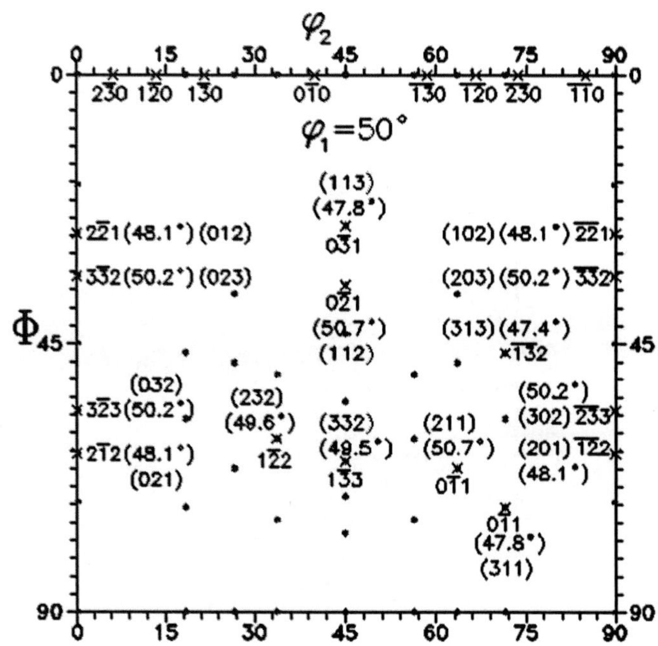
φ_2
$\varphi_1=50°$
Φ
(113) (47.8°) 0$\bar{3}$1
2$\bar{2}$1 (48.1°) (012)
(102) (48.1°) $\bar{2}\bar{2}$1
3$\bar{3}$2 (50.2°) (023)
(203) (50.2°) $\bar{3}\bar{3}$2
0$\bar{2}$1 (50.7°) (112)
(313) (47.4°) $\bar{1}$32
(032) 3$\bar{2}$3 (50.2°)
(232) (49.6°) 1$\bar{2}$2
(332) (49.5°) 1$\bar{3}$3
(211) (50.7°) 0$\bar{1}$1
(50.2°) (302) $\bar{2}\bar{3}$3
(201) $\bar{1}\bar{2}$2 (48.1°)
2$\bar{1}$2 (48.1°) (021)
0$\bar{1}$1 (47.8°) (311)

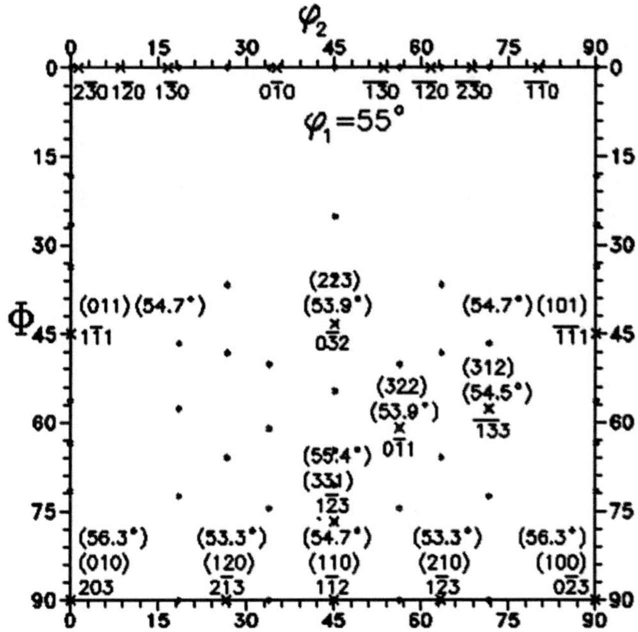
φ_2
φ_1=55°
Φ
(223)
(53.9°)
(011) (54.7°)
(54.7°) (101)
(322)
(53.9°)
(312)
(54.5°)
(55.4°)
(331)
(56.3°)
(010)
203
(53.3°)
(120)
(54.7°)
(110)
(53.3°)
(210)
(56.3°)
(100)

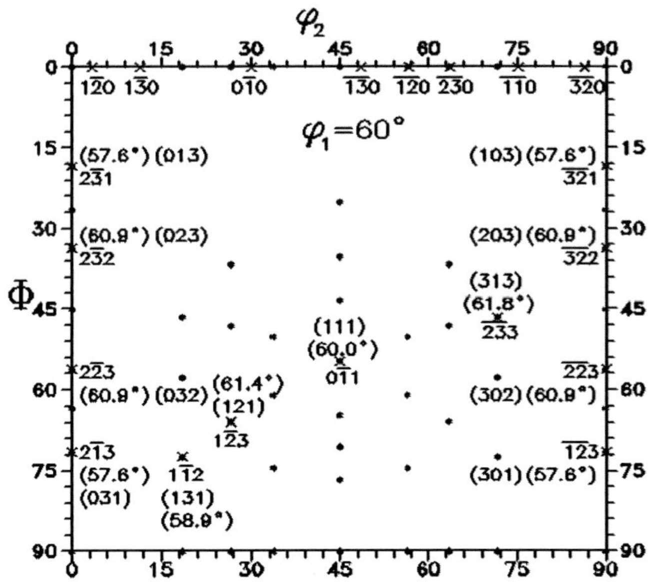
φ_2
φ_1=60°
Φ
(57.6°) (013)
(103) (57.6°)
(60.9°) (023)
(203) (60.9°)
(313)
(61.8°)
(111)
(60.0°)
(60.9°) (032)
(61.4°)
(121)
(302) (60.9°)
(57.6°)
(031)
(131)
(58.9°)
(301) (57.6°)

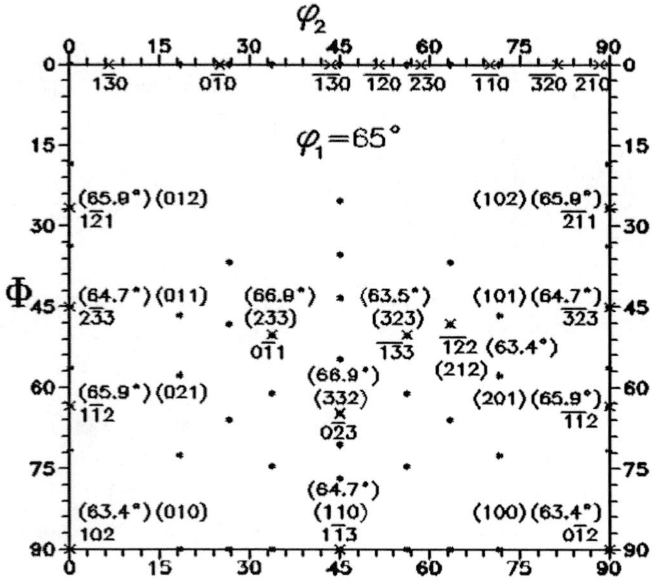
φ_2
φ_1=65°
Φ
(65.9°) (012) 1$\bar{2}$1
(102) (65.9°) $\bar{2}$11
(64.7°) (011) 2$\bar{3}$3
(66.8°) (233)
(63.5°) (323)
(101) (64.7°) $\bar{3}$23
0$\bar{1}$1
$\bar{1}$33
$\bar{1}$22 (63.4°)
(66.9°) (332) 0$\bar{2}$3
(212)
(65.9°) (021) 1$\bar{1}$2
(201) (65.9°) $\bar{1}$12
(64.7°) (110) 1$\bar{1}$3
(63.4°) (010) 102
(100) (63.4°) 0$\bar{1}$2

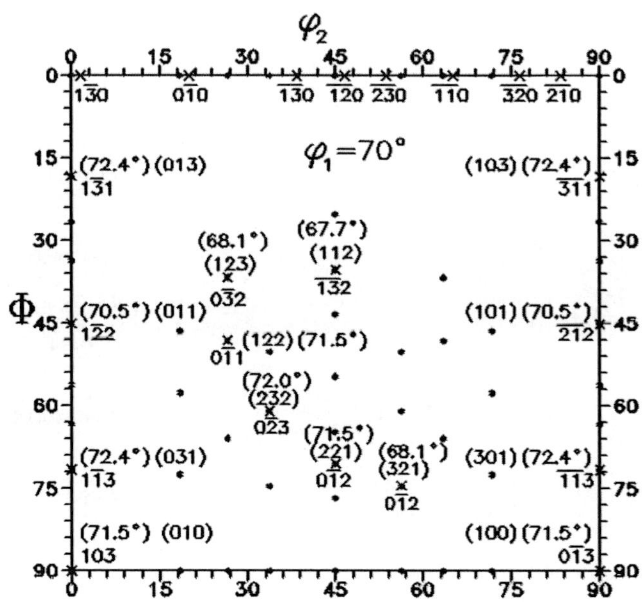
φ_2
φ_1=70°
Φ
(72.4°) (013) 1$\bar{3}$1
(103) (72.4°) $\bar{3}$11
(68.1°) (123) 0$\bar{3}$2
(67.7°) (112) $\bar{1}$32
(70.5°) (011) 1$\bar{2}$2
(101) (70.5°) $\bar{2}$12
0$\bar{1}$1 (122) (71.5°)
(72.0°) (232) 0$\bar{2}$3
(71.5°) (221) 0$\bar{1}$2
(68.1°) (321) 0$\bar{1}$2
(72.4°) (031) 1$\bar{1}$3
(301) (72.4°) $\bar{1}$13
(71.5°) (010) 103
(100) (71.5°) 0$\bar{1}$3

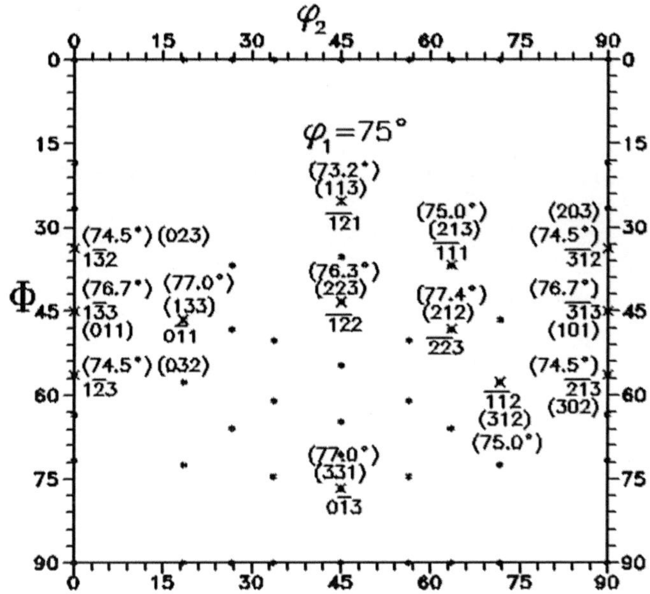

φ_2
$\varphi_1=75°$
Φ

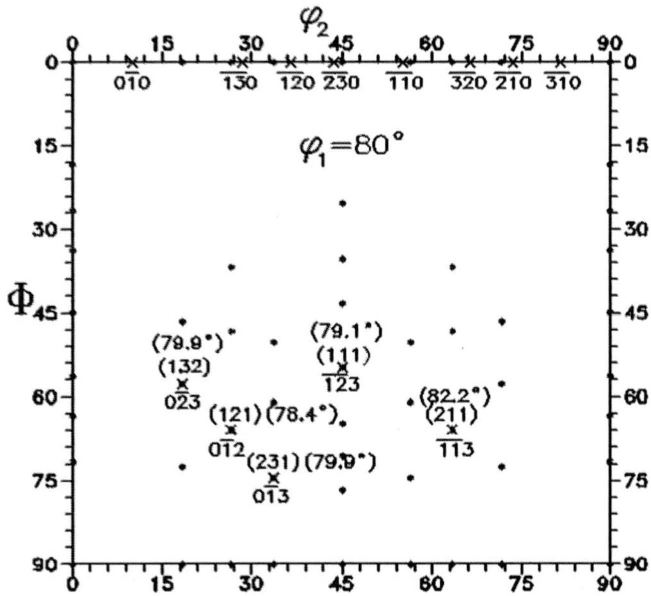

φ_2
$\varphi_1=80°$
Φ

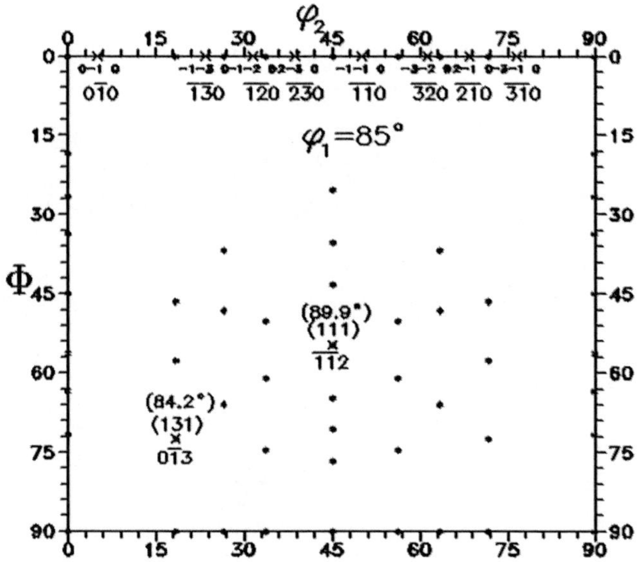
φ2
φ1=85°
Φ
(89.9°)
(111)
(84.2°)
(131)

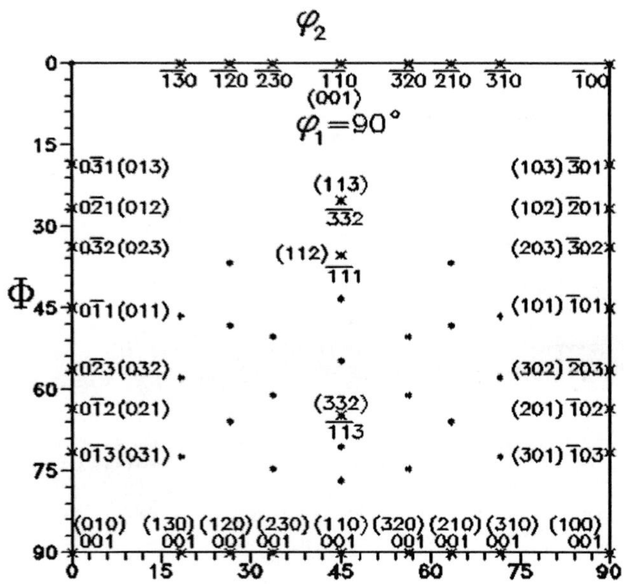
φ2
(001)
φ1=90°
Φ
(113)
(112)
(332)

3.6.5 극점도와 역극점도에서의 구면극좌표와 오일러각

식 (3.15)와 식 (3.16)의 행렬 표현과 오일러각으로 표현된 식 (3.20)을 비교하면 다음의 식 (3.23)~식 (3.26)의 관계가 성립한다.

$$\Phi_{001} = \phi,\ \Phi_{010} = \arccos(\cos\varphi_2 \sin\phi)\ ,\ \Phi_{100} = \arccos(\sin\varphi_2 \sin\phi) \quad (3.23)$$

$$\gamma_{001} = \varphi_1 - \frac{\pi}{2}$$

$$\gamma_{010} = \arcsin\left[\frac{\cos\varphi_2\cos\phi}{\sin\Phi_{100}}\right] + \varphi_1 = \arccos\left[\frac{\sin\varphi_2}{\cos\Phi_{100}}\right] + \varphi_1$$

$$\gamma_{100} = \arcsin\left[\frac{\sin\varphi_2\cos\phi}{\sin\Phi_{100}}\right] + \varphi_1 = \arccos\left[\frac{\cos\varphi_2}{\sin\Phi_{100}}\right] + \varphi_1$$

$$\Phi_{ND} = \phi\ ,\ \Phi_{TD} = \arccos(-\cos\varphi_1 \sin\phi)\ ,\ \Phi_{RD} = \arccos(\sin\varphi_1 \sin\phi) \quad (3.24)$$

$$\beta_{ND} = \frac{\pi}{2} - \varphi_2$$

$$\beta_{TD} = \arcsin\left[\frac{\cos\varphi_1\cos\phi}{\sin\Phi_{TD}}\right] - \varphi_2 = \pi + \arccos\left[\frac{\sin\varphi_1}{\sin\Phi_{TD}}\right] - \varphi_2$$

$$\beta_{RD} = -\arcsin\left[\frac{\sin\varphi_1\cos\phi}{\sin\Phi_{RD}}\right] - \varphi_2 = \arccos\left[\frac{\cos\varphi_1}{\sin\Phi_{RD}}\right] - \varphi_2$$

$$\Phi_{\mathrm{ND}} = \phi\ ,\ \Phi_{\mathrm{TD}} = \arccos(-\cos\varphi_1 \sin\phi)\ ,\ \Phi_{RD} = \arccos(\sin\varphi_1 \sin\phi) \quad (3.25)$$

$$\beta_{\mathrm{ND}} = \frac{\pi}{2} - \varphi_2$$

$$\beta_{\mathrm{TD}} = \arcsin\left[\frac{\cos\varphi_1\cos\phi}{\sin\Phi_{TD}}\right] - \varphi_2 = \pi + \arccos\left[\frac{\sin\varphi_1}{\sin\Phi_{TD}}\right] - \varphi_2$$

$$\beta_{\mathrm{RD}} = -\arcsin\left[\frac{\sin\varphi_1\cos\phi}{\sin\Phi_{RD}}\right] - \varphi_2 = \arccos\left[\frac{\cos\varphi_1}{\sin\Phi_{RD}}\right] - \varphi_2$$

$$
\begin{aligned}
\varphi_1 &= \arcsin\left[\frac{\cos\Phi_{RD}}{\sin\Phi_{ND}}\right] = \arccos\left[\frac{\cos\Phi_{TD}}{\sin\Phi_{ND}}\right] \\
\phi &= \Phi_{ND} \\
\varphi_2 &= \frac{\pi}{2} - \beta_{ND}
\end{aligned}
\tag{3.26}
$$

3.7 Invariant Measure

오일러각으로 표현되는 오일러공간과 같은 방위 공간 내에서 결정방위들을 표현하게 될 때 부딪치게 되는 문제점이 방위 공간이 동등하지가 않다는 즉, 왜곡되어 있다는 점이다. 오일러공간의 오일러각이든, 극점도에서의 구면극좌표계이든 등간격으로 방위 공간을 분할하여 보자. 우리는 직교좌표계 내에서 방위 공간을 등분할하므로 모든 공간이 등분할 된 것처럼 보이지만, 그림 3.16에서와 같이 경도와 위도를 5도 간격으로 등분할하여 눈금을 그린 경우를 고려해 보면, 북극이나 남극

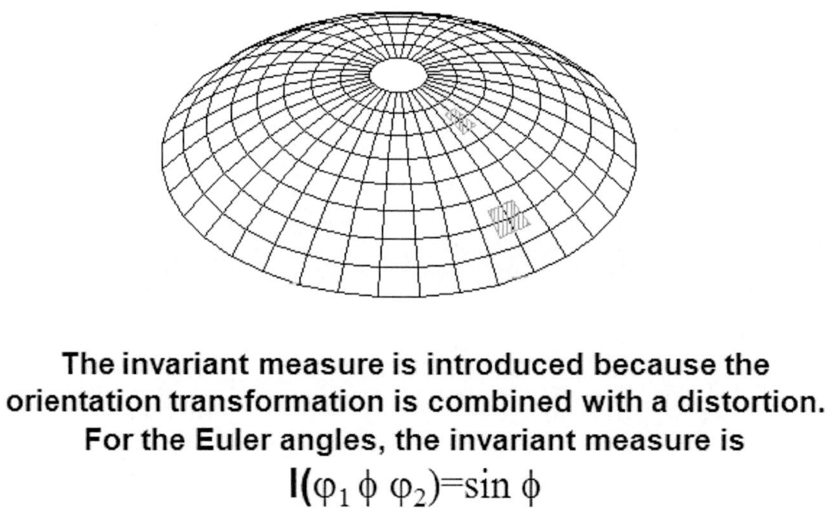

그림 3.16 방위공간의 왜곡을 보여주는 Invariant measure

과 같이 위도가 큰 지역에서는 위도, 경도 교차선에 의해 나뉘어지는 표면적이 급격히 작아지는 것을 알 수 있다.

그러므로 적도 부근에서는 교차점 하나가 대표하는 방위 공간이 북극 부근에서 교차점 하나가 대표하는 방위 공간보다 월등하게 크다는 점이다. 따라서 방위 공간을 등간격으로 나누어서 결정립이 분포한다고 가정하면 실제 공간에서는 북극과 남극쪽으로 향하는 방위를 밀집시켜 놓은 방위 분포가 된다는 것이다. 따라서 이러한 극좌표계의 방위 왜곡현상을 극복하기 위해서는 각각의 방위에 공간을 동등하게 만들어주는 인자가 필요하며, 이것을 Invariat Measure라고 부르며, 그 값은 오일러각에서는 $\sin\Phi$값이 된다.

결정의 방위를 표현하는 방법 중의 하나인 오일러공간은 결정좌표계와 시편좌표계 사이의 회전으로 정의하였다. 회전을 정의함으로써 결정의 방위를 표현하는 경우, 임의의 방위를 g라고 하면 임의의 회전 g_o에 의해 g는 $g' = g_o \cdot g$의 방위로 변환한다. 이와 같은 방위의 변환에서 두 개의 회전 전후의 방위에 대하여 $\varphi_1 \sim \varphi_1 + d\varphi_1$, $\Phi \sim \Phi + d\Phi$, $\varphi_2 \sim \varphi_2 + d\varphi_2$로 구성되는 부피요소(volume element)를 고려하면 두 경우의 부피요소 부피가 일반적인 경우에 동일하지 않다.

$$dg' \neq dg, \quad d\varphi_1' d\Phi' d\varphi_2' \neq d\varphi_1 d\Phi d\varphi_2 \tag{3.27}$$

즉, 방위의 변환에서 부피의 왜곡(distortion)을 동반한다. 그러므로 방위의 변환에서 방위 공간의 왜곡이 없도록 invariant measure, $I(\varphi_1, \Phi, \varphi_2)$를 도입하여 사용한다.

$$I(\varphi_1', \Phi', \varphi_2')\, d\varphi_1' d\Phi' d\varphi_2' = I(\varphi_1, \Phi, \varphi_2)\, d\varphi_1 d\Phi d\varphi_2 \tag{3.28}$$

오일러공간의 경우에 invariant measure는 $\sin\Phi$이다.

$$I(\varphi_1, \Phi, \varphi_2) = \sin\Phi \tag{3.29}$$

오일러공간을 전체 부피로 정규화(normalization)하여 전체 부피의 크기를 1로 만들어주는 정규화인자(normalization factor)는 비대칭적인 단위공간에서 $1/8\pi^2$

이다.

$$\int_0^{2\pi}\int_0^{\pi}\int_0^{2\pi}\sin\Phi\, d\varphi_1\, d\Phi\, d\varphi_2 = 8\pi^2 \tag{3.30}$$

invariant measure와 정규화인자를 도입하면 임의의 결정방위 g에서

$$dg = \frac{1}{8\pi^2}\sin\Phi\, d\,\varphi_1\, d\,\Phi\, d\,\varphi_2 \tag{3.31}$$

이때의 결정방위는 변환에 의해서 g'으로 변환하고, 이때 g'에서

$$dg' = \frac{1}{8\pi^2}\sin\Phi'\, d\,\varphi_1{}'\, d\,\Phi'\, d\,\varphi_2{}' \tag{3.32}$$

이다.

그러므로 정규화인자와 invariant measure를 사용하는 경우에는 방위의 변환 전후의 부피가 동일하게 표현된다.

CHAPTER 04

집합조직의 표현

4.1 극점도와 역극점도

집합조직을 나타내는 방법 중에서 극점도를 통하여 표현하는 방법이 일반적으로 많이 알려져 있다. 또한 하나의 축만을 정의함으로써 집합조직을 나타낼 수 있는 공정(압출, 인발 등의 섬유집합조직)의 경우에는 역극점도로서 집합조직을 만족스럽게 나타낼 수 있다. 극점도와 역극점도는 스테레오 투영에서 기준좌표계를 시편좌표계로 하느냐 또는 결정좌표계로 하느냐에 따라서 구분할 수 있고, 그에 따라서 시편 또는 결정의 대칭성을 갖게 된다.

먼저 극점도는 3장에서 설명한 바와 같이 시편에 의해 결정된 시편좌표축을 스테레오 투영구의 기준축으로 하여 스테레오 투영도에 기준위치로 삼는다. 그리고 다양한 방위의 단결정들의 $\{hkl\}$극(pole)들을 기준좌표계에 대해 표시하여 이를 극밀도분포에 따라 밀도등고선을 그림으로써 극점도를 완성한다. 여기에서 $\{hkl\}$극은 측정의 Bragg각에 의해 특정한 격자방향으로 고정한 것이며, 하나의 단결정에 대해서 여러 개의 극들이 표시된다. 하나의 단결정에 의해 표현된 여러 개의 $\{hkl\}$극들의 스테레오 투영도에서 각도로부터 그 단결정의 방위를 결정하게 된다.

그림 4.1의 스테레오 투영법의 개요에서 중심축에 시편이 놓여 있고, 이 시편의 결정방위로부터 세 개의 $\langle 100\rangle$방향들이 그림과 같이 배향되어 있다고 하면, 이것을 스테레오 투영도에 표시하면 그림 4.2와 같이 된다. 이 스테레오 투영도처럼

⟨100⟩방향들의 위치만 표시한 경우를 {100}극점도라고 한다. 그림 4.2에는 그림 4.1에 대한 {100}극점도를 표시한 것이다. 3개의 ⟨100⟩방향이 표시되고 각각의 ⟨100⟩방위들은 서로 90도를 이루고 있다. 그림 4.2에서는 3개의 ⟨100⟩방향이 중심으로부터 등각도로 떨어져 있으므로 중심축에 해당하는 방향 즉, ND 방향의 결정학적 방향은 ⟨111⟩이 될 것임을 유추할 수 있다. 이에 대해서는 4장 후반부에 다시 자세히 소개하겠다.

그림 4.2는 이상적인 단결정의 경우에 나타나는 ⟨100⟩방향 즉, ⟨100⟩극의 분포이고, 실제의 다결정 재료에서 유사한 방위들이 모여 있는 경우라면 그림 4.3과 같이 동일하지는 않지만 그림 4.2의 방위와 유사한 방위들이 흩어져 있는 분포가 될 것이다. 그리고 이와 같은 방위 분포를 점으로 표현하지 않고 밀집되어 있는 정도를 밀도로 표시하고, 그 밀도분포를 등고선으로 표현하면 그림 4.4와 같은 극점도 표현이 얻어진다.

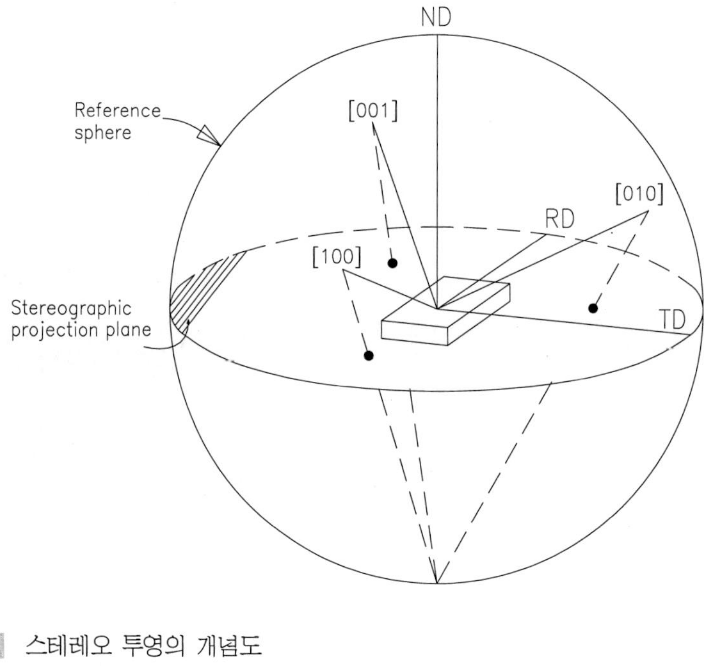

그림 4.1 스테레오 투영의 개념도

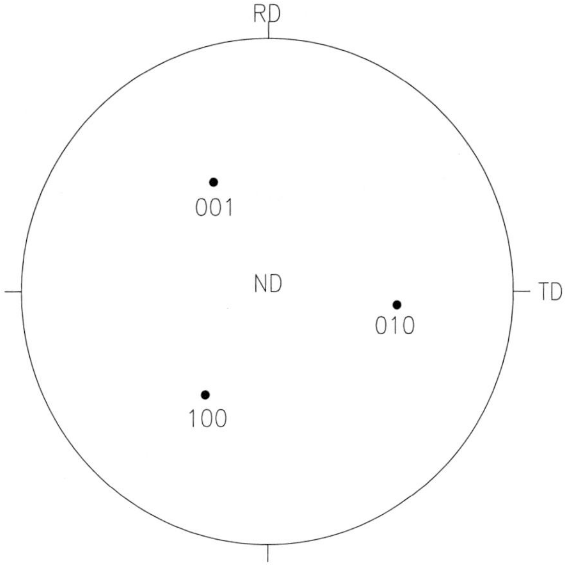

그림 4.2 단결정에 대한 이상적인 <100>극 투영도 {100}극점도

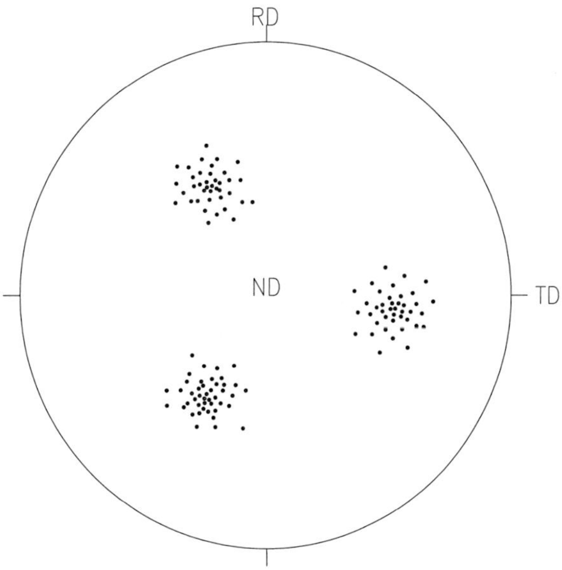

그림 4.3 다결정에 대한 이상적인 <100>극 투영도

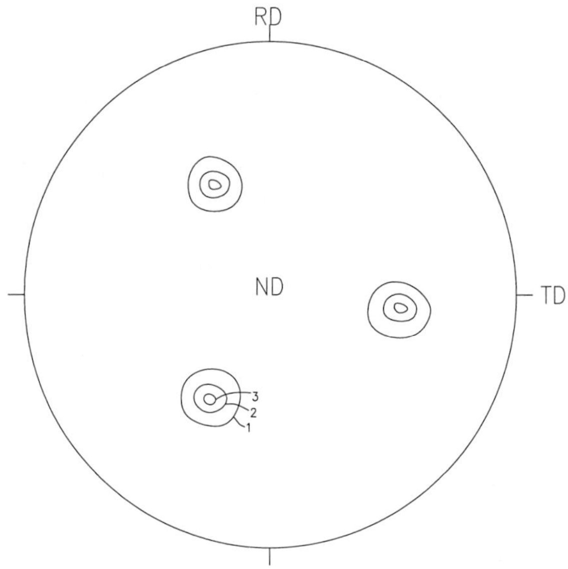

그림 4.4 극밀도 등고선으로 표현된 {100}극점도

그림 4.1은 다결정 금속재료를 구성하는 결정립 내에서 특정 결정방향이 어떻게 분포하는지를 간단히 나타낸 스테레오 투영도(stereographic projection)이다. 만약 극점도가 어떤 의미를 가지려면 기준 방향이 있어야 하고, 대개 시편에서 정의하기 쉬운 방향과 일치하도록 선택한다. 예를 들면 압연판재에서는 압연방향(RD), 압연면 수직방향(ND), 이 두 방향에 수직방향(TD)을 생각하는 것이 자연스럽다. 그림 4.1은 압연판재의 시편이 투영구의 중심에 어떻게 놓여 지는가를 보여준다. 시편 내의 단결정방위는 결정좌표축인 세 개의 {100}극을 시편좌표축에 대해 적절히 회전시켜 나타낼 수 있다(물론 {100}극뿐만 아니라 임의의 다른 극들 즉, {110}, {111}, {112} 등의 극들을 시편좌표축에 대해 회전시킴으로써도 동일한 방위 표현을 할 수 있다). 실제로 단결정의 모든 {100}극들을 적도면에 투영하여 그림 4.2와 같은 스테레오 투영도를 만들었다. 이 경우는 {100}극점도를 나타내는데 이것은 결정의 {100}극과 시편좌표축과의 관계를 정의하는 것으로 결정립방위를 나타낸다. 다결정시편의 경우 모든 결정립들이 고려되어야 하고 극점도를 얻기 위해 각 단결

정들에 대한 {100}극들을 표현해야만 한다. 만약 얻어진 극들이 투영면에 걸쳐 균일하게 분포된다면 우선방위가 존재하지 않는 것이고 시편은 무질서한 집합조직을 가졌다고 말할 수 있다. 실제 금속에서 이러한 조건은 매우 드문 일이고 보통 극들은 극점도의 특정 영역에 모여서 그림 4.3과 같은 집합조직을 보이게 된다. 일반적으로 결정립의 수는 매우 많기 때문에 개개의 방위를 구하여 그 극을 그리는 것은 어려운 일이다. 이러한 문제를 극복하기 위해 일반적으로 여러 결정립에서 측정자료를 동시에 얻어 이것을 극점도에 극밀도 등고선으로 나타낸다. 그림 4.4는 극밀도를 스테레오 투영도에 등고선으로 나타낸 것이다. 극밀도 값은 무질서방위를 가지는 시편에 대한 상대치로 나타낸다. 무질서방위의 1배 이상인 경우는 극들이 밀집되었음을 의미하고 1배보다 작은 경우는 극들이 고갈되었음을 의미한다.

그림 4.5(a)의 스테레오 투영도는 이상적인 {110}〈001〉 단결정의 {100}극들을 보여준다. 하나는 RD에 평행하고 다른 두 개는 RD에 수직한 면과 ND와 TD에 45°를 이루는 면에 존재한다. 이 단결정에서 하나의 〈110〉방향은 ND에 평행하고 다른 〈110〉방향은 TD에 평행하다. 앞에서 설명하였듯이 실제의 집합조직은 이상적인 단결정방위와 달리 완벽하지 않으며 그림 4.5(b)와 같은 {100}극분포를 나타낸다. 그림 4.4와 그림 4.5(b)의 극점도는 모두 {100}극의 분포를 나타내었다. 그러나 시편의 결정방위는 {100}극으로만 나타내야 하는 것은 아니다. 시편 내의 결정방위 중에서 {110}극이나 {111}극 등 어떤 극으로도 시편좌표축과의 관계를 표현함으로써 시편의 결정방위를 표현할 수 있다. 그림 4.5(c)는 그림 4.5(b)와 같은 시편에 대하여 {110}극들을 나타낸 스테레오 투영도로서 {110}극점도이다. 이와 같이 결정학적으로 어떠한 극들을 표현하는가에 따라서 극점도들은 완전히 다르게 표현되지만 이 극점도들은 모두 같은 판재의 집합조직을 나타내고 있다.

입방정금속의 경우에는 면에 수직인 방향과 같은 지수를 갖는 방향이 일치하므로 면에 대한 지수와 방향에 대한 지수를 구분할 필요가 없지만 육방정금속과 대칭성이 낮은 금속의 경우 면들의 극이 같은 지수의 방향과 평행하지 않다는 것을 주의해야 한다.

다결정 재료의 극점도를 고려할 경우에 여기서 두 가지가 논의되어야 할 필요가 있다. 결정은 대칭성을 갖고 있으므로 극점도에서 특정방위를 표현할 때에 {100}극은 3개, {111}극 4개, {110}극 6개, {hk0}극 12개, 또는 {hkl}극 24개로 표현하게 된다. 그러므로 가장 간단한 극점도는 가장 큰 대칭성을 가지는 면의 극 분포를

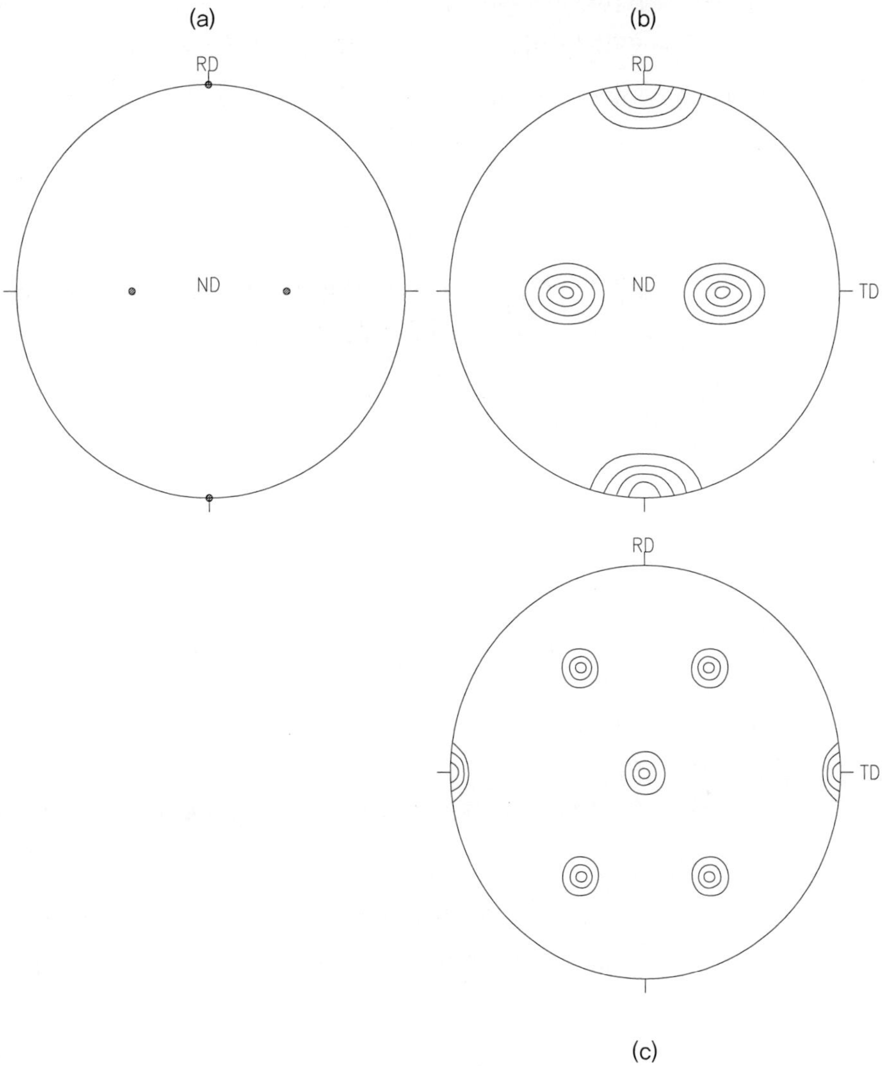

그림 4.5 (a) {110}<001>방위에 대한 <100>극, (b) {100} 극점도, (c) {110} 극점도

나타내는 것으로 보통 {100}, {110}, {111}, {211} 면 등에 대해 극점도를 구한다. 많은 개수의 극들을 표시해야 하는 {hkl}극점도의 경우는 극밀도를 나타내는 경우 서로 중첩되어 우선방위가 명확하게 표현되지 않는 경향이 있다. 두 번째로 X-선 회절과 관계된 점을 고려해야 한다. BCC 또는 FCC 금속에서 {100}면으로부터 회절이 얻어지지 않기 때문에 2차{200} 회절을 측정해야 한다. 측정 반사값으로 극점도를 나타내는 것이 일반적이기 때문에 BCC 집합조직은 {110}, {200}, {112}, {222} 등의 극점도로 표현하는 반면, FCC 집합조직은 {111}, {200}, {220} 극점도로 해석한다. 1차나 2차 반사에 대해 극은 동일하기 때문에 극점도가 달라지지는 않는다.

여기서 극점도를 해석해야 할 필요를 인식하는 것이 중요하다. 그림 4.5의 극점도처럼 단순한 경우에조차 {110}⟨001⟩지수로 집합조직을 나타내는 것은 불완전하며 지나치게 단순화된 것이다. 집합조직의 완전한 표현은 금속 내 모든 단결정들의 방위에 따른 그 단결정의 부피분율을 나타내는 함수로 주어진다. 이러한 방위분포함수(ODF)는 극점도로부터 계산하며, 결정방위의 정량분석에 매우 유용하게 쓰이고 있다. 방위분포함수를 통한 집합조직의 정량적인 해석에 대해서는 다음 절에서 설명할 것이고, 극점도를 통하여는 집합조직의 정성적인 해석에 중점을 두기로 한다. 실제 복잡한 극점도는 몇 개의 우선방위로 표현해야 한다. 그러나 대부분의 금속에 대해 나타나는 우선방위의 수가 그렇게 많지 않고 극점도에 의해서는 큰 지수를 갖는 밀러지수로 우선방위를 해석하는 것이 어려우므로 낮은 지수의 밀러지수 스테레오 투영도를 이용하여 다음의 방법으로 집합조직을 해석하도록 한다.

그림 4.6의 스테레오 투영도와 같이 여러 개의 (hkl) 스테레오 투영도를 준비하여 측정한 극({100}극점도에서는 {100}극들 또는 {110}극점도에서는 {110}극들 등)들의 위치를 투영도에 표시한다. 이렇게 표시된 극들의 위치와 측정한 극점도의 극밀도가 큰 위치가 일치하는 (hkl) 스테레오 투영도를 찾으면 이때의 밀러지수 hkl을 판재면에 수직한 결정방향(ND)으로 결정한다. 압연방향은 (hkl) 스테레오 투영도의 원둘레의 RD로 표시된 방향의 밀러지수로 결정한다.

극점도가 가장 자주 얻어지는 제품은 압연판재와 인발 또는 압출한 형태를 가진

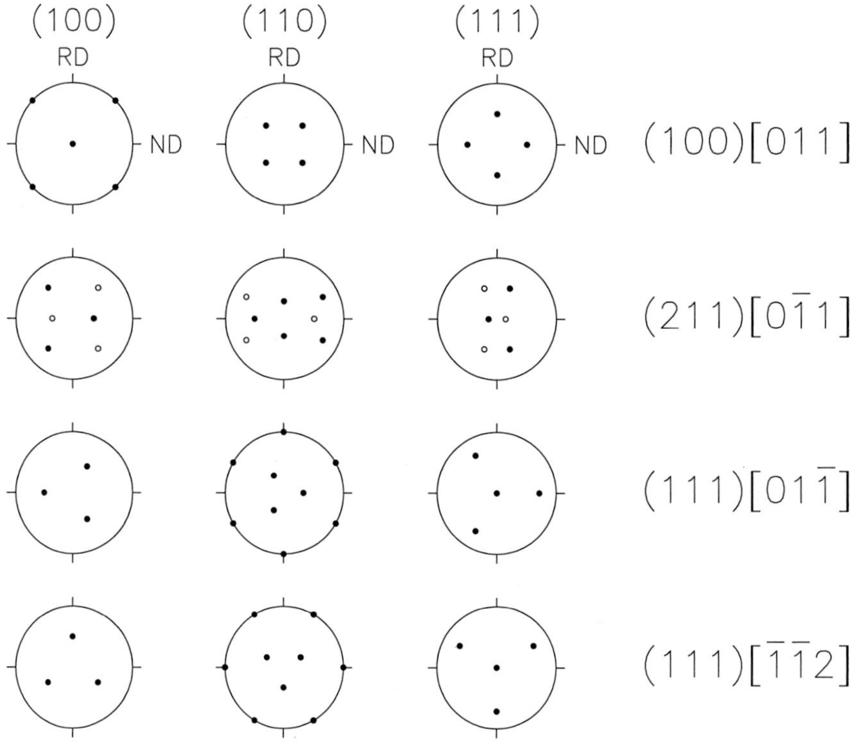

그림 4.6 입방정 금속에서 여러 방위에 대한 스테레오 투영도

다. 각각의 경우 적용된 변형 과정은 최종 제품에 대해 단순한 대칭 관계를 가진다. 선재 인발의 경우 변형 힘은 선재축에 대해 회전대칭이고 선재는 그와 유사한 축대칭을 나타내는 집합조직을 가진다. 압연에서는 집합조직이 두 개의 대칭 반사면을 가지도록 즉, TD와 RD에 각각 수직한 면을 가지도록 변형 힘이 작용한다. 이러한 대칭의 정도는 그림 4.5에서 명확히 볼 수 있는데 각 극점도의 사분면이 거의 등가적이다. 그런데 그림 4.6 대부분의 이상적인 방위에서 극배열은 대칭이 아니다. 예를 들어 만약 극점도에 (211)[0$\bar{1}$1] 방위를 검은 점으로 나타낸다면 대칭이 되기 위해서는 흰색 원으로 표시된 위치에 극이 나타나야 한다. 이 위치들을 분석해보면 그것이 (211)[01$\bar{1}$]의 등가방위임을 알 수 있다. 판재의 집합조직은

{211}⟨011⟩의 밀러지수군으로 표현되고 두 개의 (211)[0$\bar{1}$1]방위와 (211)[01$\bar{1}$]방위로 구성된다. 관계된 결정학적 방향의 대칭성에 따라 압연판재의 극점도에 존재하는 등가방위의 수가 한 개, 두 개 또는 네 개가 될 수 있다. 최대의 대칭성을 보이는 방위인 {100}⟨001⟩, {100}⟨011⟩, {110}⟨001⟩, {110}⟨110⟩방위는 한 종류의 극으로 완전히 나타낼 수 있는 반면 최소 대칭성을 보이는 {123}⟨412⟩와 같은 방위는 4개의 등가방위 밀러지수를 필요로 한다. RD, TD, ND를 따라 ⟨100⟩ 또는 ⟨110⟩ 형태의 방향을 가지는 방위들은 한 쌍의 등가지수로 나타낼 수 있다.

축대칭 변형으로 얻어진 집합조직은 대개 회전대칭을 보이고 그러한 집합조직은 변형축에 가장 평행한 결정방향 ⟨uvw⟩를 정의함으로써 가장 잘 나타낼 수 있음이 알려졌다. 이와 같은 형태의 집합조직이 천연섬유와 인공섬유에서 발견되었고 이러한 이유로 그 집합조직을 섬유집합조직(fiber texture)이라 부르고 그 축을 섬유축(fiber axis)이라 부른다. 가장 단순한 경우로 섬유축에 대해 회전하여 얻어지는 가능한 모든 방위들은 동일하게 표현될 것이고 극점도는 그림 4.7의 연속적인 띠와 같은 형태로 나타난다.

그림 4.7은 이상적인 {110}섬유집합조직을 가지는 선재에서 {100}극의 분포를 나타낸다. 그림 4.7에서 투영면의 좌우 방향을 RD, 위아래 방향을 TD라고 할 때, 그림 4.7(a)는 투영면에서 RD 방향에 섬유축이 존재하는 경우의 극점도이고, 그림 4.7(b)는 투영면의 중심에 섬유축이 존재하는 극점도이다. 축대칭이 아닌 변형을 받은 재료에서 섬유집합조직이 종종 발견되는데 그러한 경우 섬유축은 주변형축의 어느 것과도 일치하지 않을 것이다. 이러한 경우는 몇 개의 섬유집합조직으로 표현되는 압연판재에서 가끔 발생한다. 그 전형적인 경우를 그림 4.7(c)에 나타내었는데 ⟨110⟩섬유축이 TD에 수직한 면에서 ND로부터 30° 떨어진 곳에 위치한 이상적인 {100}극점도를 보여준다. 섬유축이 변형축과 일치하든 하지 않든 섬유집합조직이 완전하지 않을 수 있고 섬유축을 따른 방위분포가 균일하지 않을 경우도 있다. 어떤 경우에는 불연속한 방위영역만이 존재하고 극점도는 그림 4.7(a), (b), (c)의 연속적인 띠의 일부만이 나타나는 부분섬유집합조직(partial fiber texture)을 나타낸다.

(a)

(b)

(c)

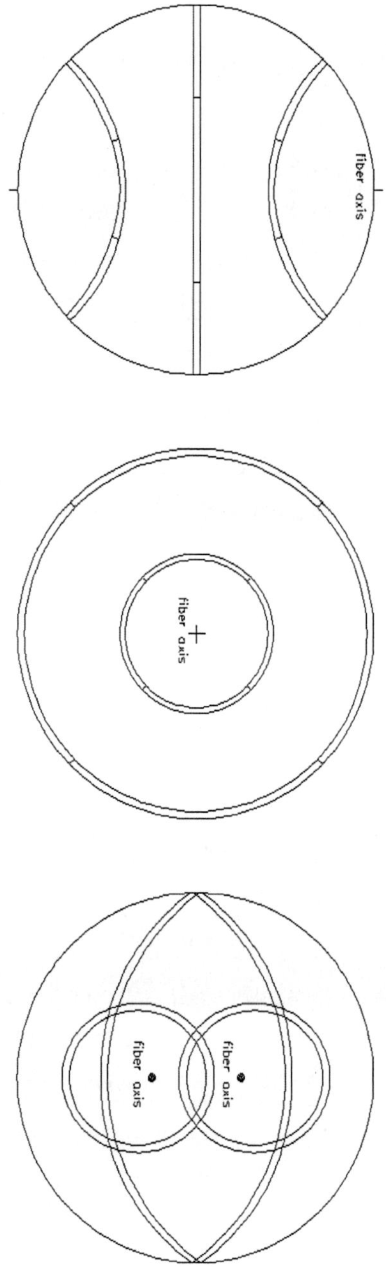

그림 4.7 <110>섬유집합조직을 나타내는 {100}극점도

극점도는 압연판재와 같은 재료의 집합조직 자료를 두 방향(ND, RD)으로 표시하는데 사용하는 가장 일반적인 방법이다. 그러나 앞에서의 완전한 섬유집합조직을 나타내는 경우와 같이 하나의 축만 정의하면 되는 대칭성이 높은 변형공정의 경우 역극점도로 만족스럽게 집합조직을 나타낼 수 있다. 역극점도는 알고자 하는 시편의 방향과 일치하는 금속 내의 각 단결정 방향들의 분포를 밀도등고선으로 (100)표준 스테레오 투영도에 나타낸 것이다. 여기에서 시편의 방향이란 압연판재에서의 ND, RD, TD 또는 압출재의 압출방향, 즉 섬유축방향 등을 말하며, 결국 이러한 방향으로 결정들의 어떤 방향이 놓여있는가를 표현하는 것이다. 예를 들면 ND에 대한 역극점도에서 111방향의 밀도강도가 가장 크다면 이 시편의 ND 방향으로는 주로 〈111〉결정방향이 놓여 있다는 것을 의미한다. 이러한 이유로 역극점도를 축분포도(axis distribution chart)라 부르기도 한다.

극점도에서는 시편좌표축을 기준으로 하여 결정의 극들을 표시한 것이므로 시편이 갖는 대칭성을 나타내고 있으나 역극점도에서는 기준좌표축이 결정좌표축이므로 역극점도는 결정의 대칭성을 나타낸다. 따라서 입방정금속의 경우에는 (100) 스테레오 표준투영도의 결정학적 단위 삼각형 내에서만 알고자 하는 시편방향의 분포를 나타낸다. 그림 4.8의 예는 cube texture와 압연집합조직을 나타내는 알루미늄의 ND 역극점도를 나타낸 것이다. 이 그림에서 즉시 알 수 있는 것은 두 개의 집합조직 성분이 존재한다는 것이다. 이 그림은 특정 축 주위에 일어날 수 있는 회전에 대한 정보는 주지 않으므로 순수한 섬유집합조직을 나타내는 데는 완벽하지만 판재에 적용하는 데에는 제한이 따른다.

그럼에도 불구하고 압연판재에서는 일반적으로 ND, RD, TD와 같은 시편방향에 대해 역극점도를 구하는 것이 보통이며, 실제 강에 대한 연구에 널리 쓰이고 있다. 70% 냉간압연한 강에 대한 {110}극점도와 ND와 RD에 대한 완전한 역극점도를 그림 4.9에 나타내었다. 이 그림들은 상당히 다른 표현법이지만 둘 다 같은 형태의 집합조직으로 해석한다.

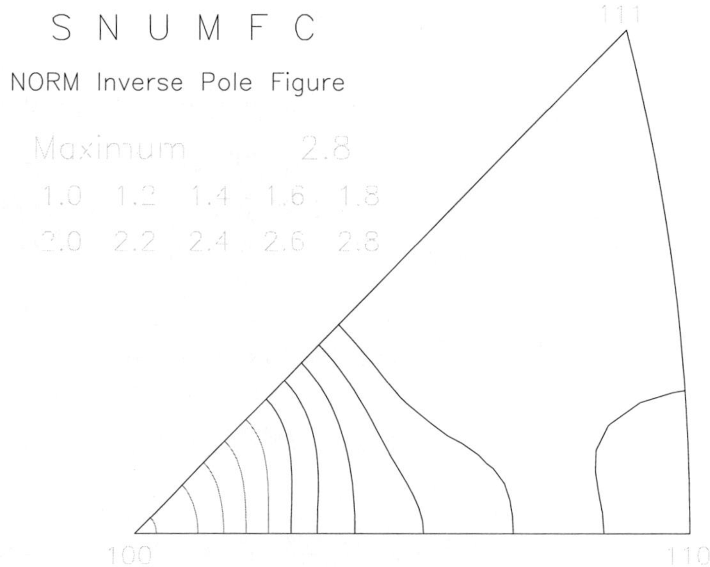

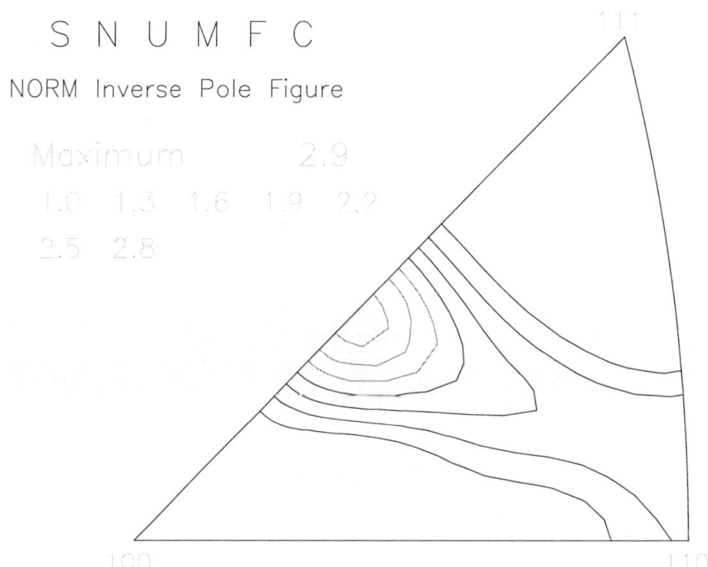

그림 4.8 알루미늄의 역극점도. (a) Cube texture, (b) 압연재의 집합조직

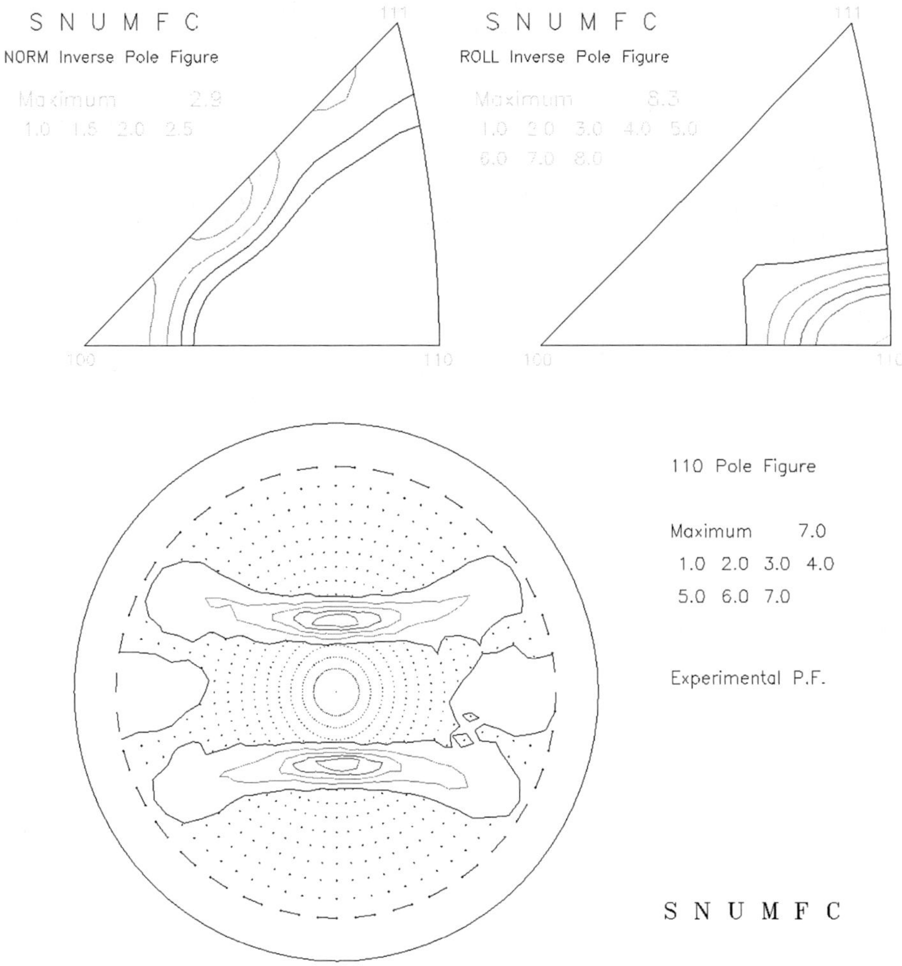

그림 4.9 70% 냉간압연한 강의 역극점도와 극점도

4.2 오일러공간과 방위분포함수(ODF)

극점도만을 이용한 집합조직 연구가 어려운 주된 원인은 이때까지 논의된 간단한 이상적인 방위와 실제의 복잡한 다성분 집합조직을 서로 연관시키려고 하는데서 발생하였다. 극점도나 역극점도를 사용하여 시행착오법으로 집합조직을 구하려고 해보면 곧 그 한계를 이해할 수 있게 된다. 종종 정성적인 해조차 얻기 힘든 경우도 있다. 이러한 근본적인 이유는 일반적인 방위 표현의 자유도가 3인 반면 극점도나 역극점도는 두 개의 독립변수만을 취급하기 때문이다. 그러므로 극점도와 역극점도들은 집합조직을 완전히 표현해내는 3차원 방위분포함수의 2차원적인 투영에 지나지 않게 된다. 따라서 몇 개의 극점도로부터 얻어진 수치를 사용하여 방위분포함수를 계산해내는 수학적인 방법들을 사용하고 있다. 방위분포함수를 계산하는 방법은 여러 가지가 있으나 이중에서 가장 널리 사용되고 있는 Roe와 Bunge의 방법은 각각 일반구면 조화함수를 사용하여 계산한다. 불행히도 각 방법들이 단결정의 방위를 나타내는 표현방법에 대해 서로 다른 정의와 기호를 사용하고 있는데 여기서는 Bunge가 정의한 오일러공간에서의 방위분포함수에 대하여 설명하였다.

오일러각의 정의에 의하면 각각의 오일러각은 특정 결정방위를 정의하고 있다. 이때에 각 단결정의 방위를 표현하는 오일러각은 세 개의 독립변수 $\{\varphi_1, \Phi, \varphi_2\}$를 사용하여 표현하므로 이러한 독립변수들을 방위공간의 체적을 정의하는 세 개의 직교축으로 나타내면 이 세 직교축에 의해 3차원 공간을 정의할 수 있다. 오일러각의 독립변수에 의해 정의되는 3차원 공간을 오일러공간이라고 하며, 오일러공간상의 한 점은 특정한 하나의 결정방위를 의미한다. 그러므로 오일러각의 주기성과 결정의 대칭성을 고려하여 비대칭적인 단위공간을 정의하면 가능한 모든 결정방위를 표현한다. 이 공간의 임의의 점은 $(hkl)[uvw]$ 방위에 해당하고 이 점에서의 밀도는 그 방위를 갖는 결정의 부피분율을 뜻하고, 우선방위가 없는 무질서한 방위분포에서 균일한 부피분율에 대한 배수로서 표현된다. 즉, 밀도값이 2 인 경우는 무질서한 분포의 부피분율보다 그 방위의 부피분율이 2배로 많다는 것이다. 2차원의 그림인 극점도에서 밀도분포를 등고선을 사용하여 표현하는 것과 같이 오일러공간에서 방위밀도분포는 등고면으로 표현할 수 있다. 그러나 이러한 3차원적인 그림은 표현하고 이해하기가 어려우므로 일반적으로 오일러공간을 구성하는 직교축 중 하나에 수직한 단면을 여러 장 그림으로써 오일러공간을 표현한다.

그냥 보기에 이러한 형태의 방위분포함수(ODF)는 극점도보다 더 복잡하게 보이지만 실제로 사용하기에는 더욱 편리하다. 극점도와는 달리 방위분포함수에서는 방위분포 함수값이 최대값을 갖는 점의 오일러각을 읽으면 그 오일러각이 표현하는 방위가 우선방위임을 알 수 있다. 특정방위에 해당하는 결정의 발달 정도를 알기 위해서는 그 방위를 나타내는 오일러각의 밀도값만을 읽기만 하면 된다. 그림 3.13에는 $(hkl)[uvw]$ 형태의 방위가 오일러공간에서 어떤 위치로 나타나는지를 보여준다.

집합조직을 나타내는 이 방법의 한 예로 그림 4.9와 같은 냉간압연강판을 나타내는 그림 4.10의 경우를 보자. 주요한 집합조직 성분은 $\varphi_1=0°$, 55°인 단면의 밀도가 높은 영역에서 가장 명확히 알아낼 수 있다. 그림 3.13과 비교해보면 {100}⟨011⟩, {211}⟨011⟩, {111}⟨011⟩, {111}⟨112⟩ 그리고 {322}⟨011⟩과 같은 방위들이 모두 심하게 밀집되어 있음을 알 수 있다. 방위분포함수를 이용하면 이와 같이 간단하게 대표적인 집합조직을 해석할 수 있다. 하지만 ODF의 최대 장점은 집합조직에 나타난 모든 방위들에 대한 정량적인 정보를 준다는 것이다. 그에 따라 완전한 수학적 해석으로 집합조직발달을 이해하는데 적용될 수 있고 이방성에 대한 예측에 사용될 수 있다.

집합조직의 측정과 계산에 의해 결정한 방위분포를 표현하는 방법은 여러 가지가 있으며, 해석하려는 목적에 따라 다르게 표현한다. 역극점도나 극점도를 사용하여 표현하는 경우는 주요한 방위변화를 쉽게 알 수 있으나 미세한 방위분포의 변화는 거의 확인할 수가 없다. 그림 4.11에는 면심입방정금속과 체심입방정금속에서 자주 발달하는 집합조직 성분을 각각 {111}극점도와 {110}극점도에 나타내었다. 또한 역극점도의 경우는 축대칭의 방위분포를 갖는 경우의 집합조직 해석에 주로 사용한다.

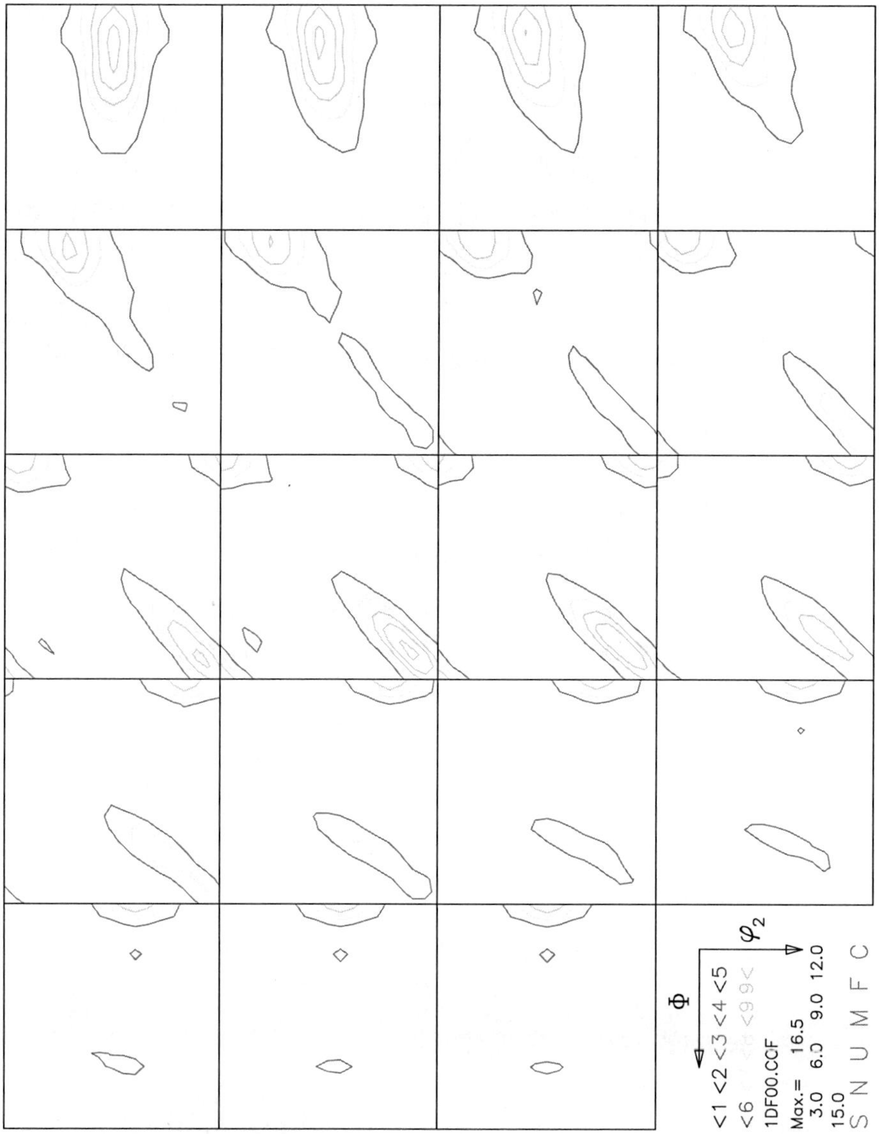

그림 4.10 냉간압연강판에 대한 방위분포도

그림 4.10과 같이 방위분포함수를 오일러공간에 표현하는 방법이 있다. 이것은 집합조직 해석에서 가장 많은 정보를 포함하고 있으므로 일반적으로 이 표현방법을 사용하여 집합조직을 정량화한다. 그러나 발달한 집합조직의 주요 방위를 극점도나 역극점도만큼 손쉽게 해석할 수 없다. 오일러공간에서의 주요 방위를 그림 4.13, 4.14와 표 4.1, 4.2에 표현하였으며, 또한 그림 4.12에는 입체적으로 표현하였다.

오일러공간에서 표현하는 또 다른 방법으로는 그림 4.15에서 그림 4.18까지 예시한 바와 같이 등방위밀도를 갖는 면을 그림으로써 오일러공간에서 발달한 집합조직 성분을 개략적으로 나타내는 방법이 있다. 그러나 이 표현방법은 직접적인 집합조직 해석에서는 사용하지 않는다.

집합조직 성분 중에서 주요한 관심을 갖는 방위들이나 또는 잘 발달하는 집합조직 성분들에 대해서 중점적으로 해석할 필요가 있는 경우에는 섬유집합조직을 중심으로 방위분포함수를 표현한다. 즉 그림 4.19는 오일러공간 내의 특정한 방위들만을 선택하여 방위분포함수를 나타낸 것이다. 이 경우는 방위분포의 미세한 변화를 분석하는 방법으로써 아주 유용하다.

이와 같은 집합조직의 표현방법은 모두 동일한 것으로 서로 같은 의미를 표현하고 있다. 연구자들은 목적에 따라 가장 적합한 방법들을 조합하여 집합조직의 변화를 분석해야 한다.

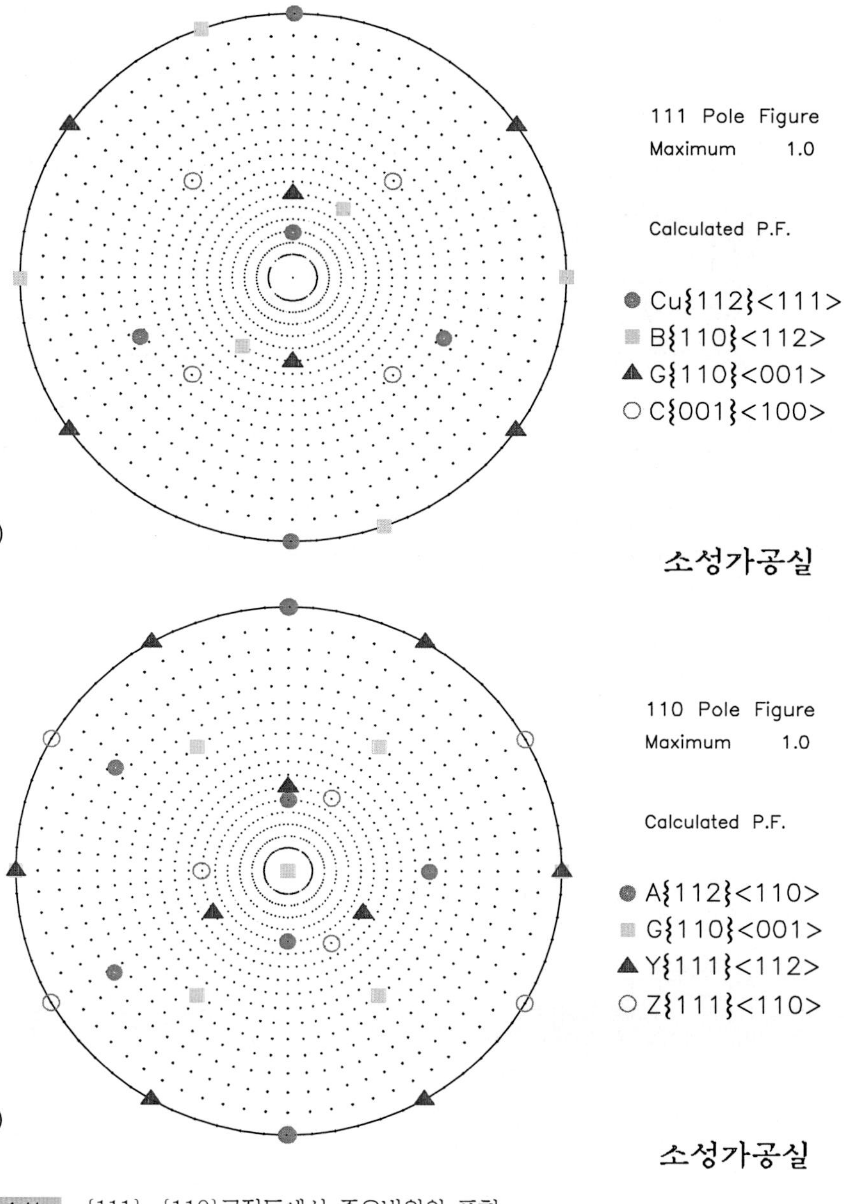

(a)

(b)

그림 4.11 {111}, {110}극점도에서 주요방위의 표현

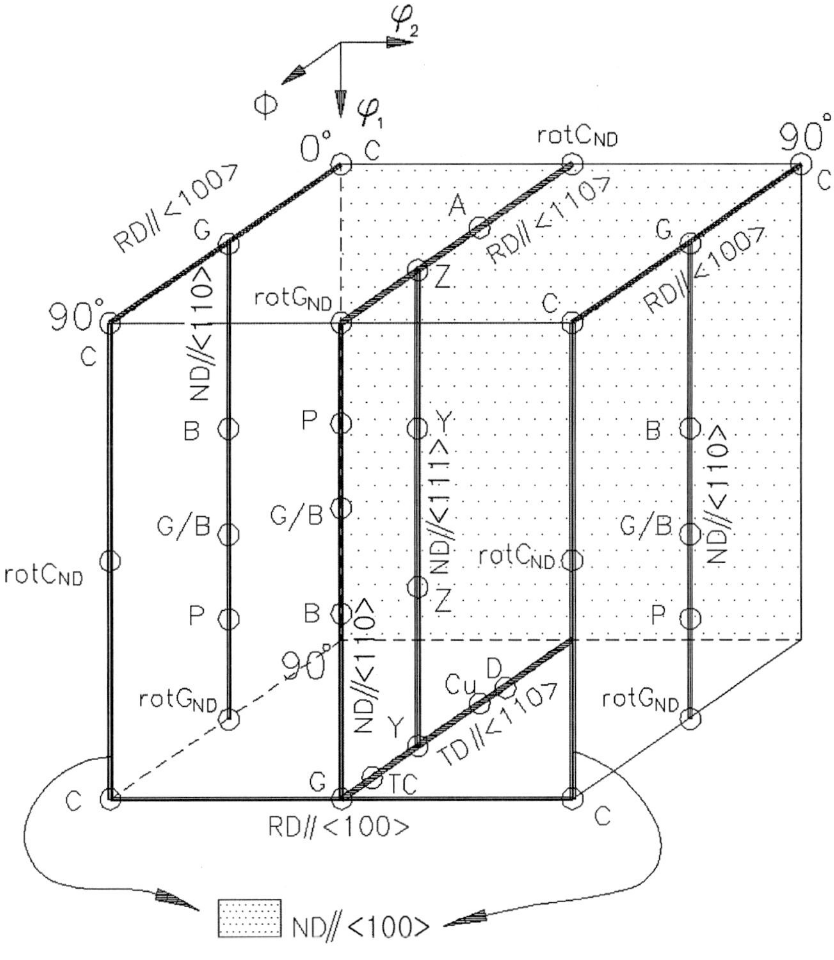

그림 4.12 오일러공간에서의 주요방위들

표 4.1 Some ideal orientations in Euler angle and Miller index.

Name	Euler angles $\{\varphi_1, \Phi, \varphi_2\}$	Miller index
Cu {112}⟨111⟩	{39.2, 65.9, 26.6}{90.0, 35.3, 45.0}	$(121)[1\bar{1}1]$ $(112)[\bar{1}\bar{1}1]$
D {4 4 11}⟨11 11 8⟩	{41.7, 71.1, 20.0} {90.0, 27.2, 45.0}	$(4114)[11\bar{8}11]$ $(4411)[\bar{1}1\bar{1}18]$
S {123}⟨634⟩	{27.0, 57.7, 18.4}{52.9, 74.5, 33.7} {59.0, 36.7, 63.4}	$(132)[6\bar{4}3]$ $(231)[3\bar{4}6]$ $(213)[\bar{3}64]$
B {110}⟨112⟩	{35.3, 45.0, 0.0}{35.3, 45.0, 90.0} {54.7, 90.0, 45.0}	$(011)[2\bar{1}1]$ $(101)[\bar{1}\bar{2}1]$ $(110)[1\bar{1}2]$
G {110}⟨110⟩	{0.0, 45.0, 0.0}{ 0.0, 45.0, 90.0} {90.0, 90.0, 45.0}	$(011)[100]$ $(101)[0\bar{1}0]$ $(110)[001]$
C {001}⟨100⟩	{0.0, 0.0, 0.0}{0.0, 0.0, 90.0} {0.0, 90.0, 0.0}{0.0, 90.0, 90.0} {90.0, 0.0, 0.0}{90.0, 0.0, 90.0} {90.0, 90.0, 0.0}{90.0, 90.0, 90.0} $\{\varphi_1, 0.0, \varphi_2\}$ $\varphi_1 + \varphi_2 = 90$	$(001)[100]$ $(001)[0\bar{1}0]$ $(010)[100]$ $(100)[0\bar{1}0]$ $(001)[0\bar{1}0]$ $(001)[\bar{1}00]$ $(010)[001]$ $(100)[001]$ $(001)[0\bar{1}0]$
rot CND {001}⟨110⟩	{45.0, 0.0, 0.0}{45.0, 0.0, 90.0} {45.0, 90.0, 0.0}{45.0, 90.0, 90.0} $\{\varphi_1, 0.0, \varphi_2\}$ $\varphi_1 + \varphi_2 = 45$ $\{\varphi_1, 0.0, \varphi_2\}$ $\varphi_1 + \varphi_2 = 135$	$(001)[1\bar{1}0]$ $(001)[\bar{1}\bar{1}0]$ $(010)[101]$ $(100)[0\bar{1}1]$ $(001)[1\bar{1}0]$ $(001)[\bar{1}10]$
rot CRD {025}⟨100⟩	{0.0, 21.8, 0.0}{ 0.0, 21.8, 90.0} {0.0, 68.2, 0.0}{ 0.0, 68.2, 90.0} {90.0, 90.0, 21.8}{90.0, 90.0, 68.2}	$(025)[100]$ $(205)[0\bar{1}0]$ $(052)[100]$ $(502)[0\bar{1}0]$ $(250)[001]$ $(520)[001]$
rot GND {110}⟨110⟩	{0.0, 90.0, 45.0}{90.0, 45.0, 0.0} {90.0, 45.0, 90.0}	$(110)[1\bar{1}0]$ $(011)[0\bar{1}1]$ $(101)[\bar{1}01]$
S/B {168}⟨211⟩	{30.6, 53.3, 7.1}{42.4, 37.3, 80.5} {55.1, 84.3, 36.9}	$(186)[2\bar{1}1]$ $(618)[\bar{1}\bar{2}1]$ $(681)[1\bar{1}2]$
G/B {110}⟨111⟩	{35.3, 90.0, 45.0}{54.7, 45.0, 0.0) {54.7, 45.0, 90.0}	$(110)[1\bar{1}1]$ $(011)[1\bar{1}1]$ $(101)[\bar{1}11]$
P {011}⟨122⟩	{19.5, 90.0, 45.0}{70.5, 45.0, 0.0} {70.5, 45.0, 90.0}	$(110)[2\bar{2}1]$ $(011)[1\bar{2}2]$ $(101)[\bar{2}12]$
TC {255}⟨511⟩	{15.2, 47.1, 68.2}{90.0, 74.2, 45.0}	$(525)[1\bar{5}1]$ $(552)[\bar{1}\bar{1}5]$
Y {111}⟨112⟩	{30.0, 54.7, 45.0}{90.0, 54.7, 45.0}	$(111)[1\bar{2}1]$ $(111)[\bar{1}\bar{1}2]$
Z {111}⟨110⟩	{0.0, 54.7, 45.0}{60.0, 54.7, 45.0}	$(111)[1\bar{1}0]$ $(111)[0\bar{1}1]$
A {112}⟨110⟩	{0.0, 35.3, 45.0}{50.8, 65.9, 63.4}	$(112)[1\bar{1}0]$ $(211)[0\bar{1}1]$

표 4.2 Some ideal fiber textures in Euler angle and Miller index.

Name	Euler angles $\{\varphi_1, \Phi, \varphi_2\}$	Miller index
ND//⟨111⟩ (γ−fiber)	$\{\varphi_1, 54.7, 45.0\}$ φ_1=0.0~90.0	{111}⟨uvw⟩ fiber {111}⟨110⟩−{111}⟨112⟩
ND//⟨110⟩ (ζ−fiber)	$\{\varphi_1, 45.0, 0.0\}$ $\{\varphi_1, 45.0, 90.0\}$ $\{\varphi_1, 90.0, 45.0\}$ φ_1=0.0~90.0	{110}⟨uvw⟩ fiber {011}⟨100⟩~{011}⟨211⟩~ ~{011}⟨111⟩~{011}⟨011⟩
ND//⟨001⟩	$\{\varphi_1, 90.0, 0.0\}$ $\{\varphi_1, 90.0, 90.0\}$ φ_1=0.0~90.0 $\{\varphi_1, 0.0, \varphi_2\}$ φ_1=0.0~90.0, φ_2=0.0~90.0	{001}⟨uvw⟩ fiber
RD//⟨110⟩ (α−fiber)	$\{0.0, \Phi, 45.0\}$ ϕ=0.0~90.0	{hkl}⟨110⟩ fiber {001}⟨110⟩~{112}⟨110⟩~ ~{111}⟨110⟩~{110}⟨110⟩
RD//⟨001⟩ (η−fiber)	$\{0.0, \phi, 0.0\}\{0.0, \phi, 90.0\}$ ϕ=0.0~90.0 $\{90.0, 90.0, \varphi_2\}$ φ_2=0.0~90.0	{hkl}⟨001⟩ fiber {100}⟨001⟩~{110}⟨001⟩
TD//⟨110⟩ (ϵ−fiber)	$\{90.0, \phi, 45.0\}$ Φ=0.0~90.0	$\left\{\frac{\sin\omega}{\sqrt{2}}\frac{\sin\omega}{\sqrt{2}}\cos\omega\right\}\left\langle\frac{-\cos\omega}{\sqrt{2}}\frac{-\cos\omega}{\sqrt{2}}\sin\omega\right\rangle$ {001}⟨110⟩~{112}⟨111⟩~ ~{111}⟨112⟩~{011}⟨100⟩
β−fiber		{112}⟨110⟩~{11 8 11}⟨4 11 4⟩

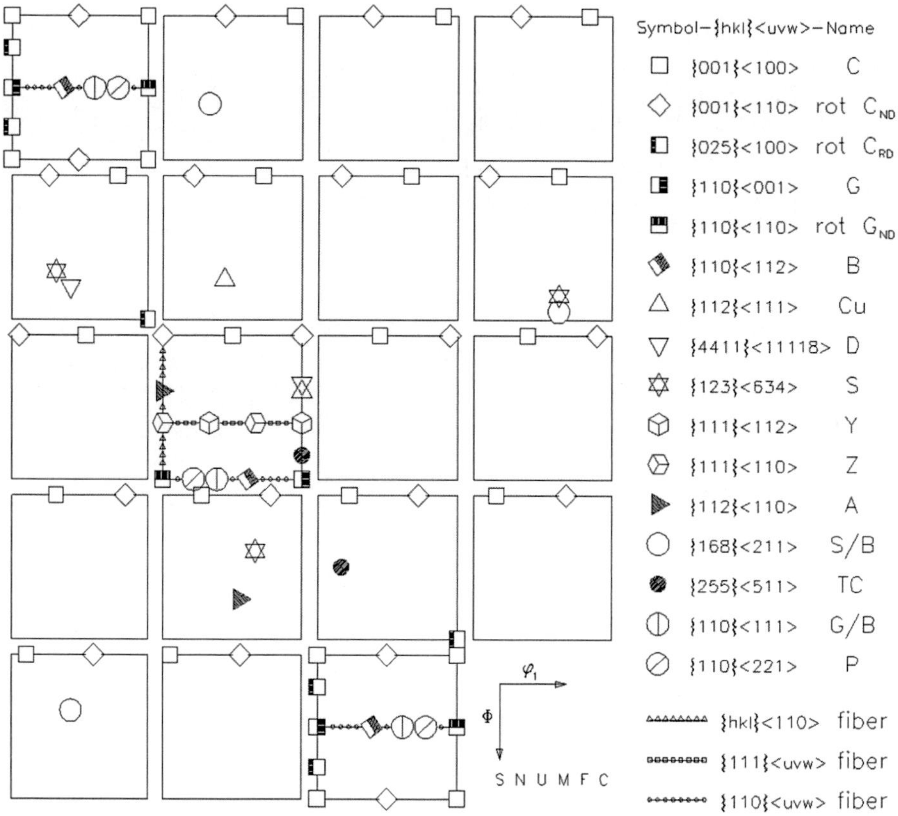

그림 4.13 오일러공간에서의 주요방위들

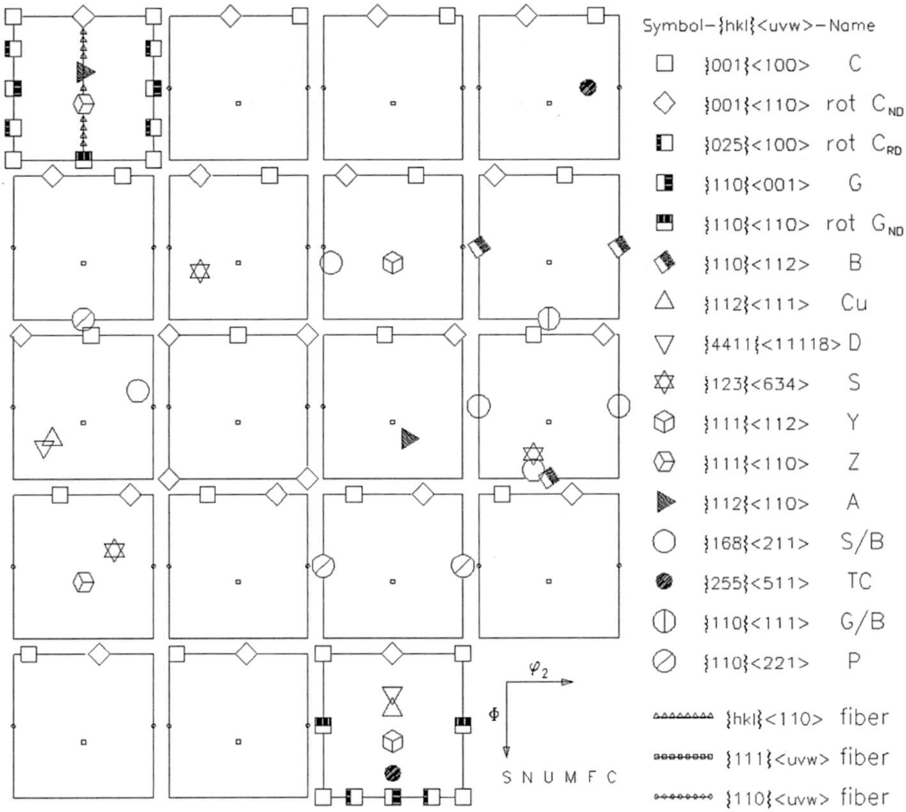

그림 4.14 오일러공간에서의 주요방위들

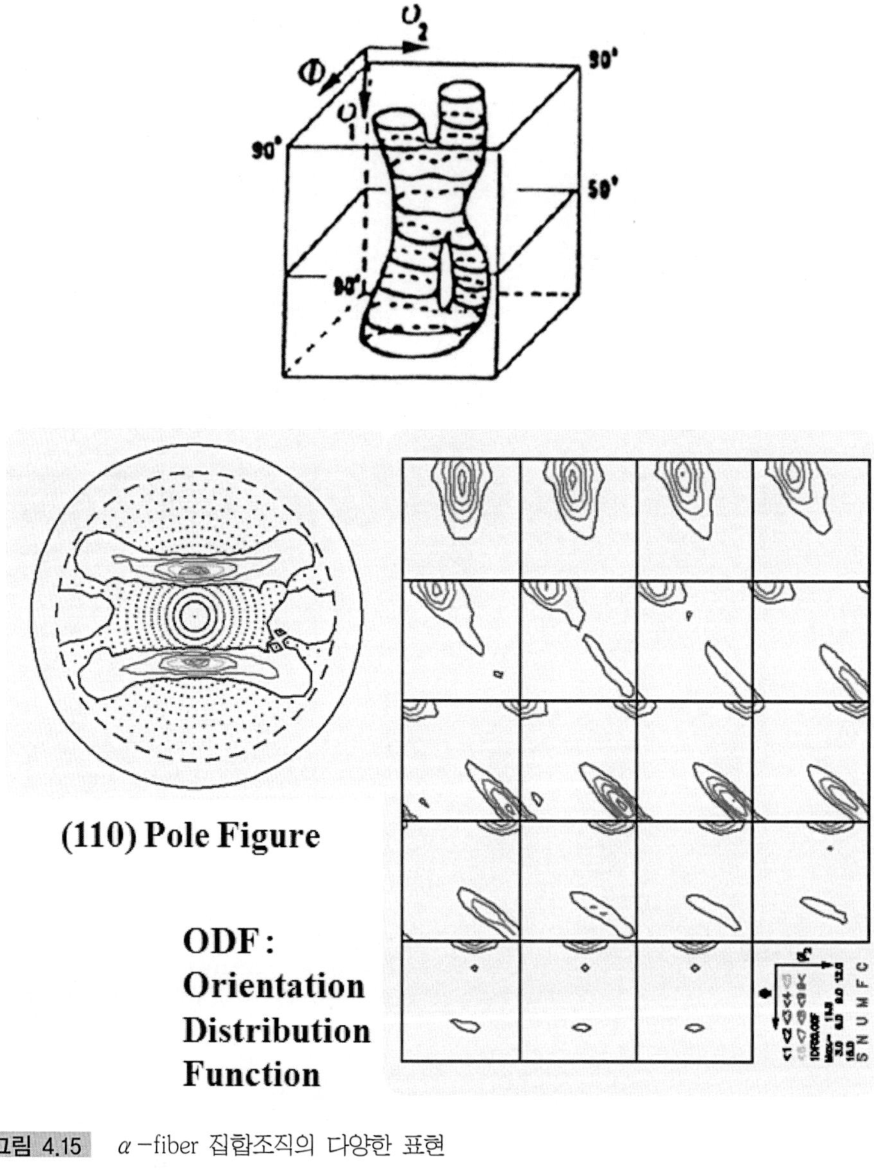

그림 4.15 α-fiber 집합조직의 다양한 표현

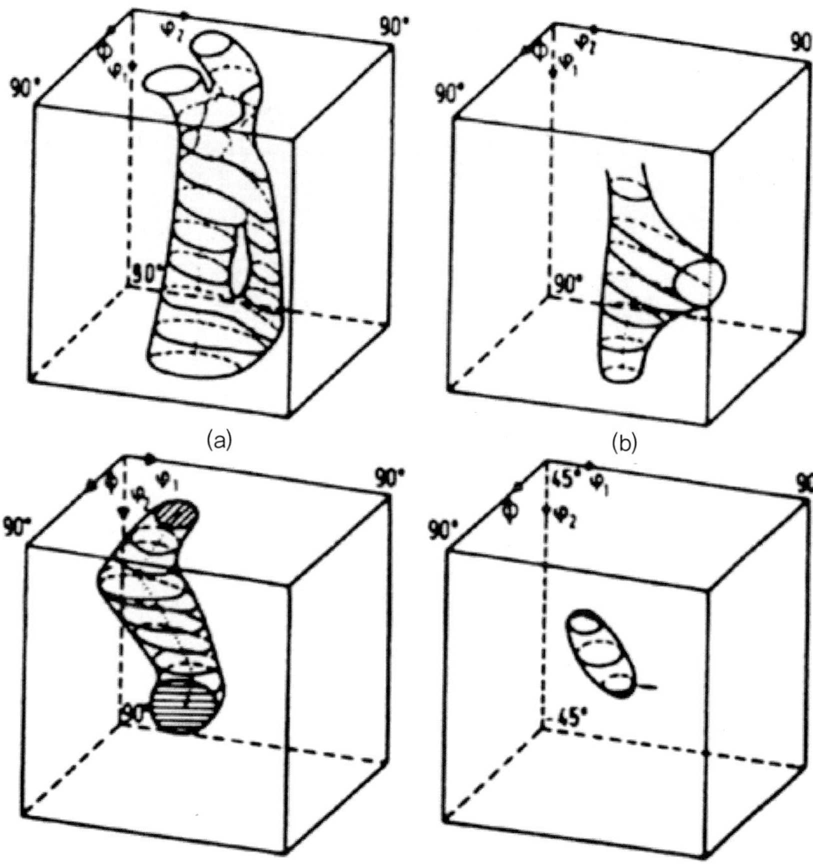

그림 4.16 전형적인 집합조직들의 오일러공간상의 등고면, (a) 재결정 저탄소강, (b) 냉간압연 저탄소강, (c) 냉간압연 구리, (d) 냉간압연 황동

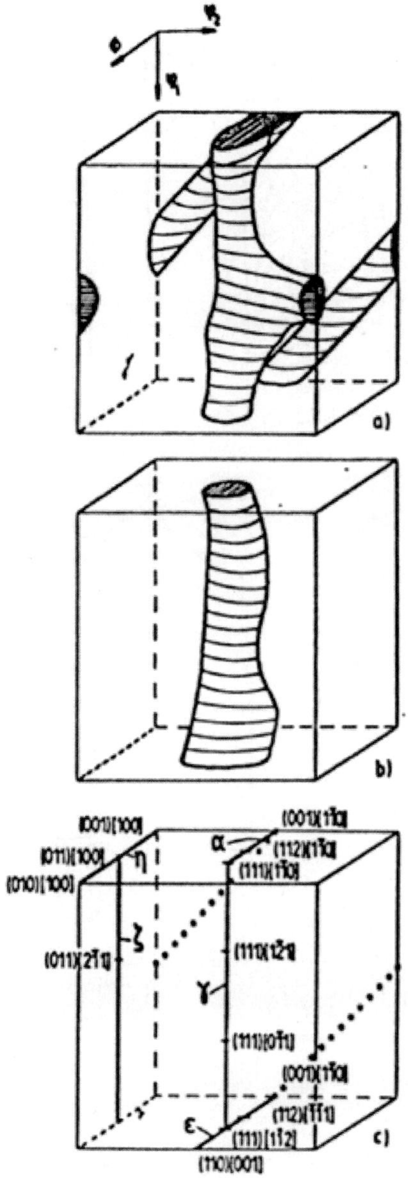

그림 4.17 냉간압연 BCC, 재결정 BCC, 대표방위 표시도

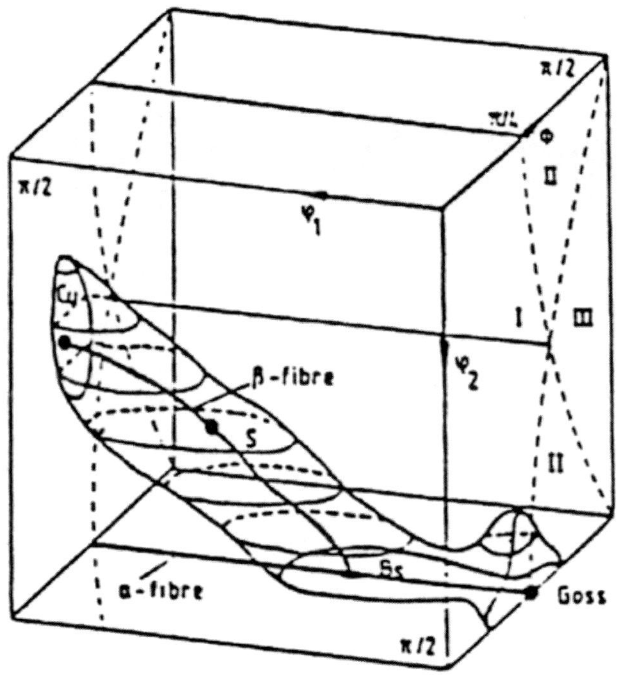

그림 4.18 냉간압연한 FCC β-fiber texture

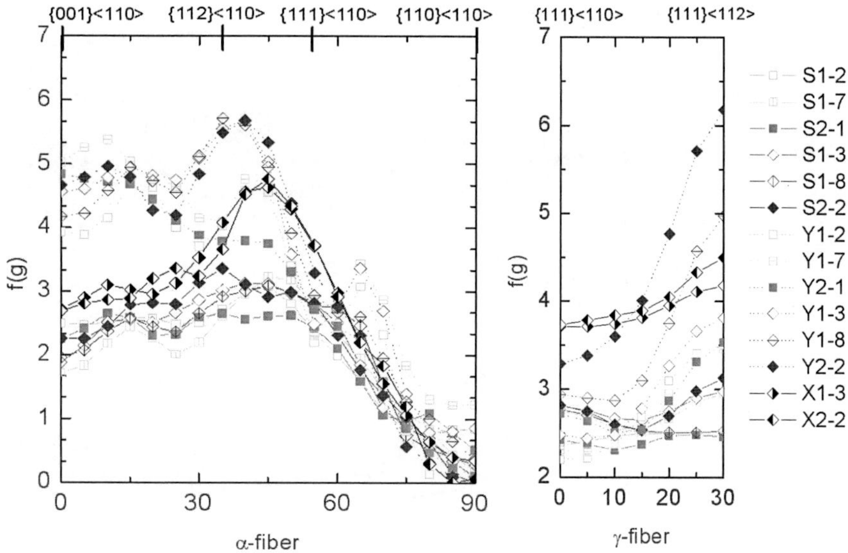

그림 4.19 RD//<110>섬유집합조직(α −fiber)과 ND//<111>섬유집합조직(γ −fiber)을 나타내는 방위성분에서의 집합조직 발달강도 변화

CHAPTER 05

집합조직의 측정

재료의 집합조직을 측정하는 방법으로는

1) Etch pits
2) Laue methods
3) X-ray diffraction
4) Neutron diffraction
5) Electron Back Scattered Diffraction or Pattern(EBSD or EBSP)

등이 있으며, 일반적으로 다결정에서 X-선 회절원리를 이용하여 집합조직을 측정한다. Etch pits이나 Laue methods는 우선방위에 대한 개념이 도입되는 시기에 기본적인 집합조직의 특성을 이해하는 분야에 활용된 방법으로, 현재는 이 방법은 사용하지 않는다. 현재 일반적으로 재료의 집합조직을 분석하기 위해 사용하는 방법은 X-ray, Neutron, EBSD 등을 주로 사용하며, 각 측정방법은 분석하고자 하는 목적에 따라 다르게 사용된다. EBSD는 표면의 결정립 1개 층만의 정보를 분석하며, X-ray의 경우에는 재료 및 사용되는 X-선에 따라 달라지기는 하지만 수십~수백 μm 정도의 두께에 대한 정보를 평균하여 측정하게 된다. Neutron(중성자) 회절을 이용하는 경우에는 금속재료의 전체 두께층(약 1cm 이상)을 모두 평균하여 측정하게 된다. 그러므로 연구자가 분석하고자 하는 특성에 맞추어 측정방법을 선택하게 된다. Neutron 회절의 경우는 시편 전체의 평균적인 집합조직을 측정할 수 있는 장점이 있으나, 사용할 수 있는 장비가 매우 제한적이고, EBSD의 경우에는 집합조직의 정량분석뿐만 아니라 미세조직의 분석, 결정립계의 분석 등 다양한 분석을 함께 할 수 있는 장점이 있다. 그러나 결정립 1개 층만을 측정한다는 것과 측정 시간이 상대적으로 길어 매우 국부적인 영역의 측정이 이루어진다는 단점이 있다. X-선 회절의 경우는 장비가 가장 많이 활성화 되어 있어 측정이 쉬운 편이고, 측정 깊이가 어느 정도 있어 EBSD에 비해서는 평균적인 집합조직의 측정이 가능하다.

자성토크나 탄성계수와 같이 방위에 민감한 물리적 특성을 측정함으로써 집합조직에 대한 정보를 얻을 수도 있다. 그러나 이러한 방법은 제한된 정보만을 제공하므로 기초적인 우선방위를 이해하는 것보다는 유사한 재료의 경향을 준정량적으로 비교하는데 더 적절하게 쓰인다.

모든 회절법에서는 단색빔(monochromatic beam)을 사용하며, 특정 반사면에 대한 Bragg 회절 조건을 만족하도록 고정한 후 극점도를 측정하는 동안 유지한다. 이러한 조건에서 회절면 $\{hkl\}$에 수직한 방향($\vec{k}$)을 공간상에 고정시키고 시편을 넓은 범위로 회전시켜 시편의 여러 방향들이 회절면에 수직한 방향과 일치하도록 한다. 결정의 어떤 $\{hkl\}$면에 수직한 방향이 고정된 수직축 $\vec{k}$와 일치하면 그 결정립으로부터 회절 강도를 측정할 수 있을 것이다. 총 회절 강도는 시편 내에서 $\{hkl\}$면이 회절면에 일치하는 모든 단결정의 체적에 비례하게 된다. 즉, 어떤 시간에 측정된 강도는 측정 위치에서 얻어진 극점도에서의 극강도에 직접 비례하게 된다(측정강도를 백그라운드와 기하학적인 인자로 보정한 경우이다). 회절 강도와 극밀도 사이의 비례관계는 대개 무질서 강도 즉, 같은 조건에서 집합조직이 없는 시편에서 관찰된 강도로 정량화하며 극점도는 무질서강도의 1/2배, 1배, 2배, 3배, ... 배수에 해당되는 등고선으로 표현한다. 이와 같이 표현함으로써 서로 다른 시편의 집합조직 발달 정도를 평가할 수 있고, 또한 다른 실험방법이나 여러 실험자의 결과를 비교할 수 있다. X-선 회절법을 사용할 때는 적절한 특성 X-선과 올바른 필터와 최적 detector 조건을 선택해야 한다.

다음 절에서는 우선방위를 측정하는 방법들 중 일부에 대해 그 장점과 제한점을

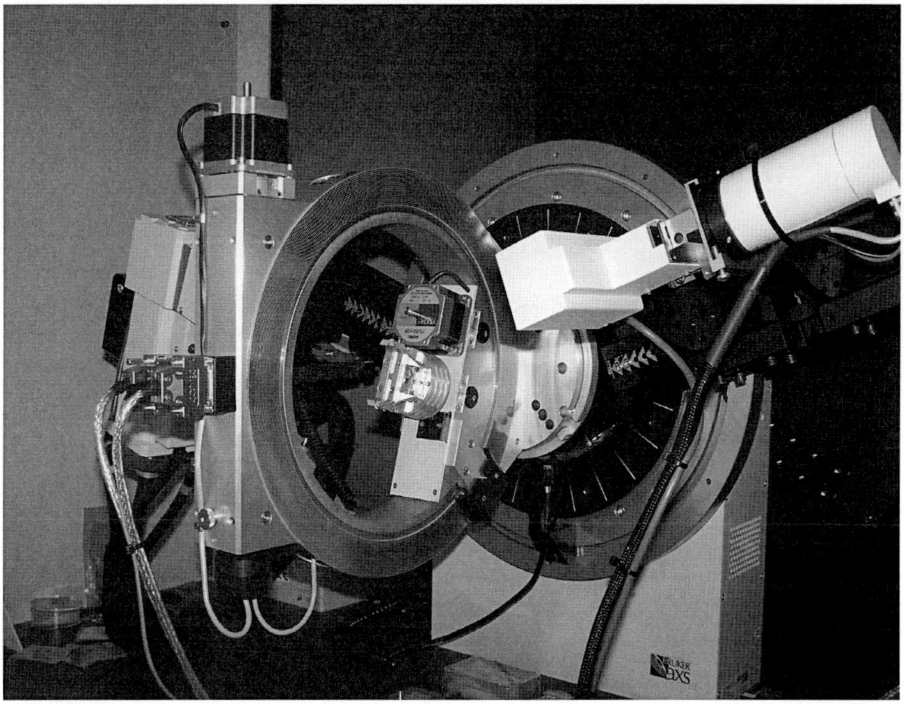

그림 5.1 Bruker D8 Advance X-ray 회절 분석시스템의 고니어미터

설명하였다. 집합조직을 정확히, 정량적으로 나타내기 위해 시편의 가능한 모든 방향에 대한 정보 즉, 완전한 극점도를 알아야 한다. 그러나 완전극점도를 측정하는 데는 실험적으로 많은 노력이 필요하므로 슐츠반사법만을 이용하여 불완전 극점도만을 측정하기도 한다. 불완전 극점도만으로도 집합조직을 정량화 할 수 있으며, 이 방법은 이론적 배경에서 설명하였다.

5.1 X-선 회절 조건

X-선 회절에서는 그림 5.2, 5.3과 같이 경로차이가 파장의 정수배에 해당하는

경우 보강간섭이 있게 되어 회절이 일어나게 된다. 이러한 회절 조건은 면간거리를 d, 회절각을 θ, 특성 X-선의 파장을 λ라고 하면 아래의 Bragg 법칙에 의해 설명된다(여기서 n은 정수).

$$2d\sin\theta = n\lambda \tag{5.1}$$

입방정계와 육방정계에서 면간거리 d는 어떤 결정면인가에 따라 아래의 식으로 계산한다.

$$\frac{1}{d_{hkl}^2} = \frac{h^2+k^2+l^2}{a^2} \quad \text{(입방정계)} \tag{5.2}$$

$$\frac{1}{d_{hkl}^2} = \frac{4}{3}\left(\frac{h^2+hk+k^2}{a^2}\right) + \frac{l^2}{c^2} \quad \text{(육방정계)} \tag{5.3}$$

입사선과 회절선, 그리고 결정면의 법선이 하나의 면에 존재하는 조건에서 회절이 일어나게 되며 Bragg의 회절 법칙에서

$$\sin\theta = \frac{n\lambda}{2d} \le 1$$

이므로 λ가 500Å 정도이면 격자상수값들이 1~2Å이므로 회절 조건을 만족할 수 없어 회절이 일어나지 못하며, 또한 λ가 0.1Å 수준이면 회절각이 매우 작아져서 측정이 불가능해진다. 그러므로 특성선의 파장은 1차 회절($n=1$)을 이용하는 조건에서는 대략 격자상수의 2배보다 작은 것이 유리하다.

X-선 회절에 있어 결정면의 회절은 모든 면에서 일어나는 것이 아니라 구조인자(structure factor)에 의해 소멸되는 것과 나타나는 것이 있다. 다음의 표 5.1과 표 5.2에서는 입방정 구조에서 회절되는 결정면을 면간거리가 큰 순서로 즉, 회절각이 작은 순서로 정리하였다.

이와 같은 회절 조건에 따라서 X-선 회절 분석기에 주로 사용되는 target의 특성 X-선과 일반적인 금속재료에서 극점도를 측정하기 위한 회절 조건을 계산하였다.

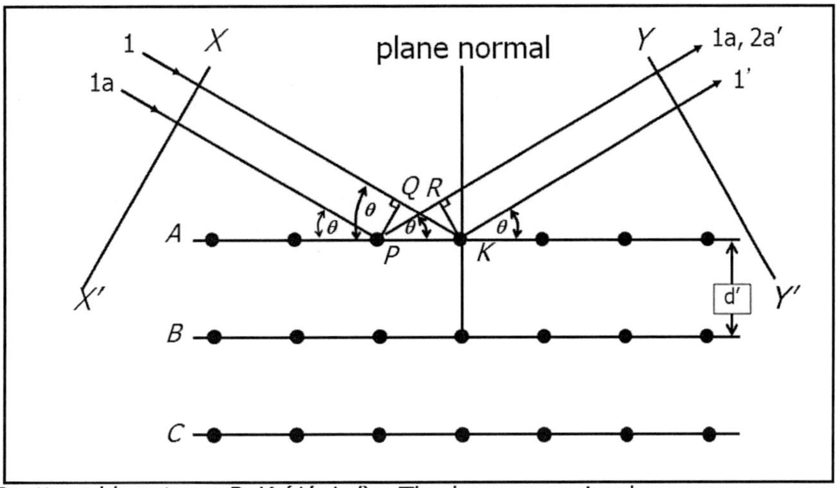

☞Scattered by atoms P, K (1′, 1a′) : The beams are in phase

그림 5.2 동일한 원자면 A에서 X선의 회절

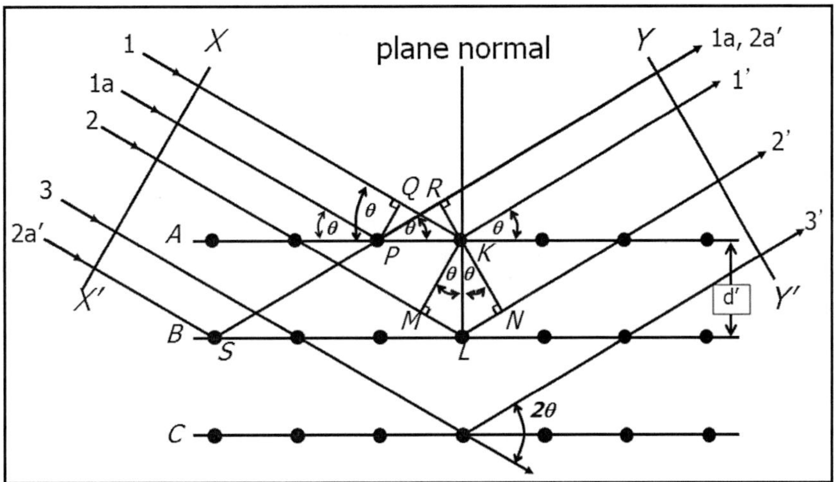

☞Scattered by atoms P, K (1′, 1a′) : The beams are in phase

☞Scattered by atoms K and L : ML + LN = 2d′sinΘ = nλ

☞<u>For fixed value of λ there might be several angles of incidence;</u> Θ_1, Θ_2, Θ_3

그림 5.3 원자면 A와 B에서 X선의 회절

표 5.1 Reflecting Lattice Planes of the **Face–Centered Cubic** Lattice(n = order of reflection ; m = multiplicity of coincidence ; * = single reflection first–order)

hkl	$h^2+k^2+l^2$	n	m	hkl	$h^2+k^2+l^2$	n	m	hkl	$h^2+k^2+l^2$	n	m
111	3	1	1*	640	52	1	1*	755	99	1	3
200	4	1	1*	642	56	1	1*	771		1	
220	8	1	1*	553	59	1	2	933		3	
311	11	1	1*	531		1		860	100	1	2
222	12	2	1	800	64	4	1	10.0.0		5	
400	16	2	1	733	67	1	1*	862	104	1	2
331	19	1	1*	644	68	1	2	10.2.0		1	
420	20	1	1*	820		1		773	107	1	2
422	24	1	1*	660	72	3	2	951		1	
333	27	3	2	822		1		666	108	6	2
511		1		555	75	5	2	10.2.2		2	
440	32	2	1*	751		1		953	115	1	1*
531	35	1	1	662	76	2	1	864	116	1	2
442	36	1	2	840	80	2	1	10.4.0		1	
600		3		753	83	1	2	10.4.2	120	1	1*
620	40	1	1*	911		1		775	123	1	2
533	43	1	1*	842	84	1	1*	11.1.1		1	
622	44	2	1	644	88	1	1*	880	128	4	1
444	48	4	1	931	91	1	1*				
551	51	1	2	844	96	2	1				
711		1									

표 5.2 Reflecting Lattice Planes of the **Body-Centered Cubic** Lattice(n =order of reflection ; m =multiplicity of coincidence ; * =single reflection first-order)

hkl	$h^2+k^2+l^2$	n	m	hkl	$h^2+k^2+l^2$	n	m	hkl	$h^2+k^2+l^2$	n	m
110	2	1	1*	642	56	2	1	860	100	1	2
200	4	1	1*	730	58	1	1*	10.0.0		5	
211	6	1	1*	732	62	1	2	772	102	1	2
220	8	2	1	651		1		10.1.1		1	
310	10	1	1*	800	64	4	1	862	104	1	2
222	12	1	1*	554	66	1	3	10.2.0		2	
321	14	1	1*	811		1		950	106	1	2
400	16	2	1	741		1		943		1	
330	18	3	2	644	68	1	2	666	108	3	2
411		1		820		1		10.2.2		1	
420	20	1	1*	653	70	1	1*	952	110	1	3
332	22	1	1*	660	72	6	2	10.3.1		1	
422	24	2	1	822		2		765		1	
510	26	1	2	750	74	1	3	774	114	1	3
431		1		831		1		855		1	
521	30	1	1*	743		1		871		1	
440	32	4	1	662	76	1	1*	864	116	1	2
530	34	1	2	752	78	1	1*	10.4.0		1	
433		1		840	80	2	1	10.3.3	118	1	2
442	36	1	2	833	82	1	2	961		1	
660		3		910		1		10.4.2	120	2	1
532	38	1	2	842	84	1	1*	954	122	1	3
611		1		761	86	1	3	11.1.0		1	
620	40	2	1	921		1		873		1	
541	42	1	1*	655		1		10.5.1	126	1	2
622	44	1	1*	664	88	2	1	963		3	
631	46	1	1*	750	90	1	3	880	128	8	1
414	48	2	1	851		1		970	130	1	2
550	50	5	3	930		3		11.3.0		1	
710		1		932	94	1	2				
543		1		763		1					
640	52	1	1*	840	96	4	1				
552	54	1	3	770	98	7	3				
633		1		853		1					
721		1		941		1					

X-선 회절 분석기에 주로 사용되는 target의 특성 X-선 파장은

$Co\,K\alpha$: 1.79021Å, $Cu\,K\alpha$: 1.54178Å, $Mo\,K\alpha$: 0.71069Å

이고, 이에 대하여 대표적인 금속재료들의 회절각(θ_B)을 계산하여 가장 작은 회절각을 갖는 순서로 예시하였다. 아래는 다양한 금속에서 Co, Cu, Mo target을 사용한 X-선 회절 조건에서 계산한 회절각의 2배 각도를 나타내었다(아래의 회절 각도는 $2\theta_B$값이다).

Fe, a=2.8664Å			
회절면	Co-Kα	Cu-Kα	Mo-Kα
110	52.38	44.67	20.16
200	77.24	65.02	28.65
211	99.71	82.24	35.29
220	123.93	98.95	40.97
310	-	116.38	46.07
222	-	137.16	50.76
321	-	-	55.16

Mo, a=3.1466Å			
회절면	Co-Kα	Cu-Kα	Mo-Kα
110	47.41	40.51	18.34
200	69.30	58.63	26.06
211	88.27	73.69	32.05
220	107.04	87.64	37.18
310	128.04	101.45	41.76
222	159.97	116.00	45.96
321	-	132.69	49.89

Al, a=4.0493Å			
회절면	Co-Kα	Cu-Kα	Mo-Kα
111	44.99	38.48	17.45
200	52.44	44.72	20.18
220	77.34	65.10	28.69
311	94.22	78.24	33.77
222	99.86	82.44	35.24
400	124.16	99.09	41.02
331	148.69	112.03	44.89

Cu, a=3.6150Å			
회절면	Co-Kα	Cu-Kα	Mo-Kα
111	50.76	43.32	19.57
200	59.32	50.45	22.63
220	88.83	74.13	32.22
311	110.30	89.94	37.98
222	118.00	95.15	39.74
400	-	116.93	46.21
331	-	136.50	50.64

Au, a=4.0780Å			
회절면	Co-Kα	Cu-Kα	Mo-Kα
111	44.66	38.19	17.33
200	52.04	44.39	20.03
220	76.69	64.59	28.48
311	93.35	77.58	33.53
222	98.90	81.74	35.07
400	122.66	98.15	40.72
331	145.93	110.85	44.55

Ni, a=3.5238Å			
회절면	Co-Kα	Cu-Kα	Mo-Kα
111	52.17	44.50	20.08
200	61.02	51.85	23.23
220	91.78	76.38	33.08
311	114.69	92.94	39.00
222	123.13	98.45	40.81
400	-	121.95	47.48
331	-	144.67	52.04

Ag, a=4.0861Å			
회절면	Co-Kα	Cu-Kα	Mo-Kα
111	44.57	38.12	17.29
200	51.93	44.30	19.99
220	76.51	64.45	28.42
311	93.11	77.40	33.46
222	98.64	81.54	35.00
400	122.25	97.89	40.63
331	145.19	110.52	44.46

Pb, a=4.9506Å			
회절면	Co-Kα	Cu-Kα	Mo-Kα
111	36.48	31.27	14.26
200	42.37	36.26	16.48
220	61.47	52.22	23.38
311	73.64	62.14	27.49
222	77.50	65.23	28.74
400	92.56	76.98	33.30
331	103.92	85.41	36.39

Mg, a=3.2092Å, c=5.2105Å			
회절면	Co-Kα	Cu-Kα	Mo-Kα
10·0	37.55	32.18	14.66
00·2	40.16	34.40	15.65
10·1	42.79	36.62	16.63
10·2	56.15	47.82	21.51
11·0	67.76	57.38	25.54
10·3	74.79	63.07	27.87
20·0	80.14	67.33	29.57
11·2	81.80	68.64	30.09

Ti, a=2.9505Å, c=4.6826Å			
회절면	Co-Kα	Cu-Kα	Mo-Kα
10·0	40.98	35.09	15.96
00·2	44.92	38.42	17.43
10·1	47.01	40.17	18.20
10·2	62.42	53.00	23.71
11·0	74.65	62.95	27.82
10·3	84.73	70.66	30.88
20·0	88.88	74.16	32.24
11·2	91.56	76.22	33.02

Zn, a=2.664Å, c=4.945Å			
회절면	Co-Kα	Cu-Kα	Mo-Kα
00·2	42.42	36.31	16.49
10·0	45.63	39.01	17.69
10·1	50.66	43.24	19.53
10·2	64.05	54.34	24.27
10·3	83.66	70.11	30.67
11·0	84.37	70.66	30.88
00·4	92.70	77.09	33.34
11·2	99.42	82.13	35.21

Be, a=2.2856Å, c=3.5833Å			
회절면	Co-Kα	Cu-Kα	Mo-Kα
10·0	53.73	45.81	20.64
00·2	59.90	50.93	22.83
10·1	62.17	52.79	23.62
10·2	84.66	70.89	30.97
11·0	103.02	84.76	36.16
10·3	122.01	97.74	40.58
20·0	129.33	102.21	42.00
11·2	136.37	106.61	43.20

5.2 슐츠반사법(Schulz Reflection Method)

이 방법에 사용되는 시편은 폭이 5mm~25mm되는 정사각형, 또는 원형으로 표면연마나 에칭을 통하여 표면이 평평한 것을 준비한다. X-선이 시편을 투과하면 안되기 때문에 그 두께는 대개 0.2mm 이상이어야 한다. 두께 상한치는 시편홀더의 모양에 의해서만 결정되는데 보통 5mm 정도이다. 시편을 고니오미터(goniometer)에 장치하면 시편은 세 종류의 운동을 하게 된다.

(1) 시편의 평면에 평행한 방향으로 이동한다. 이것은 측정되는 결정립의 수를 증가시킴으로써 측정되는 집합조직이 시편 전체의 평균이 되도록 한다.
(2) 판재표면에 수직한 축을 주위로 회전
(3) 판재면 내의 축을 주위로 ϕ만큼 회전(이 회전축은 (2)의 회전축과 수직하다)

그림 5.4(a)는 고니오미터에 장착된 시편의 기하학적 배치를 개략적으로 나타내었고 그에 해당되는 스테레오 투영도를 그림 5.4(b)에 나타내었다. X-선 빔이 ① 로부터 나와 산란슬릿 ②에 의해 제한되고 폭이 좁은 수평슬릿 ③을 통과하여 시편 ④로 가게 된다. 고니오미터의 원 ⑤는 입사빔의 중심과 Bragg 각 θ_B를 이루도록 조절한다. 회절 조건이 만족되도록 수광슬릿 ⑥과 계수기 ⑦을 지지하는 축을 $2\theta_B$만큼 이동시킨다. 실제, 각 θ_B는 계산치로 조절한다. 그런데 계수기 위치 $2\theta_B$는 회절빔의 측정강도를 최대로 하기 위해 미세하게 조절해야 한다.

먼저 시편을 수직으로 되도록 배치하면 어떻게 되는지를 생각해보자.

판재면에 수직한 방향은 입사빔과 회절빔 사이의 각을 이등분하고 그림 5.4에 표시된 회절벡터 $\vec{k}$와 완전히 일치하게 된다. 그러므로 측정강도는 판재면에 평행한 $\{hkl\}$ 면으로부터 얻어진다. 즉, 극점도의 중심에서 강도를 측정하는 셈이다(그림 5.4(b)). 만약 시편을 고니오미터 원둘레로 $\phi=90°$만큼 회전시키면 압연방향이 회절 수직축에 평행하게 되고 측정강도는 극점도상에서 RD 위치에 해당된다. 이 회전으로 극점도의 지름방향을 측정할 수 있는데, ϕ를 변화시킴에 따라서 ND에서 RD까지 대원을 따라 회절 강도를 측정하는 것이다.

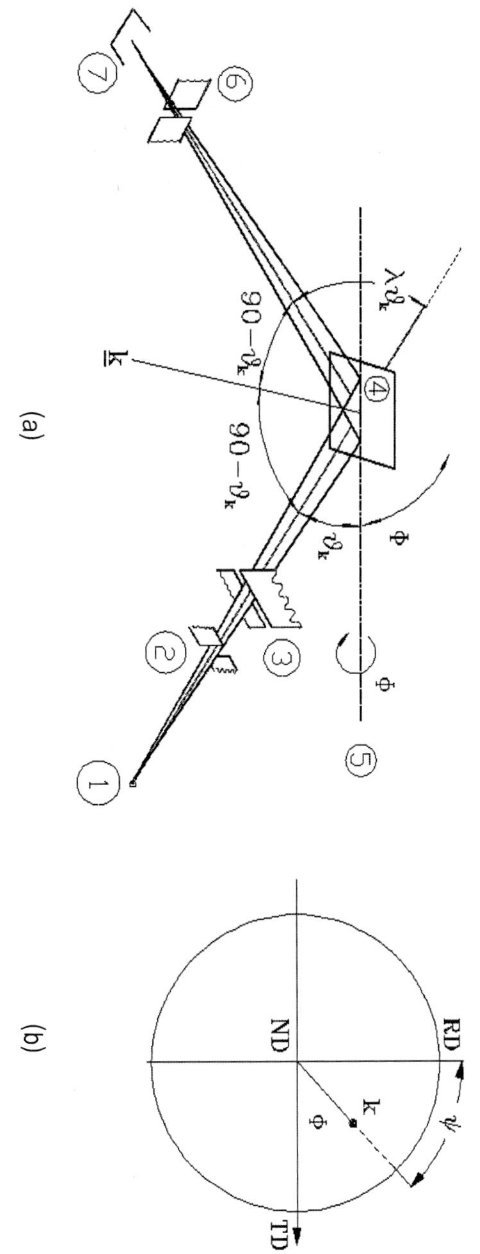

그림 5.4 고니오미터의 개략도와 극점도에서의 표현

앞에서의 회전 후 다음으로 시편을 그 표면 수직축에 대해 φ만큼 회전시켜보자. $\varphi=90°$ 회전한 다음에 횡단방향은 회절 수직축과 일치하게 된다. 그러므로 이러한 회전으로 극점도의 원둘레를 따라 회절 강도를 얻을 수 있게 된다. 각 φ를 따라 빨리 회전시키고 동시에 ϕ만큼 천천히 회전시킴으로써 극점도의 중심으로부터 나선방향을 따른 회절 강도를 구할 수 있다. 일반적으로 원주각 ϕ를 5°씩 변화하여 고정한 상태에서 각각에 대해 φ를 360° 회전하면서 회절 강도를 측정한다. 얻어진 높은 측정강도 위치를 사용하여 극점도상에 높은 극밀도를 나타내는 영역을 알 수 있다. 이와 같은 슐츠반사법에서 시편의 회전과 이에 따른 극점도 위의 측정 위치의 변화를 그림 5.6에 나타내었다. 그림 5.6의 α는 ϕ와 β는 φ와 동일한 의미이다.

슐츠법의 주된 문제점은 회절 강도가 측정되는 집합조직의 변화뿐만 아니라 고니오미터의 기하학적 배치에도 영향을 받는다는 것이다. ϕ가 0이면(회절 수직축과 판재면 수직방향이 일치하는 경우) 회절빔이 수광 슬릿에 점으로 모여지는 집중효과(focussing effect)가 나타난다(그림 5.4(a)). 그런데 각 ϕ가 증가함에 따라 시편이 노출되는 면적이 증가하여 그 결과 점 집중이 퍼지게 되고 빔의 전부가 수광 슬릿을 지나지 않게 된다. 그러므로 이러한 탈집중(defocusing) 효과가 측정강도를 감소시킨다. ϕ가 더욱 증가하게 되어 90°에 가까워지면 노출 영역은 매우 커져서 시편 크기를 넘게 되어 결국 강도를 많이 손실하게 된다. 실제로 극점도의 중심에서는(ϕ 〈 50°) 탈집중 효과를 무시할 수 있다. 이 영역 이상에서 80°까지는 보정이 필요하다. $\phi=80°$ 이상인 극점도의 원둘레는 슐츠법으로 측정하기가 매우 어려우며 탈집중 효과에 의한 오차를 최소화하기 위해 여러 가지 방법이 적용될 수 있다.

(1) 폭이 좁은 산란 슬릿을 사용하면 좋지만 또한 전체 측정속도와 측정통계치를 작게 하는 위험이 있다.

(2) 넓은 수광 슬릿을 사용하여 탈집중 효과를 어느 정도로 제한시킬 수 있지만 백그라운드에 대한 피크비를 작게 한다. 그리고 회절 피크가 좁게 분포한 금속의 경우 이웃한 피크(peak)의 강도를 합쳐버릴 위험이 있다. 실제로 수

광 슬릿은 폭이 1°를 거의 넘지 않는다.

(3) 탈집중 효과와 다른 기하학적 불완전성은 Bragg 각이 작을 경우(15° 미만) 매우 심해진다. 긴 파장의 방사선을 쓰거나 높은 차수의 반사를 사용하여 큰 Bragg 각을 선택할 수 있지만 대개 측정속도(counter-rate)를 심각하게 감소시키는 결과를 가져온다.

미지의 재료로부터 극점도를 구할 때 무질서한 조직을 가지는 시편에 대해 조사할 필요가 있다. 이 무질서 시편은 두 가지 중요한 역할을 한다. 집합조직을 가지고 있지 않기 때문에 측정 회절 강도의 어떤 변화치가 탈집중 효과에 의한 것이라 여길 수 있고, 결국 탈집중 효과를 보정하는 수단으로 쓰일 수 있다. 두 번째로 집합조직을 가지는 재료와 비교할 수 있는 기준 강도를 제시한다. 무질서값보다 낮은 강도를 보이는 영역은 극들이 고갈된 것으로 생각된다. 강도가 큰 영역은 무질서 값의 배수로 되는 등고선으로 나타낼 수 있다.

그림 5.5(a)는 냉간압연한 저탄소강의 {110}극점도를 챠트 기록한 것으로 무질서 시편이 어떻게 사용되는지를 보여준다. 공간을 절약하기 위해 챠트 속도를 줄여 강도 분포를 압축시켰다. 집합조직에 대한 그림에 무질서시편에서 측정한 강도를 중첩하였는데 큰 ϕ값에서 탈집중 효과가 생겨 강도가 손실되었음을 보여준다. 백그라운드 값은 고니오미터의 감지축을 Bragg 조건에서 조금 이동시켜 그 강도를 측정하여 구할 수 있다. 무질서 값의 배수에 해당되는 일련의 기준선을 그려 넣는다. 극점도를 ϕ와 φ에 대해 등각도 간격으로 구분하고 φ각과 ϕ각의 변화에 따른 측정 강도를 차트에서 읽는다. 이 값들에 따라 등고선을 연결하면 극점도에서 무질서한 값보다 회절 강도가 큰 영역과 작은 영역을 구분할 수 있다. 최종 {110}극점도를 그림 5.5(b)에 나타내었다.

슐츠반사법은 확실히 시편 준비나 조작에 있어 판재금속의 집합조직을 결정하는 가장 쉬운 방법이다. 그 주된 한계점은 극점도의 원주영역은 구할 수 없다는 것이다. 그러나 이러한 문제점은 여러 개의 불완전극점도를 사용하여 극복할 수 있다.

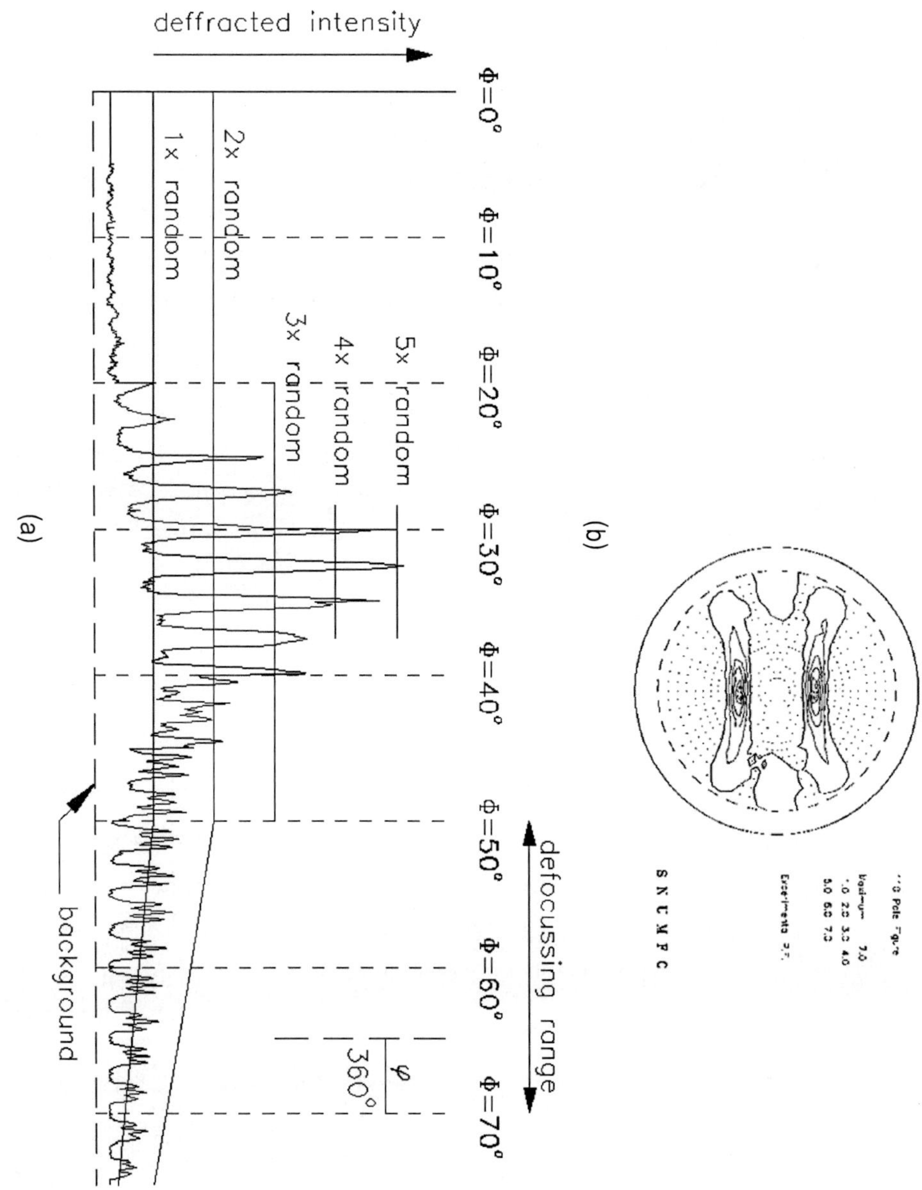

그림 5.5 냉간압연 저탄소강의 {110}회절 차트 기록과 최종 {110}극점도

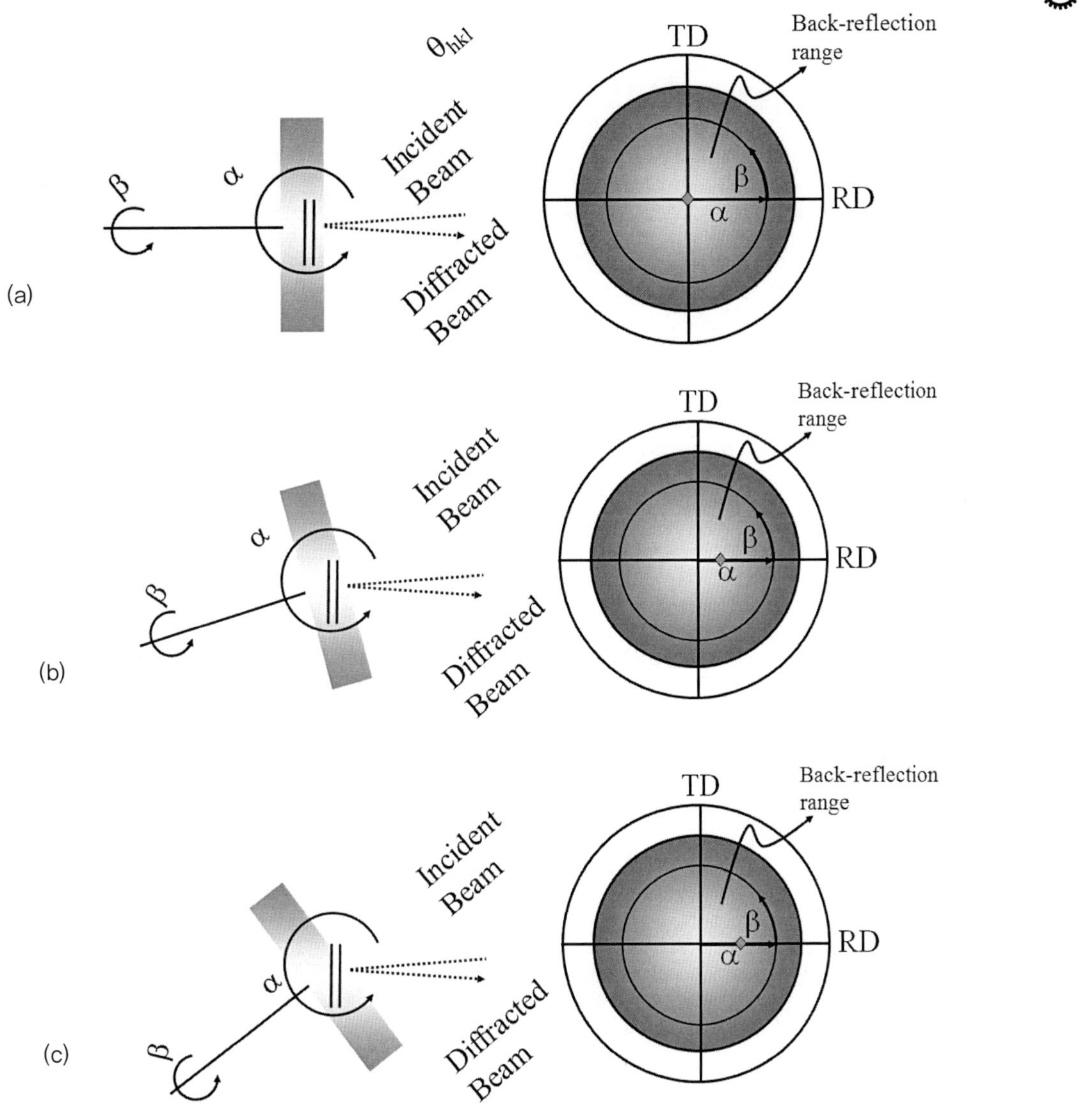

그림 5.6 슐츠반사법에서 시편의 회전과 극점도에서의 측정위치. 입사빔과 회절빔은 지면의 아래위 방향으로 진행하고 α각도(=본문의 φ)는 지면의 아래위 방향을 축으로 회전한다.

(d)

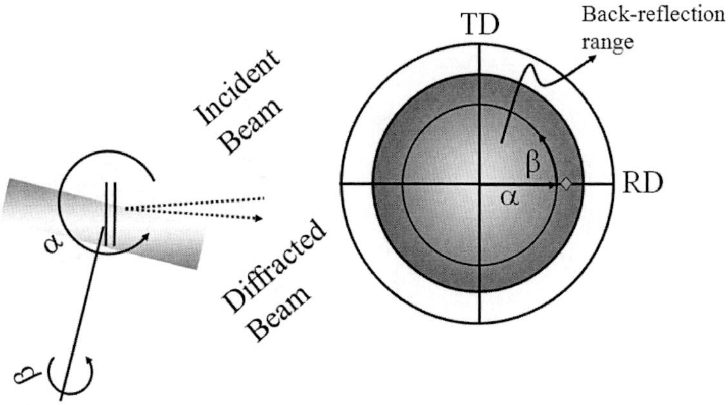

그림 5.6 (계속) 슐츠반사법에서 시편의 회전과 극점도에서의 측정위치. 입사빔과 회절빔은 지면의 아래위 방향으로 진행하고 α각도(=본문의 φ)는 지면의 아래위 방향을 축으로 회전한다.

5.3 투과법(Transmission Method)

이 방법은 Decker, Asp, Harker에 의해 제안되었는데 연마 또는 에칭을 한 매우 얇은 판재를 사용한다. 측정 강도를 최대화하기 위해 시편 두께(t)와 흡수계수(μ)의 곱이 Bragg 각의 코사인 값과 같도록 해야 한다. 보통의 경우 시편의 두께가 약 0.03mm 정도이지만 이 값은 시편재료, 반사, 입사선에 따라 달라진다. 그림 5.7(a)는 좁은 X-선 입사빔이 어떻게 시편에 회절되는지를 개략적으로 보여준다. 그림과 같이 대칭 위치에서 회절 수직벡터 $\vec{k}$가 판재면 위에 놓여지고, 따라서 극점도의 원둘레 위치에 해당된다. 시편을 그 자신의 면에서 회전하면 압연방향(RD)과 횡단방향(TD)을 연결하는 대원에서의 강도변화를 구할 수 있다.

만약 고니오미터의 대원을 그림 5.7(b)와 같이 각 ω만큼 회전시킨다면 회전 수직벡터는 그림 5.7(c)와 같이 극점도에서 같은 각만큼 이동하게 된다. 각 ω는 (90 − ϕ)°와 같다. φ 회전이 되는 동안 ω를 일정하게 두면 일련의 동심원이 극점도에 나타난다. 각 ω가 변함에 따라 X-선 빔의 경로길이가 변하고 회절 강도도 복잡하게 변화한다.

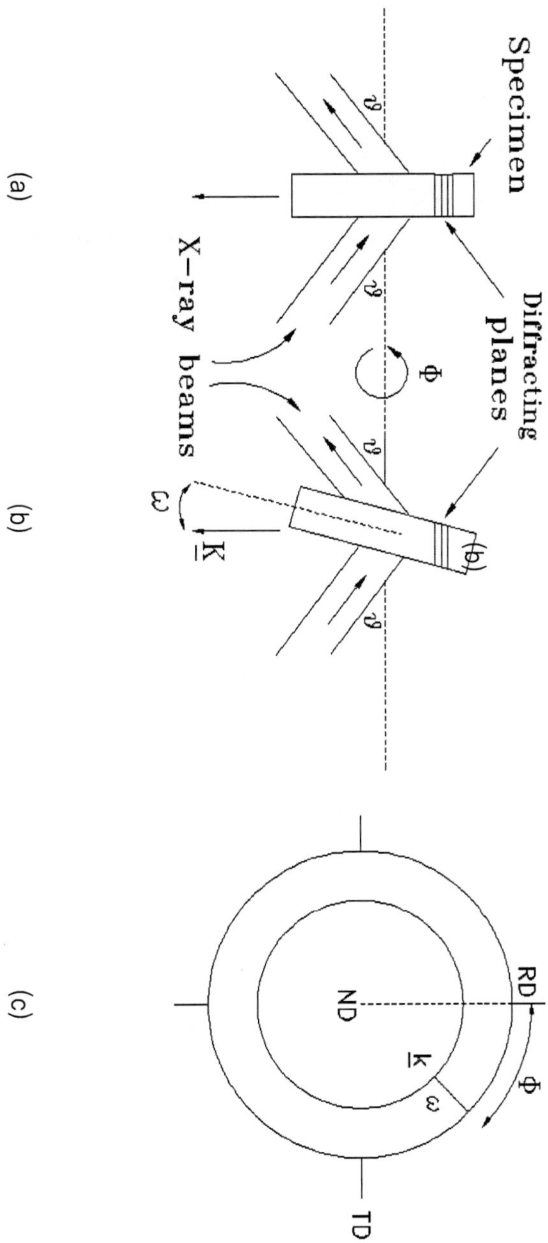

그림 5.7 투과법의 개략도와 극점도상에서 회절벡터의 위치

❖ The Transmission Method

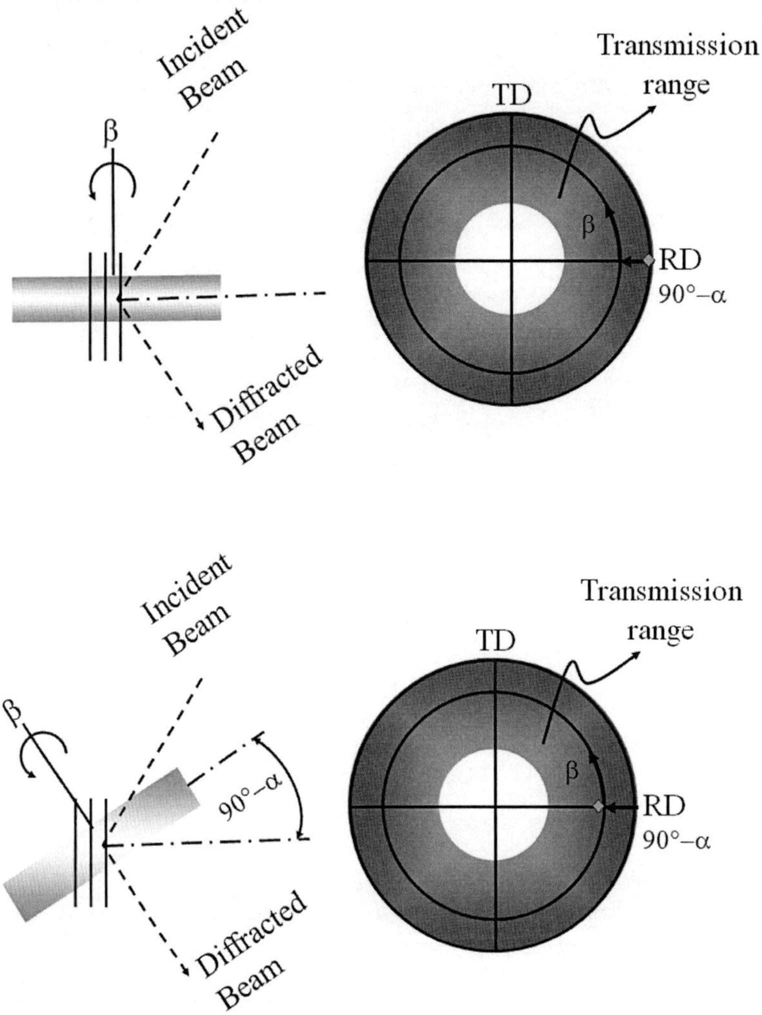

그림 5.8 투과법에서 시편의 회전과 극점도에서의 측정 위치

따라서 $\omega=0$일 때의 값과 ω에서 강도사이의 관계를 나타내는 흡수보정을 해야 한다. 이 비율은 다음과 같이 주어진다.

$$R(\omega)=\frac{I(\omega)}{I(\omega=0)}=\frac{\cos\theta}{\mu t\, e^{\frac{-\mu t}{\cos\theta}}}\frac{\left[e^{\frac{-\mu t}{\cos(\theta-w)}}-e^{\frac{-\mu t}{\cos(\theta+w)}}\right]}{\left[\frac{\cos(\theta-w)}{\cos(\theta+w)}-1\right]} \tag{5.4}$$

여기에서 μ는 시편의 흡수계수(absorption coefficient), t는 시편두께, θ는 Bragg 각, ω는 시편의 회전각이다.

ω가 증가함에 따라 시편을 통과하는 경로의 길이가 증가하고 ω가 $(90-\theta_B)°$와 같게 될 때 시편 전체의 길이가 투과 경로가 된다. 그러므로 투과법은 극점도의 중심이 아닌 외부 영역만을 구할 때 사용해야 하며 반사법과 서로 보충하여 완전극점도를 얻는다.

투과극점도를 그리는 방법은 반사법에서와 같다. 원리적으로는 같은 두께를 가지는 무질서시편을 측정하여 그 배수로 그려야 할 것이다. 그런데 실제로는 쉽지 않고 대개 서로 겹치는 영역에서 투과 강도를 반사 강도와 비교한다. 이런 식으로 얻어진 정보를 결합하면 외부 영역의 강도를 정규화할 수 있을 뿐만 아니라 완전한 극점도를 만들 수 있게 된다(그림 5.9).

더욱 정량적인 작업과 집합조직을 더욱 정성적으로 잘 해석하기 위해서 완전한 극점도에 대한 믿을만한 정보를 얻는 것이 필수적이다. 그런데 이렇게 결합된 반사/투과법은 종종 두 영역의 불완전한 일치로 인해 문제를 일으키고 오히려 더욱 어려운 작업이 될 수도 있다.

Fitting Reflection and Transmission Ranges

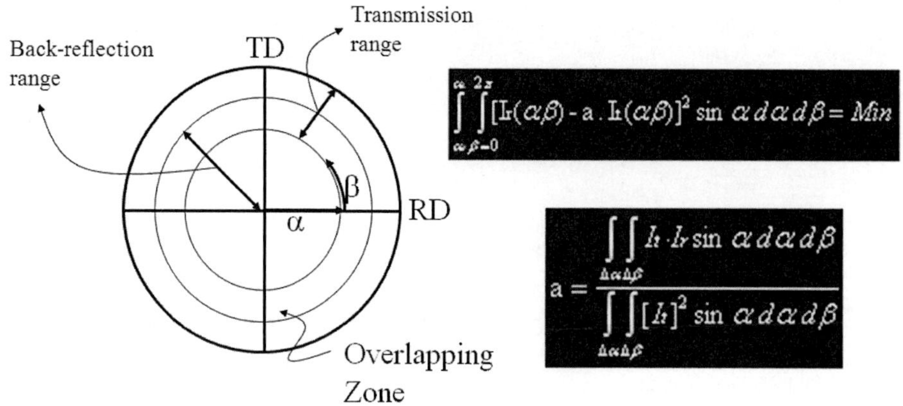

그림 5.9 반사법과 투과법의 측정영역 중첩과 보정방법

5.4 역극점도를 구하는 Harris법

이 방법은 금속의 집합조직에 대한 제한된 정보를 주지만 측정시간이 짧고 측정방법이 간단하다. 이 방법으로 측정한 집합조직의 간략한 결과를 측정된 재료의 성질과 연관시키는 데 사용할 수 있다. 원리적으로 4장에서 나타내었던 것과 같은 형태의 완전한 역극점도를 구하는 것은 어려우며 대부분 한정된 개수의 방위에 대한 정보를 얻는데 국한된다. 이 방법은 판재 재료의 수직방향 역극점도를 구하는데 널리 쓰인다.

지름과 대각선이 20mm인 원판이나 사각형 모양의 판재시편 표면을 원하는 두께만큼 제거한다. 그런 뒤 기존의 디프렉토미터에 장치하여 시편과 검출기(detector)를 공통의 축에 대해 회전한다. 검출기는 시편보다 두 배의 속도로 회전하여 회절

벡터가 판재시편면에 모두 수직하는 일련의 Bragg 반사를 얻어낸다. 조사되는 재료의 결정립 통계수치를 늘리기 위해 시편 측정 중에 그 자신의 면에서 회전시키는 것이 보통이다. 이런 식으로 판재에 평행한 여러 $\{hkl\}$ 면밀도를 측정하고 같은 조건하에서 얻어진 무질서 시편과 비교하여 무질서 값의 배수로 나타낼 수 있다. 이 값은 대개 I_{hkl}로 표시되고 서로 다른 $\{hkl\}$에 대한 여러값을 각 시편에 대해 결정한다. 충분히 많은 반사면 $\{hkl\}$에 대해 측정하면 정규화된 결과들을 스테레오 투영도의 단위삼각형에 그리는 것이 가능하게 되고 이 값들을 기초로 하여 등고선을 그리면 완전한 역극점도를 얻을 수 있게 된다.

측정된 역극점도를 사용하여 각 방위가 관계된 재료의 부피를 구하기 위해서는 측정한 독립된 점들로부터 단위삼각형의 넓은 면적으로 외삽하는 과정이 필요하다. 서로 다른 이상적인 방위 주위에서 강도의 퍼짐정도가 다를 경우 그 오차는 매우 클 것이다. 판재 금속 집합조직 성분의 체적분율에 대한 정보를 얻는 안전한 방법은 4장에 설명한 3차원 방위분포함수를 사용하는 것이다.

5.5 X-선 집합조직 측정을 위한 시편 준비

집합조직을 조사하는 경우에 가장 먼저 고려해야 할 것은 선택된 시편이 재료를 대표할 수 있느냐 하는 것이다. 즉, 집합조직이 재료의 위치에 따라 변하는지를 알아야 하는 것이다. 이것을 조사하기 위해 서로 다른 시편에 대해 많은 실험을 해야 할 것이다. 판재금속에서는 그 결과가 대개 한 영역이 다른 영역과 거의 일치하지만 단조는 압출과 같이 불균일한 경향이 있어 그 위치에 따라 집합조직이 종종 변화한다. 판재에서는 표면으로부터 깊이에 따른 집합조직의 변화가 일반적으로 관찰되고 있다. 그러므로 판재의 집합조직을 완전히 정량화하기 위해서는 깊이에 따라 몇 개의 극점도를 측정하여야 한다. 많은 경우 압연공정에서 표면마찰의 결과로 표면 집합조직은 극점도상에 대칭성이 작게 나타난다. 복합재 시편을 측정하는 경우에는 전체 판재 두께에 대한 평균 집합조직이 얻어진다. 그러한 측정결과는 재료의 특성과 거동을 이해하는데 유용하지만 판재에서 결정방위 분포에 대한 정보를 불명확하게도 한다.

측정할 시편의 표면은 평평해야 하고 볼록한 곳이 없어야 한다. 표면에 광택이 날 필요는 없지만 가능한한 평평해야 하며 시편을 약간 에칭한 것은 무관하다. 그리고 연마한 표면을 그대로 측정하면 연마할 때 발생하는 소성 변형이 국부적으로 집합조직에 영향을 주기도 한다. 시편의 표면을 최종적으로 화학 또는 전기화학적 연마해야 만족스럽게 되고 이전의 변형을 제거할 만큼 충분히 행해져야 한다. X-선이 침투하는 깊이가 매우 작기 때문에 산화물이나 다른 표면막을 가능한 한 피하는 것이 좋다.

측정되는 재료의 조건은 측정 강도에 영향을 주기 때문에 매우 중요하고, 특히 무질서 시편과 비교하여 측정값을 정규화할 때는 세심한 주의가 필요하다. 그 이유는 다음 두 가지이다. 심하게 변형된 금속에서는 작은 입자크기와 높은 내부 변형이 회절선을 넓게 만든다. 회절 강도의 상당한 부분이 피크 주위에 넓게 잔류하게 되고 수광 슬릿에서 잘려나가게 될 것이므로 측정 강도가 감소하게 된다. 대개 이 문제는 슬릿의 폭을 넓히는 것으로 해결되지만 이웃한 피크로부터 얻어진 강도와 중첩되지 않도록 주의해야 한다. 완전히 어닐링된 금속에서는 전혀 다른 문제가 발생하는데 특히 열처리 중에 결정성장이 일어난 경우에 그렇다. 이러한 재료에서는 결정이 매우 완전하게 되어 더이상 회절이론에서 가정된 모자이크 구조 즉, 이상 불완전(ideally imperfect) 결정체로 거동하지 않는다. 이 경우에 회절 강도는 보통의 경우에 비해 선택된 Bragg 반사면뿐만 아니라 결정립의 크기와 완전함에 따라 감소한다. 이러한 현상을 extinction이라 부른다. 강재 시편에서는 50%까지의 강도 감소가 관찰되었는데 보통 약 10% 정도이다. 일반적으로 사용되는 보정법은 없고 가장 간단한 해결책은 결정안에 약간의 손상을 주어 extinction 효과를 제거하는 것이다. 약 1%의 미소한 변형을 인장, 압연, 굽힘 등으로 주는 방법이다.

5.6 무질서 시편과 정규화 과정

집합조직을 구하는 작업에서 발생하는 가장 일반적인 문제가 미지의 시편과 비교할 적절한 무질서 시편을 얻는 것에 있다는 것은 모순적이다. 주조의 등축영역은 집합조직이 없지만 결정립 크기가 일반적으로 매우 커서 X-선 작업에서 통계적으로 만족할만한 수의 결정립을 측정할 수가 없다. 어떤 경우에는 기존 집합조직이 재결정 어닐링 이후에 약간의 압연(약 25%)으로 거의 다 제거될 수도 있다. 만약 재료가 철에서와 같이 상변태를 거친다면 우선방위는 변태온도까지의 반복 가열과 냉각으로 감소할 수 있다. 그런데 약간의 잔류 집합조직이 여전히 없어지지 않을 수 있다.

무질서 시편은 대개 분말로 만들 수 있지만 느슨한 상태로 두면 기공성 조직에 의해 다른 문제가 발생하게 된다. 분말은 거의 완전한 밀도에 가깝게 충진되어야 한다. 이상적인 방법으로는 분말을 사방에서 압력을 가하는 것인데 유동의 우선방향이 생기지 않게 하므로 우선방위가 생기지 않게 된다.

오일러공간에서와 마찬가지로 극점도에서도 재료가 집합조직을 가지든 무질서 방위분포를 가지든 간에 전체 영역의 강도를 적분하면 같은 값을 가져야 한다. 무질서한 방위 분포를 갖는 재료의 경우에는 극점도의 어느 위치에서나 강도가 1이 되어야 하므로 무질서한 경우의 극점도 전체 부피로 정규화(Normalization)하여야 한다. 극점도의 구면극좌표계에서 강도 $I(\phi,\ \varphi)$에 대한 invariant measure는 $\sin\Phi$이다. 따라서 측정한 극점도 전체에 대한 총 강도는 다음과 같이 주어진다.

$$I_{tot} = \int_o^{2\pi} \int_o^{\frac{\pi}{2}} I(\phi,\ \varphi) \sin\Phi \, d\Phi \, d\varphi \tag{5.5}$$

무질서한 재료의 경우 강도는 모두 1이어야 하므로 총 강도는

$$I_{tot}^R = \int_o^{2\pi} \int_o^{\frac{\pi}{2}} \sin\Phi \, d\Phi \, d\varphi = 2\pi \tag{5.6}$$

이다. 결국 $I_{tot}/I_{tot}^R\,(=2I_{tot}/\pi)$비는 정규화 인자로 이 값으로 측정 강도값 $I(\phi, \varphi)$을 나눈다. 이 정규화 방법은 방위분포함수의 정규화 계산에서도 동일하게 사용되며, 방위분포함수의 경우 정규화 인자는 $8\pi^2$을 사용한다.

극점도의 정규화 과정에서 불완전 극점도의 경우는 강도값이 $\Phi=\frac{\pi}{2}$까지 측정되지 않으므로 식 (5.3)의 적분상한이 $\frac{\pi}{2}$가 아닌 측정한계까지이다. 그러므로 불완전 극점도의 경우는 2π보다 작은 정규화 인자를 사용하거나 2π를 그대로 사용하기도 하는데, 이 경우 극점도 강도값은 엄밀한 의미에서 정규화되었다고 하기 어렵다.

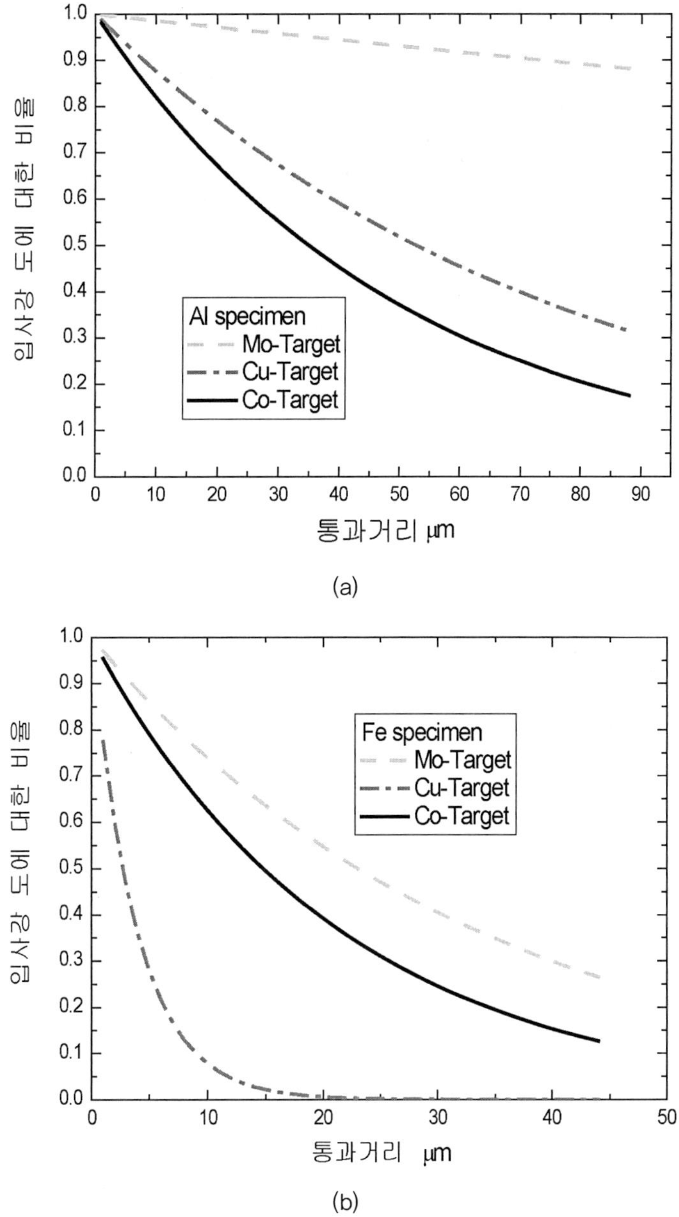

그림 5.10 측정시편의 종류와 X-선 Target 종류에 따른 시편 통과길이와 X-선 강도 변화의 관계

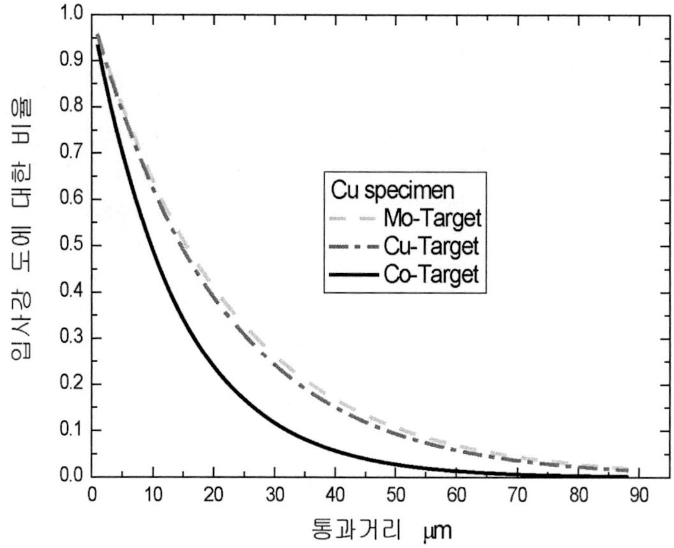

(c)

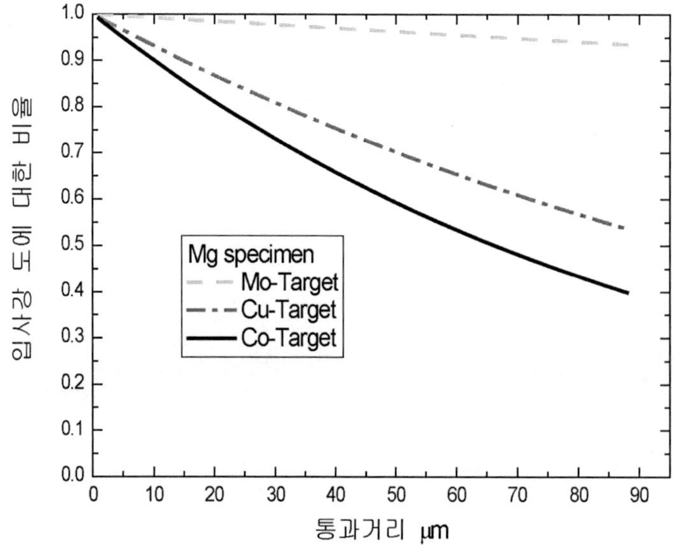

(d)

그림 5.10 (계속)측정시편의 종류와 X-선 Target 종류에 따른 시편 통과길이와 X-선 강도 변화의 관계

CHAPTER 06

프로그램 설명

입방정(cubic) 결정구조를 갖는 재료의 ODF 분석 프로그램 시스템은 6.2절에 나타낸 9개의 부분 프로그램으로 구성되어 있으며 Visual FORTRAN으로 작성한 후, 컴파일하여 실행파일(CUBODF.exe)을 생성하였다. 육방정(hexagonal) 결정구조의 경우에도 비슷한 부분 프로그램으로 구성되어 있으며 실행파일은 HEXODF.exe이다. 단지 특정한 집합조직의 fiber에 따라 ODF 강도를 plotting하는 프로그램(SKEL)은 육방정의 경우 구성되어 있지 않다.

6.1 프로그램 실행

프로그램 CUBODF와 HEXODF를 실행하기 위해서는 측정된 극점도 혹은 이미 계산된 C-coefficient가 입력되어 있는 파일이 필요하다. 프로그램은 다음 아이콘(그림 6.1)을 클릭함으로 실행되며, 그림 6.2(CUBODF) 혹은 그림 6.4(HEXODF)와 같은 창이 뜨면 프로그램 실행에 필요한 사항들을 입력한다.

그림 6.1 프로그램 CUBODF, HEXODF의 아이콘

6.1.1 입력창

그림 6.2의 입력창에 CUBODF 프로그램 실행에 필요한 사항들을 기입하며 한 번 기입한 내용은 그 다음에 실행할 때 자동으로 기록되며 다시 수정할 수 있다. 각 항의 상세한 내용은 다음과 같다.

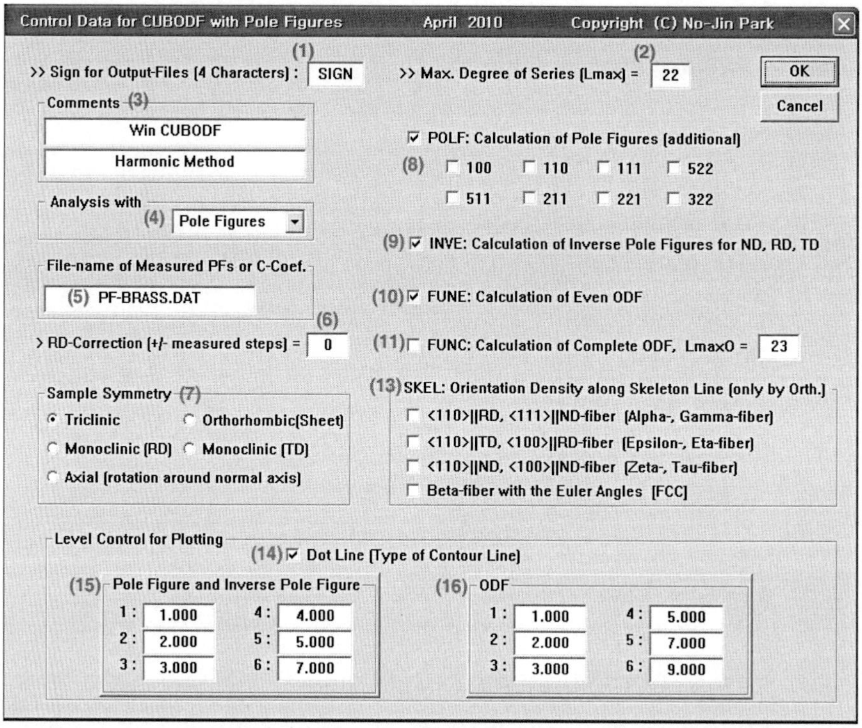

그림 6.2 CUBODF 프로그램 실행을 위한 데이터 입력창

(1) Sign for Output-Files(4 Characters) : 프로그램 실행 후 생성되는 모든 파일에 표기되는 문자로서 영문 및 숫자는 4자, 한글은 2자까지 허용된다.

(2) Max. Degree of Series(Lmax) : even ODF 계산의 최대 전개차수로서 cubic crystal의 경우 58, hexagonal의 경우 34까지 허용된다.

(3) **Comments** : 설명문으로 2줄을 작성할 수 있다.

(4) **Analysis with** : 계산에 사용할 데이터의 종류를 지정하는 항목으로 **Pole Figures**(극점도) 혹은 **C-Coefficients**를 선택할 수 있다. 극점도를 이용하여 계산하는 것이 일반적이지만 이미 계산된 C-Coefficient를 이용하여 계산할 수도 있다. 극점도와 C-Coefficient 데이터의 형식(format)은 다음 절에 나타내었다.

(5) **File-name of Measured PFs or C-Coef.** : 측정된 극점도 데이터 혹은 이미 계산된 C-Coefficient 파일이름으로 계산하는 path에 존재하여야 한다.

(6) **RD-Correction(+/- measured steps)** : 극점도 측정을 위하여 시편을 장착할 때 정확하게 놓이지 않고 회전되어 장착되어 측정되었을 때(시편홀더에 따라서 종종 발생하는 실수임), 교정할 수 있는 방법으로 기준방향을 양과 음의 방향으로 측정 회전의 간격(step) 수를 기입한다. 각(angle)이 아니고 step 수를 기입하는 것은 측정 데이터를 interpolation하지 않고 사용하기 위해서이다.

(7) **Sample Symmetry** : 측정한 시편의 대칭성을 입력하는 항목으로 3사정(triclinic), 단사정(monoclinic, RD 및 TD를 축으로 하는 단사정), 사방정(orthorhombic), 축대칭(axial symmetry)을 택할 수 있다. 일반적으로 압연한 판재는 사방정, 압출한 봉재는 축대칭 등의 시편대칭을 갖지만 제조공정에서 특별한 조건 때문에(예, 완벽하게 평면변형조건이 만족하지 않은 무윤활압연, 비대칭압연 등) 이에서 벗어날 수 있다. 그러므로 먼저 시편대칭을 고려하지 않은 Triclinic을 선택하여 분석한 후 극점도를 관찰하여 이에 맞는 시편대칭을 선택하여 계산하는 것이 바람직하다.

(8) **Calculation of Pole Figures(additional)** : 분석된 C-coefficient를 이용하여 극점도를 계산하는 부분으로 분석할 때 입력된 극점도(측정 극점도)는 자동적으로 계산되며, 클릭하여 선택하면 추가적으로 원하는 극점도(CUBODF의 경우 100, 110, 111, 522, 511, 211, 221, 322, HEXODF의 경우 임의의 h, k, l)를 계산할 수 있다.

(9) **Calculation of Inverse Pole Figures for ND, RD, TD** : 분석된 C-coefficient를 이용하여 역극점도를 계산하는 부분으로 클릭하여 선택하면 시편의 ND, RD, TD 3방향에서의 역극점도가 계산된다. ND는 측정 시험편의 법선방향, RD는 ND와 수직인 방향(압연판제의 경우 압연방향), TD는 ND와 RD에 수직인 횡방향을 나타낸다.

(10) **Calculation of Even ODF** : 분석된 C-coefficient를 이용하여 짝수차수의(even) ODF를 계산하는 부분으로 (7) Sample Symmetry의 선택에 따라 계산되는 Euler 공간의 영역이 자동적으로 선택된다.

(11) **Complete ODF, LmaxO** : 짝수차수의 ODF를 이용하여 완전 ODF를 계산하는 부분으로 선택하지 않으면 even ODF만 계산된다.

(12) ODF 계산의 odd part의 최대 전개차수로서 29까지 허용된다.

(13) **Orientation Density along Skeleton Line(by Orthorhombic)** : Cubic 결정계의 경우, 특정한 집합조직 섬유(fiber)에서의 ODF 강도를 선택해서 도식화(plotting)하는 부분으로 다음과 같은 fiber를 선택할 수 있다. Euler 공간에서 이들의 위치는 그림 6.3에 나타내었다.

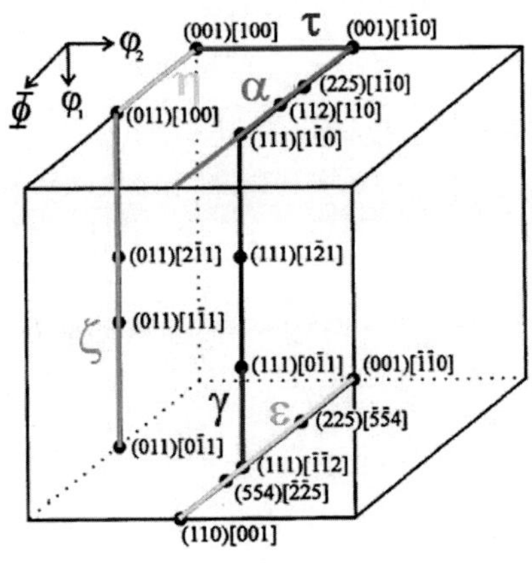

그림 6.3 Euler 공간에서 표시되는 여러 fiber의 일례

- alpha(α)-fiber, ⟨110⟩ ∥ RD-fiber :

$$\varphi_1 = 0^o,\ 0^o \leqq \Phi \leqq 90^o,\ \varphi_2 \leqq 45^o$$

- gamma(γ)-fiber, ⟨111⟩ ∥ ND-fiber :

$$60^o \leqq \varphi_1 \leqq 90^o,\ \Phi = 55^o,\ \varphi_2 = 45^o$$

- epsilon(ε)-fiber, ⟨110⟩ ∥ TD-fiber :

$$\varphi_1 = 90^o,\ 0 \leqq \Phi \leqq 90^o,\ \varphi_2 = 45^o$$

- eta(η)-fiber, ⟨100⟩ ∥ RD-fiber : $\varphi_1 = 0^o,\ 0 \leqq \Phi \leqq 45^o,\ \varphi_2 = 0^o$
- zeta(ζ), ⟨110⟩ ∥ ND-fiber : $0^o \leqq \varphi_1 \leqq 90^o,\ \Phi = 45^o,\ \varphi_2 = 0^o$
- tau(τ)-fiber, ⟨100⟩ ∥ ND-fiber : $0^o \leqq \varphi_1 \leqq 45^o,\ \Phi = 0^o,\ \varphi_2 = 45^o$
- beta(β)-fiber with Euler angles : φ_1, Φ: 변함 , $45^o \leqq \varphi_2 \leqq 90^o$,

  면심입방결정구조(fcc)를 갖는 재료의 압연상태에서 주로 나타나는 집합조직으로 {112}⟨111⟩(Cu), {123}⟨634⟩(S), {011}⟨211⟩(Bs)-방위를 연결하는 fiber로써 φ_2 가 45~90°일 때 최대강도를 갖는 φ_1, Φ 의 위치와 최대강도를 나타낸다.

(14) **Dot Line(Type of Contour Line)** : 계산결과를 나타내는 도면(plot)에서 등고선을 점선의 종류로 표기할 때 선택한다. 흑백 혹은 칼라로 프린트할 때 점선의 종류로 등고선을 구별할 수 있게 한다.

(15) **Pole Figure and Inverse Pole Figure** : 극점도와 역극점도에서 나타나는 등고선의 강도로 6개를 임의로 선택한다.

(16) **ODF** : ODF(even, complete)에서 나타나는 등고선의 강도로 6개를 임의로 선택한다.

그림 6.4의 입력창에는 HEXODF 프로그램 실행에 필요한 사항들을 기입하며 각 항의 상세한 내용은 CUBODF의 경우와 유사하다. 단지 육방정 결정계의 a-축과 c-축의 축비(c/a-ratio)를 입력하는 항이 추가되어 있다.

육방정 결정계에서 면지수는 (hkl), (hkil), (hk·l) 등으로 표기할 수 있는데 본 프로그램에서는 (hkl) 혹은 (hk·l)로 표기하였다.

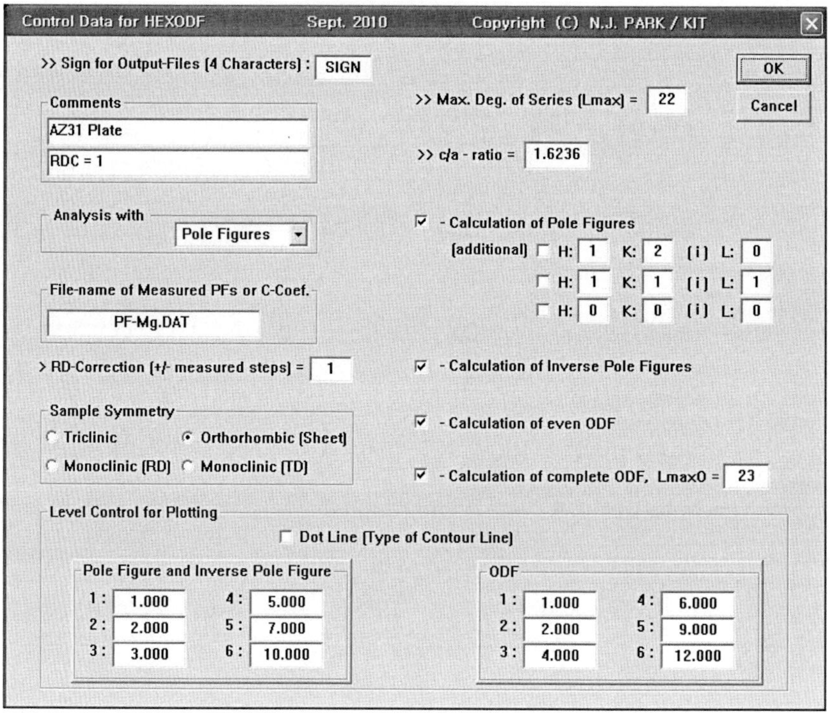

그림 6.4 HEXODF 프로그램 실행을 위한 데이터 입력창

6.1.2 입력 극점도 데이터

측정된 극점도는 표 6.1에 나타낸 것과 같이 측정된 모든 극점도를 동일한 파일에 수록한다. 입력된 데이터의 내용과 형식(format)은 다음과 같다.

1~2째줄 : 설명문(45자 문자형)

3째줄 : 입력극점도의 갯수(LFmax)와 측정모드(ICON), 정수형 변수로 빈칸 혹은 콤마로 분리하여 수록한다. **LFmax는 1~4(HEXODF의 경우 1~6)**가 허용되며, ICON은 측정모드로써 극점도를 측정할 때 고니오미터의 회전방식(β의 운전방식)에 따른 선택으로 1 혹은 0을 입력한다. **ICON=0**인 경우, 극점도를 측정할 때 회전 후 고니오미터가 정지하고 측정시간(약 1~5초)동안 데이터를 받고 다시 회전 후 정지하여 측정하는 방식이다. 즉, 5도 간격으로 측정하면 360도 회전에 72회 정지하여 측정하는 형태이다. 이 방법은 보통 측정간격이 1~2도로 작은 경우에 적용한다. ICON=1은 연속적인 측정방법으로 고니오미터가 정지하지 않고 연속적으로 회전하면서 데이터를 얻는 방법으로 회전간격 전체에 걸쳐 측정되며 중간 각의 데이터로 입력하게 된다. 즉, 5도 간격으로 측정하면 0~5도 사이에서 측정하여 2.5도의 값으로 데이터가 수록된다.

HEXODF의 경우 3째줄 다음에 c/a-축비를 수록한다.

4째줄부터는 3째줄의 LFmax 수만큼 반복된다.

4째줄 : 측정 극점도의 면지수 {hkl}, 세 자리의 정수형 변수로 h, k, l의 조합에서 가능한 큰 수로 입력한다. 즉, 011, 101 대신에 110을 입력한다. HEXODF의 경우 h, k, l을 콤마 혹은 빈칸을 두고 입력한다.

5째줄 : 측정할 때 고니오미터의 기울기 α에 대한 정보로써 총 기울임수(정수형), 최초 기울임각(실수형), 기울임각의 간격(실수형)을 입력한다. 예를 들면, 기울임각 0~70도를 5도 간격으로 기울임각 0도부터 측정했으면 15, 0.0, 5.0을 기입하며, 기울임각 0~70도를 5도 간격으로 기울임각 5도부터 측정했으면 14, 5.0, 5.0을 기입한다.

6째줄 : 하나의 기울임각에서 회전하면서 측정하는 수(정수형)로써 5도 간격이면 72, 3.6도 간격이면 100, 2도 간격이면 180 등으로 총 회전각 360도를 등분한 각의 수를 입력한다.

7~8째줄 : Background 강도(정수형 혹은 실수형으로 빈칸 혹은 콤마로 분리)로써 기울임각의 수만큼 입력한다. 이론적으로는 모든 측정점에서 background 강도를 고려해야하지만, 일반적으로 동일한 기울임에서 회전에 대한 background의 변화는 거의 없기 때문에 각 기울임에서 입력된 값으로 background 강도를 보정한다. 이미 background가 보정된 측정값일 경우 0을 입력한다.

9째줄부터 : 측정된 극점도의 각 점에서의 강도(정수형 혹은 실수형으로 빈칸 혹은 콤마로 분리)를 낮은 기울임각부터 차례로 입력한다.

이 과정이 끝나면 다음 극점도에 대하여 4째줄부터와 동일한 방법으로 극점도 수만큼 반복한다.

표 6.1 측정 극점도 데이터(CUBODF)

```
ARMCO-Fe                              : Comment
Test data measured by CLZ             : Comment
  3  0                                : 입력극점도 개수(LFmax)   CON(1=continuous scanning)
110                                   : 첫 번째 극점도의 면지수 hkl (0=discontinuous scanning)
14, 5.0, 5.0                          : No. of alpha(tilting), start alpha, delta alpha
100                                   : No. of rotation-point (measured point in alpha)
   882.   888.   895.   884.   881.   894.   891.   : 첫 번째 극점도의 background
   889.   895.   888.   889.   889.   880.   849.
  1164.  1192.  1157.  1085.  1141.  1152.  1170.   : 측정 data(첫 번째 alpha부터)
  1138.  1159.  1159.  1203.  1209.  1154.  1166.
  1175.  1172.  1226.  1191.  1232.  1168.  1176.
  1149.  1155.  1214.  1151.  1199.  1177.  1158.
  1181.  1143.  1218.  1198.  1129.  1167.  1252.
  1123.  1177.  1229.  1151.  1201.  1172.  1221.
  1251.  1177.  1146.  1147.  1181.  1177.  1166.
  1194.  1210.  1203.  1165.  1191.  1184.  1212.
  1150.  1188.  1267.  1150.  1186.  1192.  1187.
  1151.  1214.  1173.  1242.  1220.  1205.  1164.
  1210.  1247.  1259.  1246.  1160.  1257.  1262.
  1216.  1262.  1219.  1241.  1178.  1225.  1198.
  1158.  1155.  1153.  1179.  1223.  1185.  1193.
  1195.  1223.  1184.  1169.  1169.  1124.  1171.
  1194.  1171.  1283.  1191.  1200.  1237.  1227.
  1215.  1287.  1290.  1309.  1295.  1308.  1280.

  3383.  3331.  3711.  4723.  5319.  5354.  4610.
  3752.  3338.  3362.  3771.  4398.  5009.  5479.
  5257.  4708.  3761.  2887.  2313.  1970.  1733.
  1551.  1389.  1294.  1299.  1157.  1159.  1176.
200                                          : 두 번째 극점도의 면지수 hkl
14, 5.0, 5.0                                 : No. of alpha(tilting), start alpha, delta alpha
100                                          : No. of rotation-point (measured point in alpha)
   863.   875.   859.   860.   874.   877.   863.   : 두 번째 극점도의 background
   868.   866.   865.   866.   873.   854.   850.
  2405.  2401.  2403.  2325.  2376.  2353.  2348.   : 측정 data(첫 번째 alpha부터)
  2469.  2568.  2526.  2511.  2668.  2731.  2834.
  2840.  2791.  2956.  2974.  3132.  3099.  3189.
  3362.  3393.  3317.  3466.  3451.  3350.  3499.
  3194.  3387.  3252.  3077.  3108.  3029.  2972.
  2812.  2760.  2662.  2549.  2393.  2301.  2277.
```

```
  2202.  2057.  2144.  1985.  1882.  1921.  1871.
  1878.  1926.  1836.  1833.  1824.  1839.  1896.
  1919.  1938.  2025.  2029.  1975.  2102.  2083.
  2251.  2297.  2293.  2573.  2531.  2634.  2729.
  2816.  2921.  2976.  3082.  3208.  3164.  3315.
  3334.  3459.  3431.  3466.  3372.  3354.  3329.
  3251.  3211.  3134.  3009.  3002.  3057.  2956.
  2784.  2689.  2625.  2524.  2618.  2425.  2401.
  1288.  1292.  1361.  1382.  1478.  1512.  1571.

  3383.  3331.  3711.  4723.  5319.  5354.  4610.
  3752.  3338.  3362.  3771.  4398.  5009.  5479.
  5257.  4708.  3761.  2887.  2313.  1970.  1733.
  1551.  1389.  1294.  1299.  1157.  1159.  1176.
200                                         : 세 번째 극점도의 면지수 hkl
14, 5.0, 5.0                                : No. of alpha(tilting), start alpha, delta alpha
100                                         : No. of rotation-point (measured point in alpha)
   863.   875.   859.   860.   874.   877.   863.   : 세 번째 극점도의 background
   868.   866.   865.   866.   873.   854.   850.
  2405.  2401.  2403.  2325.  2376.  2353.  2348.   : 측정 data(첫 번째 alpha부터)
  2469.  2568.  2526.  2511.  2668.  2731.  2834.
  2840.  2791.  2956.  2974.  3132.  3099.  3189.
  3362.  3393.  3317.  3466.  3451.  3350.  3499.
  3194.  3387.  3252.  3077.  3108.  3029.  2972.
  2812.  2760.  2662.  2549.  2393.  2301.  2277.
  2202.  2057.  2144.  1985.  1882.  1921.  1871.
  1878.  1926.  1836.  1833.  1824.  1839.  1896.
  1919.  1938.  2025.  2029.  1975.  2102.  2083.
  2251.  2297.  2293.  2573.  2531.  2634.  2729.
  2816.  2921.  2976.  3082.  3208.  3164.  3315.
  3334.  3459.  3431.  3466.  3372.  3354.  3329.
  3251.  3211.  3134.  3009.  3002.  3057.  2956.
  2784.  2689.  2625.  2524.  2618.  2425.  2401.
  2407.  2381.  1275.  1221.  1195.  1349.  1287.
  1288.  1292.  1361.  1382.  1478.  1512.  1571.
```

표 6.1-1 측정 극점도 데이터(HEXODF)

```
Rolled Mg                        : Comment
Transformd with AXS_UMF          : Comment
  6   1                          : 입력극점도 개수(LFmax)   CON(1=continuous scanning)
1.6236                           : c/a-ratio                  (0=discontinuous scanning)
 1 0 0                           : 첫 번째 극점도의 면지수 h k l
15, 0.0, 5.0                     : No. of alpha(tilting), start alpha, delta alpha
 72                              : No. of rotation-point (measured point in alpha)
  58.1   60.6   60.4   60.9   59.4   60.4   58.1    : 첫 번째 극점도의 background
  58.5   60.9   60.1   60.6   60.6   60.8   57.9
  54.4
  74.0   66.0   71.5   68.0   64.5   75.0   65.5    : 측정 data(첫 번째 alpha부터)
  81.0   77.0   75.0   66.5   69.5   74.0   74.0
  67.5   66.5   67.0   77.0   66.5   74.0   71.0
  74.0   77.5   80.0   71.5   88.0   73.0   68.0
  70.0   78.0   63.5   64.5   68.0   81.5   69.0

  290.0  276.0  277.0  275.0  280.5  279.5  259.0
  276.0  275.5  265.5  288.0  300.5  281.5  283.0
  292.5  303.0  312.5  320.5  343.5  317.5  323.0
  332.0  348.0
 0 0 2                                      : 두 번째 극점도의 면지수 h k l
15, 0.0, 5.0                               : No. of alpha(tilting), start alpha, delta alpha
 72                                        : No. of rotation-point (measured point in alpha)
   56.1     53.4     52.9     56.2     56.4     57.0     53.6   : 두 번째 극점도의 background
   56.9     56.1     53.0     58.5     55.4     55.4     52.2
   50.2
 2742.5   2833.5   2836.5   2888.0   2850.0   2805.5   2866.5   : 측정 data(첫 번째 alpha부터)
 2887.0   2930.0   2917.0   3029.5   2957.0   2987.5   3020.5
 3036.0   2943.0   2975.0   2890.5   2924.0   2916.5   3017.0
 2966.5   2952.5   3015.0   2968.0   2967.5   2971.5   2978.0
 2978.5   3063.5   3031.5   3055.5   3034.5   3062.0   3040.5
```

6.1.3 C-coefficient

프로그램의 입력 데이터로 사용되는 형식(format)과 프로그램 실행 후 생성되는 형식은 동일하다. 표 6.2에는 사방정(orthorhombic) 시편대칭을 사용한 경우, 표 6.3에는 3사정(triclinic) 시편대칭을 사용한 경우의 C-coefficient 데이터를 나타내었다.

표 6.2 Orthorhombic 시편대칭인 경우의 C-coefficient 데이터(CUBODF)

```
ARMCO-Fe                              ; Comment
Test data measured by CLZ             ; Comment
  22   3   2   2                      ; Lmax, LFmax, IDN, IDI
  4  1 -0.75108454 -0.59980453 -1.45930965
  6  1 -3.64335304  2.76986096 -0.65338221  0.67363242
  8  1  0.88774218 -0.22187175  1.67536247 -0.74221561  1.15797424
 10  1  1.06134022 -0.29747073  0.13683652 -0.34110619 -0.02457419 -0.12756343
 12  1  0.12784583  0.00466295 -0.62277562  0.05212602 -0.72958132  0.82589920 -0.85469864
 12  2  2.59335097 -2.84417330  1.10245669 -0.43268006  0.58161165 -0.38437574  0.31881516
 14  1 -0.88895772  0.98046484 -1.27679265  1.10391168 -0.62125563  0.32306194 -0.04355581  0.27698194
 16  1 -0.14836907 -0.14801964  0.28999558 -0.09033236  0.44556013 -0.26462385  0.47525884 -0.39500810
        0.77427568
 16  2 -0.33838841  0.45243958 -0.16251900  0.13364041 -0.09000752 -0.12430819 -0.32050834  0.02003351
       -0.26155524
 18  1 -0.08229745 -0.14929780  0.68217242 -0.53954085  0.45088784 -0.57905026  0.35066947 -0.19416707
        0.10942838 -0.30785286
 18  2 -1.40501787  1.77554215 -0.99111055  0.47864207 -0.42712047  0.38079064 -0.24208100  0.15029986
       -0.18041981  0.04105467
 20  1  0.08085629 -0.07267333  0.11333316 -0.12221217 -0.14940129  0.06116189 -0.16618461  0.24399771
       -0.27309685  0.32458727 -0.26657905
 20  2  0.42610602 -0.71257768  0.70579663 -0.60796422  0.34640485 -0.22454108  0.05664719 -0.01092273
        0.02230313  0.04854511  0.16979041
 22  1 -0.04496510  0.21903245 -0.38881412  0.38390269 -0.59053362  0.57454813 -0.46322377  0.33619326
       -0.18271928  0.15614354 -0.05668372  0.36151449
 22  2  0.08418149 -0.14309388  0.31903125 -0.26704440  0.28808382 -0.30848672  0.17029184 -0.04220902
       -0.09507285  0.02777761  0.09500042  0.20111688
**** ODD PART, LMAXO = 23
  9  1  0.00000000  0.41596457  1.17198777 -1.10779369  0.57410395
 13  1  0.00000000 -0.27186462 -0.82489055  0.17484386 -0.43101922  0.47164243 -0.27128804
 15  1  0.00000000  0.03098041 -0.44625252  0.87958455 -0.23988354  0.24717122 -0.25625291  0.15401109
 17  1  0.00000000 -0.16980441  0.41156706 -0.24873051  0.71160692 -0.49395537  0.51319259 -0.22434200
        0.12732734
 19  1  0.00000000 -0.05622647  0.26330069 -0.13419007  0.18753332 -0.24386548  0.01775059 -0.05517842
        0.08662620 -0.26952741
 21  1  0.00000000  0.05474011 -0.08411612  0.09102346 -0.14491741  0.11991833 -0.12527964 -0.00779523
       -0.11326189  0.22792569 -0.00827819
 21  2  0.00000000 -0.13568309  0.19473268 -0.29535308  0.28833422 -0.24407327  0.31780353 -0.14151168
       -0.09779974 -0.07483254  0.06523703
 23  1  0.00000000  0.15612887 -0.29248071  0.22055219 -0.14478822  0.17982331 -0.13995431  0.13496707
       -0.09613737  0.13125965  0.03410333  0.08163040
```

표 6.3 Triclinic 시편대칭인 경우의 C-coefficient 데이터(CUBODF)

```
ARMCO-Fe                          ; Comment
Test data measured by CLZ         ; Comment
  22   3   1   1                  ; Lmax, LFmax, IDN, IDI
  4  1  -0.75105163  0.01941691 -0.60008752 -0.05800203 -1.45965727
  4  1   0.00000000  0.00172661 -0.06458489  0.07617183 -0.02876595
  6  1  -3.64112727 -0.00190100  2.76807649 -0.03347092 -0.65335988 -0.00070847  0.67277905
  6  1   0.00000000 -0.36083936  0.04140407  0.15570351 -0.03370610 -0.06352173  0.11608621
  8  1   0.88703434 -0.01575195 -0.22211706  0.01260400  1.67474842 -0.01325491 -0.74198217  0.08585712
         1.15990625
  8  1   0.00000000  0.09338156  0.01750663 -0.14595709  0.06980113  0.11618108 -0.09899531 -0.16427342
         0.05068633
 10  1   1.05756858  0.07538977 -0.29758148  0.07236556  0.13242638 -0.03344388 -0.33967391  0.02125961
        -0.02424828 -0.03610043 -0.13753296
 10  1   0.00000000  0.04091849  0.13125657 -0.01816835 -0.07582041  0.03398111  0.06470205 -0.02333929
         0.01878352  0.04768575  0.01935460
 12  1   0.12679375  0.00241897  0.00426885  0.01951263 -0.62301019  0.01537850  0.05270934 -0.02338111
        -0.73042475  0.03203788  0.82473620 -0.07687230 -0.85134475
 12  1   0.00000000  0.03731061 -0.04750553  0.05220959 -0.00099176 -0.05407826 -0.01323302  0.10739313
        -0.00881650 -0.15067117  0.07369895  0.16240454 -0.03433965
 12  2   2.59172245  0.00225119 -2.84295753  0.06394140  1.09897759 -0.02689326 -0.43158234  0.01558517
         0.58114021 -0.00090995 -0.38577114 -0.03644703  0.30919240
 12  2   0.00000000  0.51158047 -0.01420190 -0.33739179  0.03812958  0.17059520 -0.04504890 -0.16463840
         0.07974741  0.15511230 -0.04372945 -0.07197917  0.04302113
 14  1  -0.88965567 -0.01894503  0.97922206 -0.01150032 -1.27519735  0.00025010  1.10426211 -0.02907587
        -0.62299723  0.03713935  0.32579714  0.01503040 -0.03767480  0.00214299  0.28514371
 14  1   0.00000000 -0.23203245 -0.02906833  0.24215355 -0.03650917 -0.24688708  0.06306146  0.18348749
        -0.02975772 -0.10082438  0.01548195  0.04122296  0.00360345 -0.04797353  0.03967122
 16  1  -0.13926813  0.00492776 -0.14941393  0.01319523  0.28501099  0.01138239 -0.08424809  0.01089972
         0.44779948 -0.01738719 -0.26838316  0.03850444  0.45634628 -0.05919610 -0.39560007  0.11732438
         0.76851963
 16  1   0.00000000 -0.02036876 -0.04891339  0.01132401  0.00892902 -0.00333362  0.01649841 -0.04412122
         0.01540433  0.08080781 -0.02513572 -0.07987652  0.01823040  0.11754654 -0.01158714 -0.11928687
         0.05882843
 16  2  -0.36280960 -0.05105576  0.45668394 -0.05513596 -0.15533949 -0.00550243  0.12427127 -0.04850229
        -0.10155774  0.01966208 -0.10893062  0.02366422 -0.26996549  0.03192176  0.00809457 -0.01291064
        -0.24926890
 16  2   0.00000000 -0.00025564 -0.12786985 -0.01453598  0.12421563  0.00997564 -0.05742493 -0.03774795
         0.04397431 -0.00113210 -0.02451272 -0.01691514  0.07974977  0.00868906 -0.05657436  0.00692546
         0.05430165
 18  1  -0.08379446  0.00978657 -0.14861705  0.00135648  0.67975363  0.04132050 -0.53539043  0.04741746
         0.44554529 -0.05359408 -0.57336325  0.06681410  0.35679264 -0.06591030 -0.20803940 -0.01022083
         0.10348950 -0.06573482 -0.29899291
 18  1   0.00000000 -0.04030406  0.05746435 -0.03551387 -0.05806489  0.12560204  0.04829865 -0.14374699
        -0.02133995  0.17275569 -0.02059688 -0.14729209  0.08174903  0.09675337 -0.02678732 -0.07662780
특       0.03728555  0.07535081 -0.12013313
 18  2  -1.40602463  0.01493268  1.77477853 -0.02434092 -0.99023713  0.05407333  0.47826079 -0.01635707
```

```
      -0.42810379  0.00208504  0.38317392 -0.00409217 -0.23848912 -0.01961420  0.14569611 -0.01820639
      -0.18265538 -0.06140918  0.04658865
18  2  0.00000000 -0.41562915  0.02517168  0.30475423 -0.02003732 -0.18722673  0.00345253  0.12508868
      -0.03477997 -0.11847115  0.02561472  0.11130253 -0.02119416 -0.07793941  0.02742312  0.04591327
      -0.02547488  0.05269560 -0.01347544
20  1  0.08078057 -0.00632255 -0.07462227 -0.00690268  0.11526623 -0.00393437 -0.12312703  0.01842292
      -0.15084141 -0.01659985  0.06320825 -0.01911817 -0.16217600  0.01898908  0.23723584 -0.04123909
      -0.27770732  0.03432009  0.32746688 -0.07628823 -0.27092623
20  1  0.00000000  0.01443998  0.01400382  0.00021452 -0.01179590  0.01483450 -0.00622825 -0.01018701
       0.01165504  0.00110582 -0.00546927  0.02674209 -0.01618125 -0.07882471  0.03318358  0.11518041
      -0.05355574 -0.04533942  0.03618757  0.13709868 -0.05330740
20  2  0.42290823 -0.03607583 -0.70623589 -0.00841018  0.69780511  0.00683792 -0.59928025  0.02550193
       0.34100650 -0.02680700 -0.21925049  0.04597687  0.05751947  0.01253432 -0.02107207  0.03122286
       0.01932603 -0.00261338  0.04825632  0.02431753  0.17802938
20  2  0.00000000  0.13904393 -0.00119192 -0.13602084  0.02180146  0.16073485 -0.01669342 -0.17003801
       0.02908253  0.09472913 -0.04368407 -0.02852597  0.00382185 -0.01568580  0.00454390  0.03043536
      -0.01858727 -0.01088805 -0.02387419  0.00811356  0.08127131
22  1 -0.04850216  0.01719574  0.22513016 -0.00270795 -0.38738752 -0.03535495  0.37224881 -0.00175054
      -0.57249559 -0.01019034  0.56404585 -0.00447798 -0.46978739  0.02259882  0.35739994 -0.02746719
      -0.16330173  0.03875747  0.15294995 -0.02361904 -0.05157997  0.03338153  0.35591654
22  1  0.00000000 -0.01288490  0.06258633  0.06007691 -0.00217120 -0.08198940 -0.00420160  0.10131808
      -0.01441263 -0.13256267  0.00697702  0.10343938  0.00562517 -0.07520745 -0.02903999  0.05269955
       0.05142440 -0.07892274 -0.01923807  0.00490475 -0.04241017 -0.04640353 -0.01135831
22  2  0.09152831  0.00986284 -0.15688962  0.00450878  0.31559403  0.05233979 -0.23850471  0.03827817
       0.24338025 -0.02670476 -0.27998157 -0.01260329  0.18929913  0.00695466 -0.10252085 -0.06208393
      -0.14635432 -0.11851291  0.03641242 -0.08762147  0.08307973  0.06851158  0.21547208
22  2  0.00000000 -0.07234327  0.15627184  0.03029152 -0.14706347  0.09637927  0.02765671 -0.15993673
      -0.01232072  0.07802073  0.04750780  0.02916685 -0.03741594 -0.05618835  0.07859860  0.05694073
      -0.18576076  0.04358052  0.14129823  0.18297772 -0.01847979 -0.13626922 -0.08312080
**** ODD PART, LMAXO = 23
 9  1  0.00000000 -0.02384114  0.44942462 -0.01323545  1.18612027 -0.03354101 -1.12556005  0.00109105
       0.58727378  0.08268247
 9  1 -0.03148972  0.00146757  0.03798446 -0.08464278 -0.02111942  0.14973429 -0.01211396 -0.07250588
       0.10098555  0.00947251
13  1  0.00000000  0.03151164 -0.25914383 -0.02619041 -0.83201849 -0.03261903  0.19672605 -0.02320633
      -0.41502842  0.04951068  0.45028910  0.00542329 -0.28822818 -0.04690495
13  1  0.01348132 -0.00061248  0.00111121  0.00658087  0.02058139 -0.04905279  0.01513881  0.07875574
       0.00218162 -0.10888262 -0.01910637  0.09895425 -0.03604607  0.00370326
15  1  0.00000000  0.00733252 -0.00699728  0.02733747 -0.43251467 -0.00446391  0.88613951 -0.02806212
      -0.24112831  0.05083621  0.25063589 -0.02035834 -0.23745751 -0.05666750  0.16793545  0.10165637
15  1  0.05034344 -0.05111094 -0.07356835  0.07729781  0.02216656 -0.15956558 -0.06367373  0.16985603
       0.01592393 -0.13162360  0.04456955  0.07388083  0.00615571 -0.05087811  0.05778931 -0.01840307
17  1  0.00000000 -0.01038470 -0.14473401 -0.02983365  0.39210951  0.01558691 -0.22769898 -0.02052279
       0.67892927 -0.01546888 -0.48498040  0.00515681  0.49340782 -0.00767342 -0.23142929  0.01579455
       0.08457600  0.03939978
17  1 -0.02193066  0.03937396  0.00235490 -0.06144103 -0.00713937  0.08673817  0.05676311 -0.07655258
       0.03271666  0.14224674 -0.00779562 -0.06793028  0.00563153  0.04585734  0.00205959  0.00377149
```

```
       -0.06857441 -0.00085593
19  1   0.00000000 -0.03643872 -0.03206493  0.02156251  0.25768891  0.01395937 -0.15698583 -0.00308543
        0.17891473  0.01400869 -0.22131227  0.02809580  0.02025246 -0.00280789 -0.04131128  0.03881898
        0.07314457 -0.07585436 -0.25428864 -0.04125419
19  1  -0.02482895 -0.00842731  0.06255940 -0.02385625 -0.01836527  0.04339985 -0.03868181 -0.05243238
       -0.01348923  0.04922473  0.02146116 -0.08725147 -0.01641968  0.00589776 -0.01357726  0.00341889
       -0.00835061  0.06497715 -0.02963501  0.00906037
21  1   0.00000000  0.03382475  0.04539802 -0.07668409 -0.07951047 -0.01158142  0.07963334  0.01805930
       -0.12731169 -0.03020004  0.12090361  0.00742442 -0.10604372  0.01854223 -0.01996257 -0.04512826
       -0.10360443  0.02599500  0.19432923  0.03505553 -0.01740248  0.01081885
21  1  -0.03107450  0.02150162 -0.01376147  0.01999100  0.02771006 -0.04751593 -0.01611617  0.01907110
       -0.01908336 -0.03170939 -0.00069349  0.04436741  0.00557619 -0.05233027 -0.01420789  0.02398034
        0.02873365 -0.10143834  0.02664853  0.02577292 -0.02081674 -0.00872317
21  2   0.00000000  0.03050286 -0.11525740 -0.06073299  0.17667131  0.02107535 -0.28696722  0.02380514
        0.27747923 -0.05579563 -0.23447771  0.01031776  0.26571140 -0.01239747 -0.16931506 -0.01111543
       -0.07685720 -0.01455285 -0.07659537 -0.00447610  0.09721640 -0.07173412
21  2  -0.05228496  0.04971711  0.07769109 -0.09840062 -0.03414844  0.13611299  0.04969159 -0.15483522
       -0.01610730  0.13991538 -0.02079123 -0.06586051  0.00701869  0.02489177  0.03605390  0.01810750
       -0.01255623  0.02290829 -0.04077139  0.00534118  0.12687446  0.11618414
23  1   0.00000000 -0.01790171  0.12984920  0.01537065 -0.27663261  0.00257738  0.20384301  0.00459783
       -0.14729814 -0.01263734  0.15993333 -0.03608153 -0.16543750  0.03615405  0.15345283  0.02741230
       -0.09910016  0.05634642  0.11647857 -0.02272710  0.00551321  0.06546996  0.09183878  0.01643551
23  1  -0.02413266 -0.02829693  0.02844270  0.06911457  0.00731832 -0.10555545 -0.04208949  0.05480896
        0.00490192 -0.05951064  0.00391504  0.07252257 -0.02642951 -0.03864053  0.00944858  0.02665773
       -0.01946211 -0.08377388  0.07838053  0.06789381 -0.06447060 -0.04131971 -0.03199483 -0.01059783
```

6.1.4 프로그램 출력 데이터

프로그램 실행 후 출력되는 데이터는 일반 뷰어(메모장, 한글, word 등)로 볼 수 있는 ASCII 형식으로 수록된 결과 파일과 도형으로 표현하기 위하여 HPGL(PLT) 형식으로 수록된 파일들이 있다. HPGL은 Hewlett Packard Graphics Language의 약자로 HP에서 개발한 벡터형 데이터로 plotter를 사용하여 데이터를 출력할 수 있는 형식이며, HPGL을 지원하는 일부 프린터 기종에서도 출력이 가능하다. 또한 여러 프로그램(예, PrintGL, HPLOT, hpglview, 한글 등)을 이용하면 보거나 출력할 수 있다.

ASCII 형식의 파일은 앞에서 설명한 C-coefficient 데이터 파일과 프로그램 전체결과를 수록한 파일이며, 이들은 각각 C-*SIGN*.DAT, *SIGN*.OUT의 이름을 가진다. 이때 SIGN은 6.1.1절의 입력창 (1)에 입력한 문자이다.

SIGN.OUT에 수록되는 내용은 다음과 같으며, 예를 7장에 첨부하였다.

- 각 극점도의 정규화인자(normalization factor, N_{hkl})
- 측정극점도의 계수 $F_l^{\nu}(hkl)_{\exp}$
- 측정극점도의 정규화된 극점도 강도 $P_{hkl}^{\exp}(\alpha,\beta)$
- C-coefficient($C_l^{\mu\nu}$), 오차 $\Delta C_l^{\mu\nu}$
- 각 극점도에서의 R−값(reliability factor)
- Texture index J
- 각 극점도에서의 RP, RP0.5, RP1−값
- 계산 극점도의 계수 $F_l^{\nu}(hkl)_{calc}$와 극점도 강도 $P_{hkl}^{calc}(\alpha,\beta)$
- 역극점도의 계수 $H_l^{\nu}(y_i)$와 역극점도 강도 $R_{\vec{y}}(\theta,\gamma)$
- 불완전 ODF 및 완전 ODF
- 각 fiber에서의 강도(orthorhombic 시편대칭에서)

HPGL(PLT) 형식으로 수록된 도형파일은 다음과 같으며, 예를 7장에 첨부하였다.

- A−*SIGN*.PLT : 측정극점도, RP0.5 등
- C−*SING*.PLT : C−coefficient의 절대값 평균 $|\overline{C_l^{\mu\nu}}|$, 오차값 $|\overline{\Delta C_l^{\mu\nu}}|$
- P−*SIGN*.PLT : 계산극점도
- I−*SIGN*.PLT : 역극점도
- F−*SIGN*.PLT : 불완전 ODF
- F1,2,3,4−*SIGN*.PLT : 불완전 ODF에서 특정 섬유(fiber)의 ODF 강도
- V−*SIGN*.PLT : 완전 ODF
- V1,2,3,4−*SIGN*.PLT : 완전 ODF에서 특정 섬유(fiber)의 ODF 강도

6.2 프로그램

6.2.1 ANAL

측정된 극점도로부터 ODF의 C-coefficient($C_l^{\mu\nu}$)를 계산하는 프로그램으로써, 측정된 완전 혹은 불완전 극점도를 입력하며 ① background 보정, ② 시편의 회전 보정, ③ background를 이용한 defocusing 보정 등을 수행한다. Background 보정은 극점도 데이터에 수록된 값을 이용하여 이루어지며, background 값이 0이 입력되어 있으면 보정이 필요 없는 경우이다. 입력된 background 강도값은 모든 측정점에서 측정하지 않고 각 시편 기울임에서 1~2회 측정하여 CPS(count per second)로 수록한다(6.1.2.절의 입력 극점도 데이터 형식 참조). 시편의 회전보정은 프로그램 실행 시 입력창에 직접 입력한다(입력 데이터 참조). 그리고 background 값이 시편 기울임각이 커짐에 따라 감소되는 것을 이용하여 defocusing을 보정한다.

ANAL 프로그램은 또한 각 극점도의 정규화인자(normalization factor, N_{hkl})와 계수 $F_l^{\nu}(hkl)_{\mathrm{exp}}$를 계산하며 이를 이용하여 C-coefficient($C_l^{\mu\nu}$)를 계산한다. 동시에 오차($\Delta C_l^{\mu\nu}$)와 texture index J를 계산한다. 이 과정에서 측정되지 않은 영역과 추가적으로 측정되지 않은 극점도를 계산하고 극점도 positivity를 확인하여 그림 2.13과 2.14와 같이 반복적으로 계산한다. 반복 횟수는 프로그램 내부에서 최대 전개차수, 측정극점도의 수 등을 고려하여 자동적으로 선택되어진다. 마지막 반복이 끝나면 $C_l^{\mu\nu}$, $\Delta C_l^{\mu\nu}$, texture index J 이외에 각 극점도에서의 R-값과 RP, RP0.5, RP1-값을 계산한다.

프로그램에서 분석할 수 있는 범위는 다음과 같다.

1) **조화함수의 최대 전개차수** : $L_{max} = 58$(HEXODF의 경우 34), 일반적으로 $L_{max} = 22$까지 전개하면 만족할 만한 결과를 얻을 수 있으나, 강한 집합조직을 갖는 경우 더 높은 차수까지 계산해야 한다. 이에 대한 판단은 $|\overline{C_l^{\mu\nu}}|$ 및

$\overline{|\Delta C_l^{\mu\nu}|}$의 값으로 하는데 전개차수가 증가함에 따라 $\overline{|C_l^{\mu\nu}|}$이 0에 가깝게 수렴하여야 하며, 각 전개차수에서 $\overline{|\Delta C_l^{\mu\nu}|}$가 $\overline{|C_l^{\mu\nu}|}$보다 크지 않아야 한다.

2) **측정극점도 수** : 1~4개(HEXODF의 경우 1~6)의 완전 또는 불완전하게 측정된 극점도를 사용한다. 시편 기울기(α)와 회전(β)에 따른 극점도의 측정 영역은 $30^o \le \alpha_{max} \le 90^o$, $0^o \le \beta \le 360^o$, 측정 간격은 $2^o \le \Delta\alpha$, $\Delta\beta \le 5^o$ 이 허용되는데, 일반적으로 3개의 극점도를 측정하며, $0^o \le \alpha \le 70^o$, $0^o \le \beta \le 360^o$ 범위에서 $\Delta\alpha, \Delta\beta = 5^o$ 로 측정한다.

3) **시편대칭** : 3사정(triclinic), 단사정(monoclinic, RD 및 TD를 축으로 하는 단사정), 사방정(orthorhombic), 축대칭(axial symmetry) 중에서 택하여 적용할 수 있다. 대칭을 적용하면 전체 측정극점도 값을 이용하되 대칭에 관련된 영역에서의 값을 평균하여 계산에 사용한다.

6.2.2 POLF

이 프로그램은 ANAL 프로그램에서 계산된 C-coefficient를 다음 식에 적용하여 임의의 (hkl) 극점도에 대한 계수 $F_l^\nu(hkl)$와 극점도 강도 $P_{hkl}(\alpha,\beta)$를 얻는다. 이때 α와 β의 간격은 5°이며 계산에 필요한 대칭구면조화함수 $k_l^{*\mu}(\theta_{hkl},\gamma_{hkl})$와 $k_l^\nu(\alpha,\beta)$는 LIBR 프로그램에서 계산된다.

$$F_l^\nu(hkl) = \frac{4\pi}{2l+1}\sum_{\mu=1}^{M(l)} C_l^{\mu\nu}\cdot k_l^{*\mu}(\theta_{hkl},\gamma_{hkl})$$

$$P_{hkl}(\alpha,\beta) = \sum_{l=0}^{L}\sum_{\nu=1}^{N(l)} F_l^\nu(hkl)\cdot k_l^\nu(\alpha,\beta)$$

6.2.3 INVE

이 프로그램은 C-coefficient를 다음 식에 적용하여 측정 시험편의 법선방향

(ND), ND와 수직인 방향(RD, 압연판제의 경우 압연방향), ND와 RD에 수직인 횡방향(TD)에서의 역극점도에 대한 계수 $H_l^{\mu}(\vec{y})$ 와 역극점도 강도 $R_{\vec{y}}(\theta,\gamma)$ 를 얻는다. 이 때 θ와 γ 의 간격은 5o이며 계산에 필요한 대칭구면조화함수 $k_l^{*\mu}(\theta,\gamma)$와 $k_l^{\nu}(\vec{y})$는 LIBR 프로그램에서 계산된다.

$$H_l^{\mu}(\vec{y}) = \frac{4\pi}{2l+1}\sum_{\nu=1}^{N(l)} C_l^{\mu\nu} \cdot k_l^{\nu}(\vec{y})$$

$$R_{\vec{y}}(\theta,\gamma) = \sum_{l=0}^{L}\sum_{\mu=1}^{M(l)} H_l^{\mu}(\vec{y}) \cdot k_l^{*\mu}(\theta,\gamma)$$

6.2.4 FUNE

C-coefficient로부터 불완전 ODF를 계산하는 프로그램으로 짝수차수의 ODF를 다음 식을 이용하여 계산한다. φ_1, Φ, φ_2 모두 5° 간격으로 계산되며 φ_2-section으로 분할되어 표현된다.

$$f(g) = \sum_{l=0}^{L}\sum_{\mu=1}^{M(l)}\sum_{\nu=1}^{N(l)} C_l^{\mu\nu} \cdot T_l^{\mu\nu}(g)$$

6.2.5 FUNC

불완전 ODF로부터 완전 ODF를 계산하는 프로그램으로 2.7절에 설명한 대로 even ODF의 positivity condition을 이용하여 홀수차수의 ODF를 계산한 후 완전(complete 혹은 full) ODF를 구한다. FUNE와 동일하게 φ_1, Φ, φ_2 모두 5° 간격으로 계산되며 φ_2-section으로 분할되어 표현된다.

6.2.6 RAMEN

계산 결과를 plotting하는 프로그램으로 측정극점도, 계산극점도, 역극점도,

even ODF, full ODF를 plotting 할 수 있는 HPGL 형식의 file을 생성한다. 등고선의 형태와 강도는 6.1.1.절에 설명한 바와 같이 입력창에 기입한다.

6.2.7 CPLOT

$|\overline{C_l^{\mu\nu}}|, |\overline{\Delta C_l^{\mu\nu}}|$를 plotting하는 프로그램으로 조화함수의 수렴도를 판단할 때 사용한다.

6.2.8 SKEL

6.1.1절(그림 6.3)에 나타낸 특정한 집합조직의 fiber에 따라 ODF 강도를 plotting하는 프로그램으로 cubic 결정계에서 시편대칭이 사방정(orthorhombic) 일 경우에만 선택할 수 있다.

6.2.9 LIBRARY

모든 프로그램에 필요한 구함수, 구표면함수 등을 계산하는 프로그램으로 전개차수에 따라 계산되어 사용된다.

6.3 단계적인 프로그램 실행

집합조직을 정확하게 분석하고 신뢰성 있는 결과를 얻기 위하여 다음과 같은 단계적인 절차로 프로그램을 실행하고 확인한다.

1. 측정극점도의 데이터의 형식, {hkl} 지수, background 등 모든 데이터가 정확한지 확인한다.
2. 측정극점도를 triclinic 시편대칭을 적용, 계산하여 plotting한 후(그림 6.5) 측정극점도의 RD-Correction을 정한다. 또한 시편대칭을 확인한다. 그림 6.5의 경우 극점도가 회전되어 있음을 확인할 수 있으며 교정을 위하여 그림 6.2의 입력창 (9)에 RD-Correction=1을 입력한다. 시편대칭은 사방정(ortho-

rhombic)임을 확인할 수 있다.

3. RD-Correction을 입력한 후 그림 6.2의 입력창 (2)에 L_{max}=50 정도 입력하여 함수의 수렴성을 판단한다. 시편대칭은 사방정을 선택한다. 그림 6.6를 보면 L_{max}=34까지 전개하면 충분함을 알 수 있다.
4. L_{max}=34를 적용하여 원하는 계산을 수행한다. 모든 계산을 수행한 결과는 부록에 수록하였다.
5. 프로그램 실행 후에는 다음 사항을 확인하여 분석의 정확성을 확보한다.
   1) C-coefficient($C_l^{\mu\nu}$)의 수렴성
   2) RP-값 확인: RP0.5-값이 약 10% 이하
   3) 측정극점도와 계산극점도의 동일성

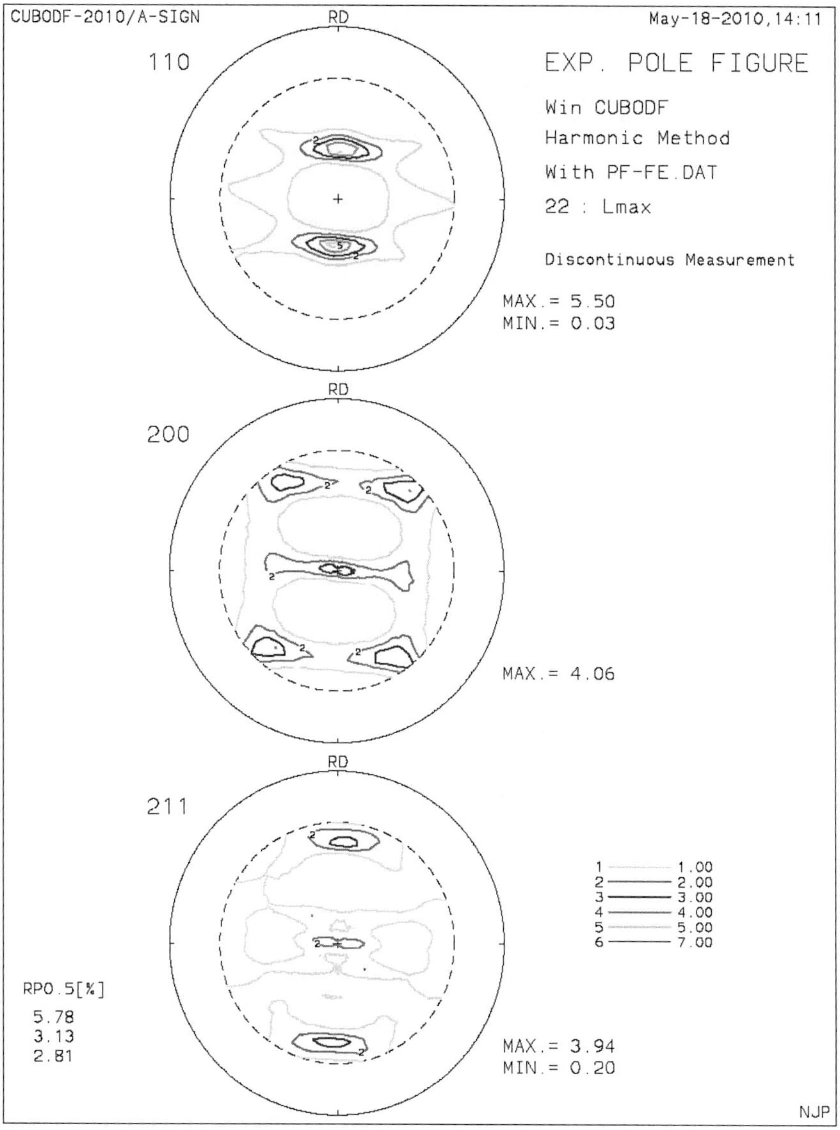

그림 6.5 측정된 극점도를 확인하기 위하여 triclinic 시편결정계를 적용하여 계산한 결과 (CUBODF)

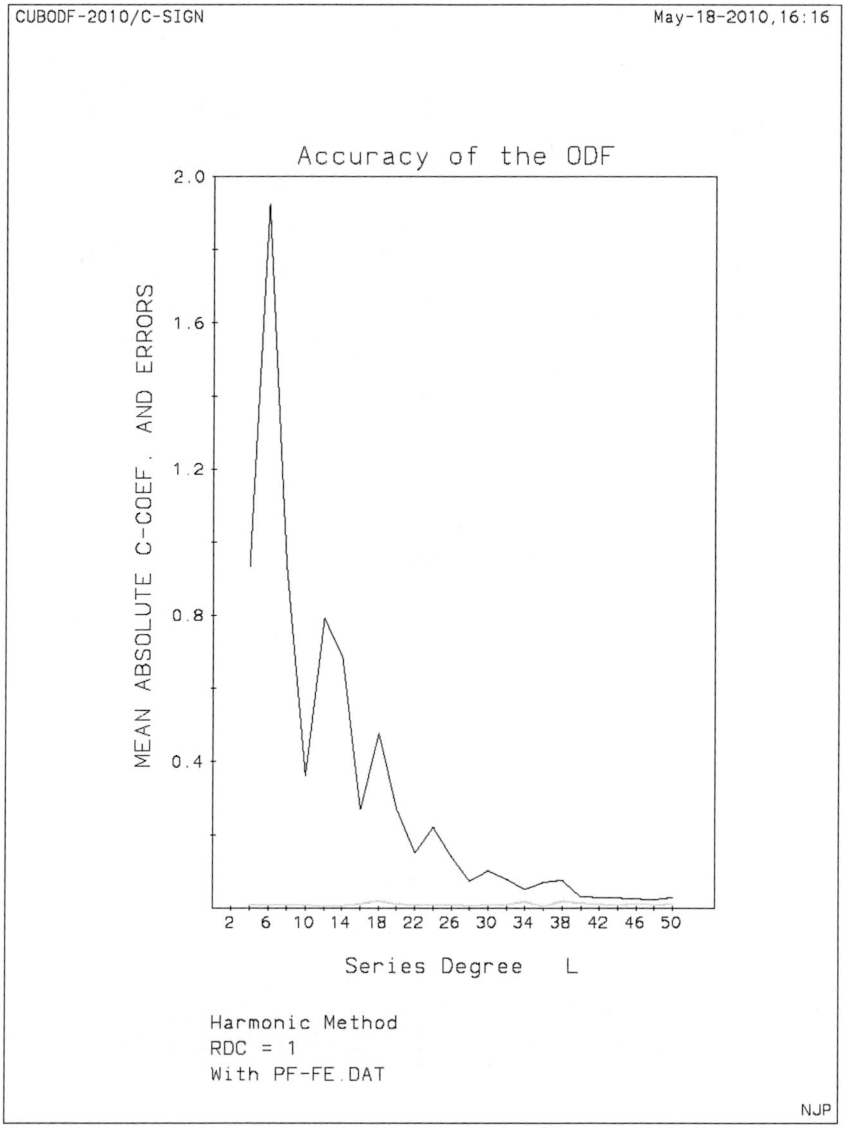

그림 6.6 L_{max}=50까지 전개된 $\overline{|C_l^{\mu\nu}|}$, $\overline{|\Delta C_l^{\mu\nu}|}$의 계산 결과

CHAPTER 07

프로그램 결과

7.1 Plots

〈CUBODF〉

- 측정극점도(experimental pole figure)
- $|\overline{C_l^{\mu\nu}}|, |\overline{\Delta C_l^{\mu\nu}}|$
- 계산극점도(calculated pole figure)
- 역극점도(inverse pole figure)
- Even ODF
- Complete ODF(orthorhombic and triclinic sample symmetry)
- Fiber에서의 ODF 강도

〈HEXODF〉

- 측정극점도(experimental pole figure)
- $|\overline{C_l^{\mu\nu}}|, |\overline{\Delta C_l^{\mu\nu}}|$
- 계산극점도(calculated pole figure)
- 역극점도(inverse pole figure)
- Even ODF
- Complete ODF(orthorhombic and triclinic sample symmetry)

7.2 Outputs

측정극점도(experimental pole figure), CUBODF

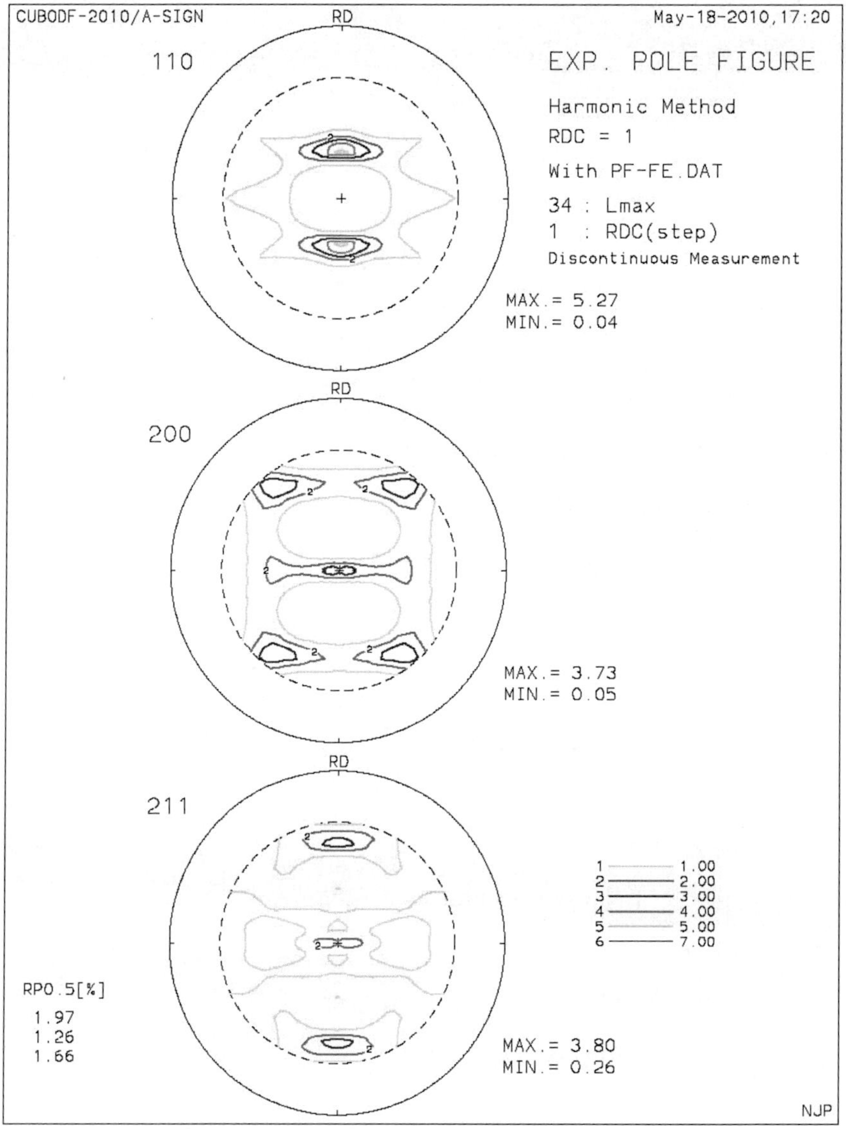

$|\overline{C_l^{\mu\nu}}|, |\overline{\Delta C_l^{\mu\nu}}|$, CUBODF

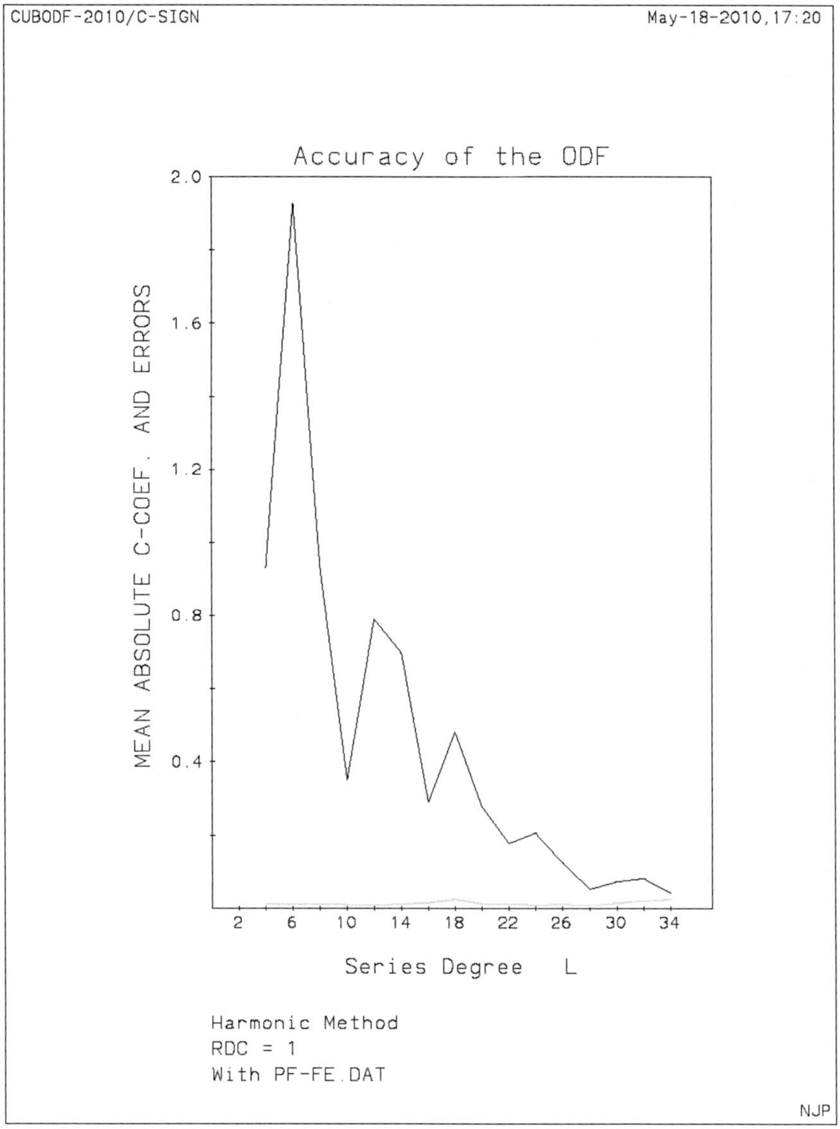

계산극점도(calculated pole figure), CUBODF

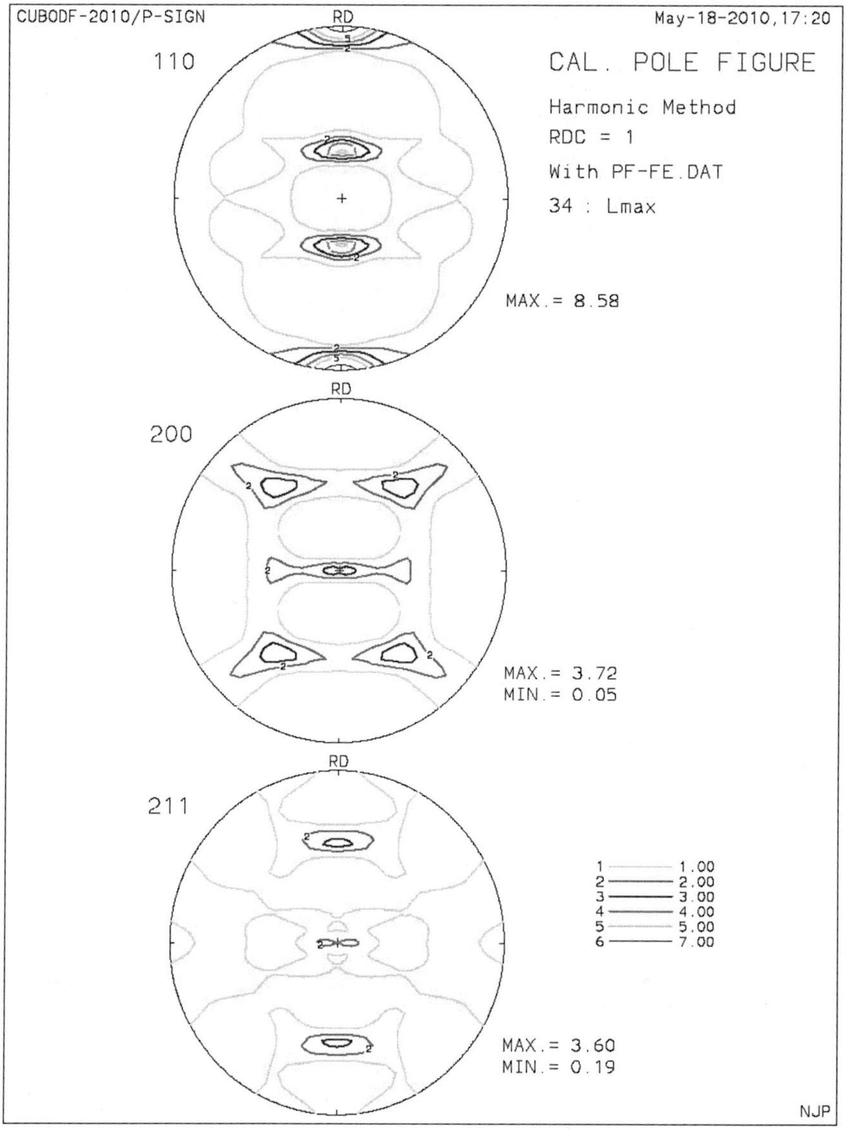

역극점도(inverse pole figure), CUBODF

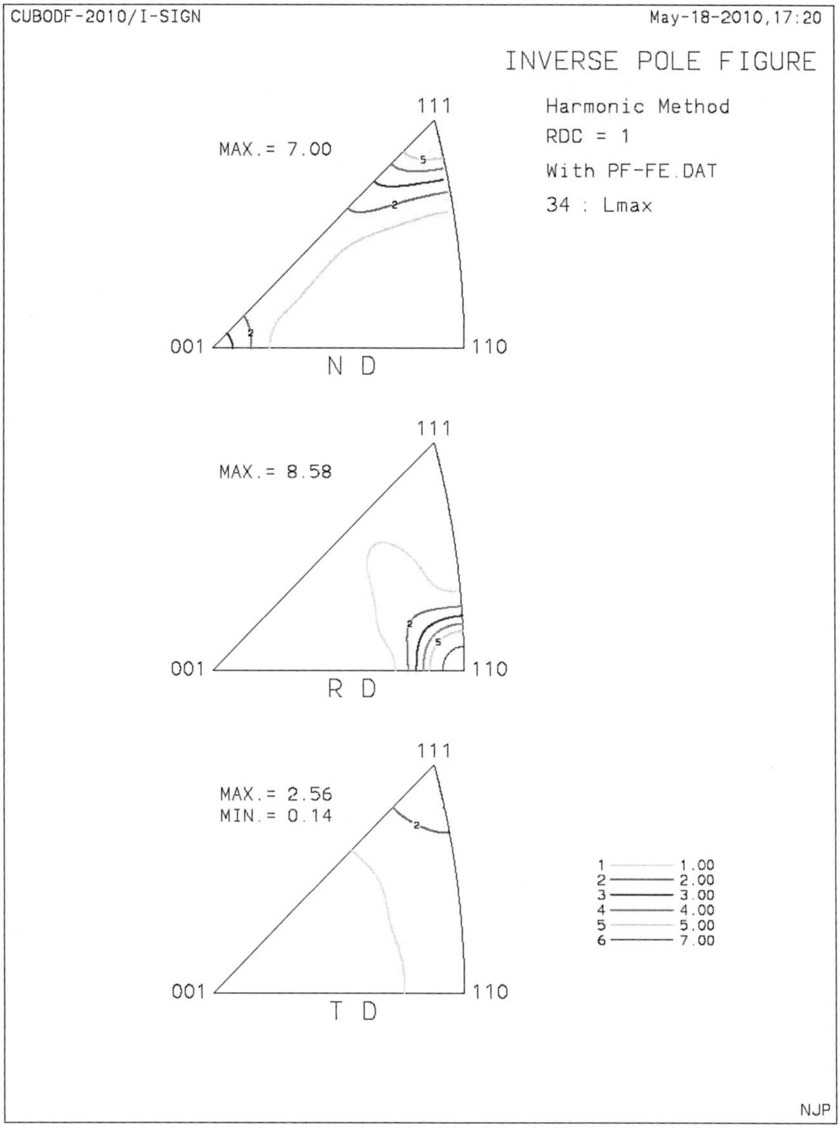

Even ODF, CUBODF

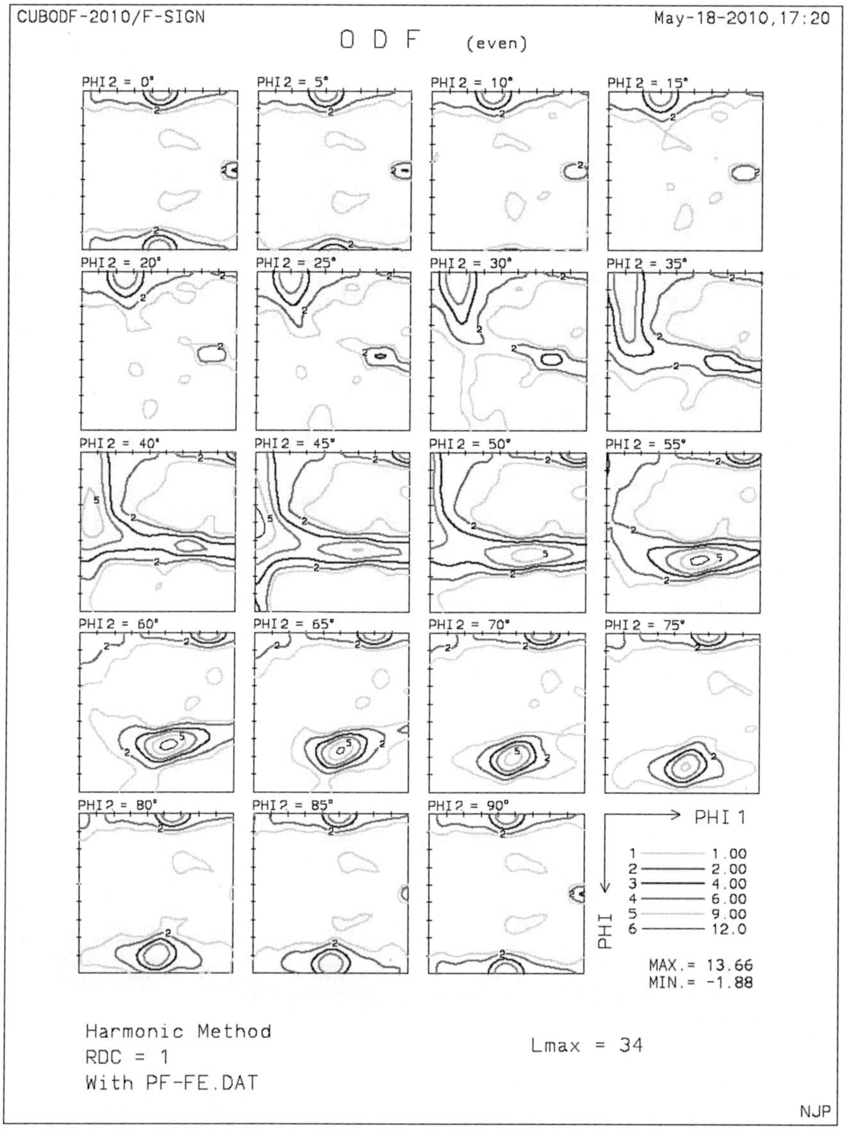

Complete ODF(orthorhombic sample symmetry), CUBODF

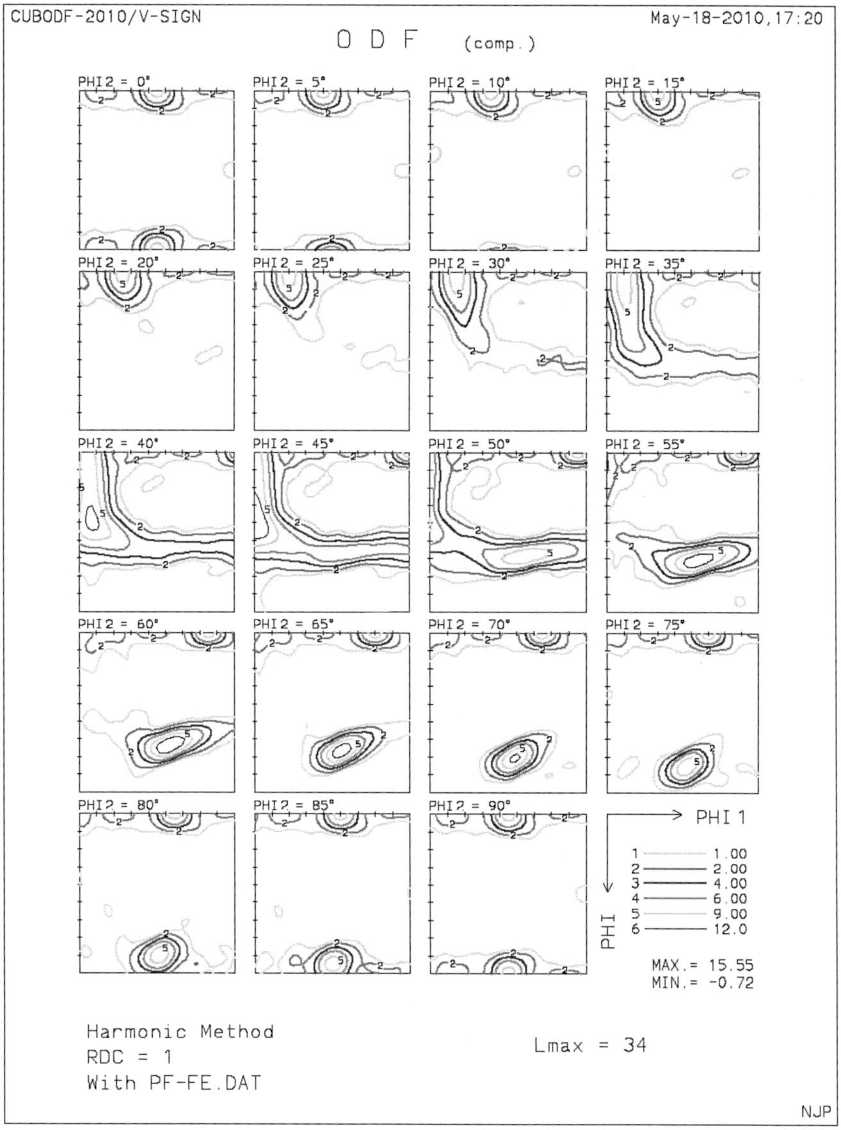

Complete ODF(triclinic sample symmetry), CUBODF

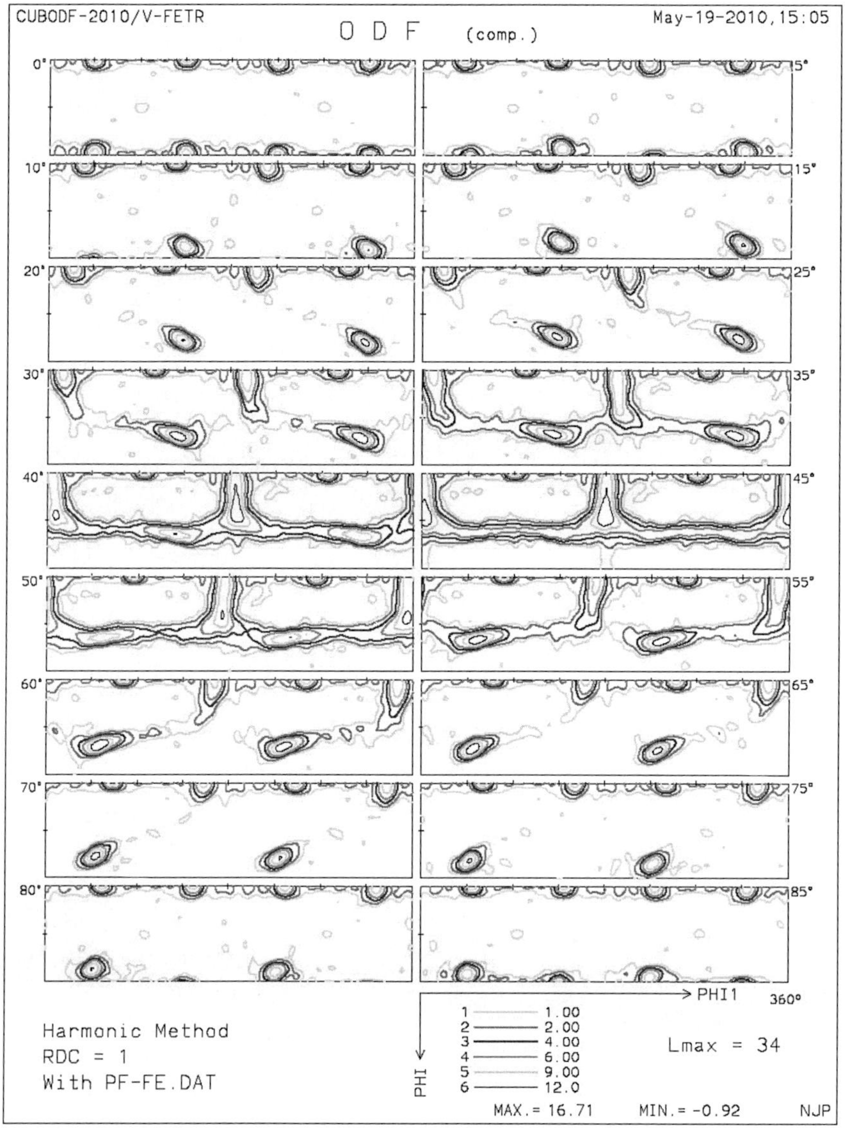

alpha(α)-, gamma(γ)-fiber에서의 ODF 강도

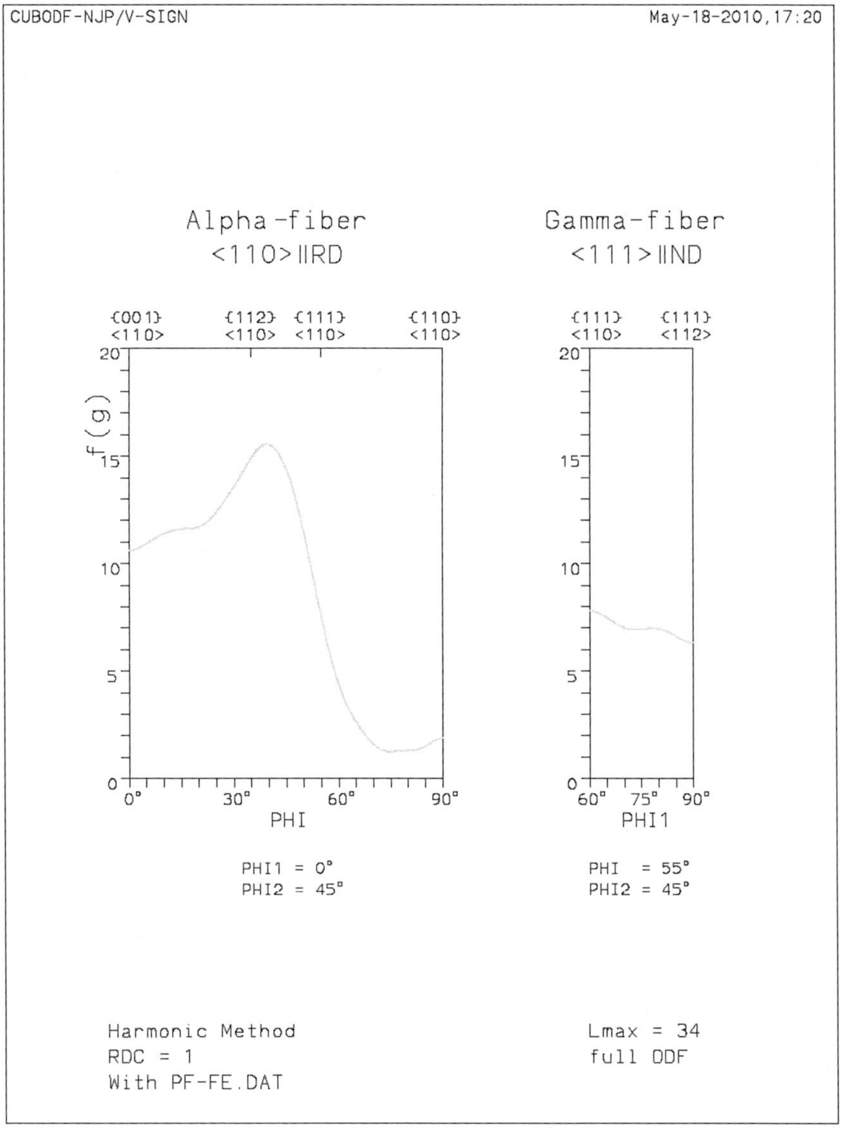

epsilon(ϵ)-, eta(η)-fiber에서의 ODF 강도

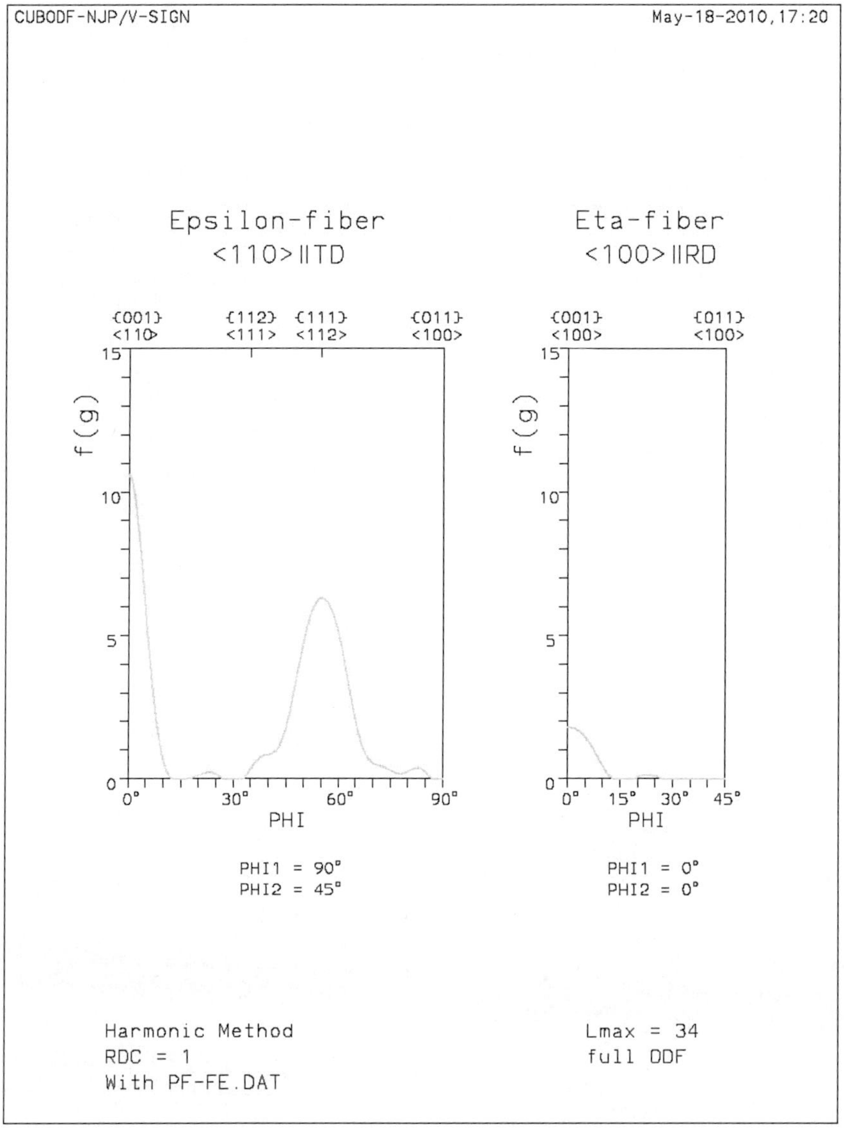

zeta(ζ)-, tau(τ)-fiber에서의 ODF 강도

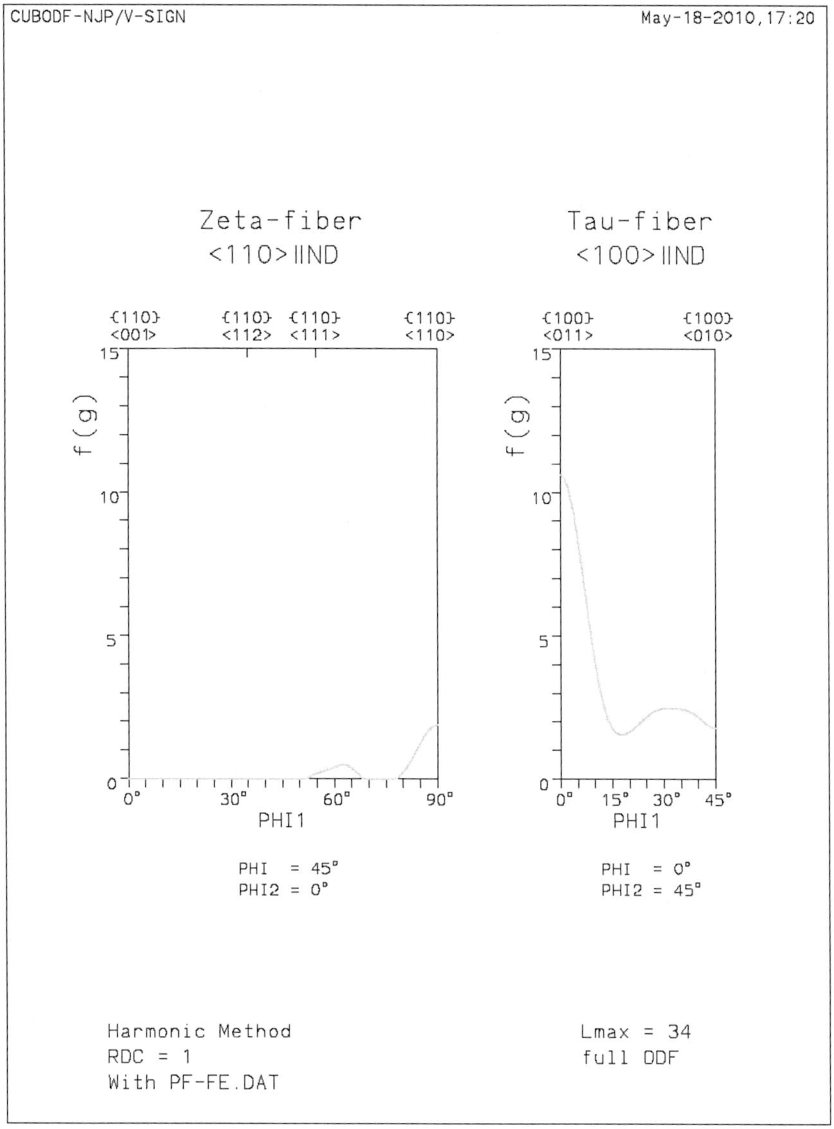

beta(β)-fiber에서의 ODF 강도와 Euler angle 위치

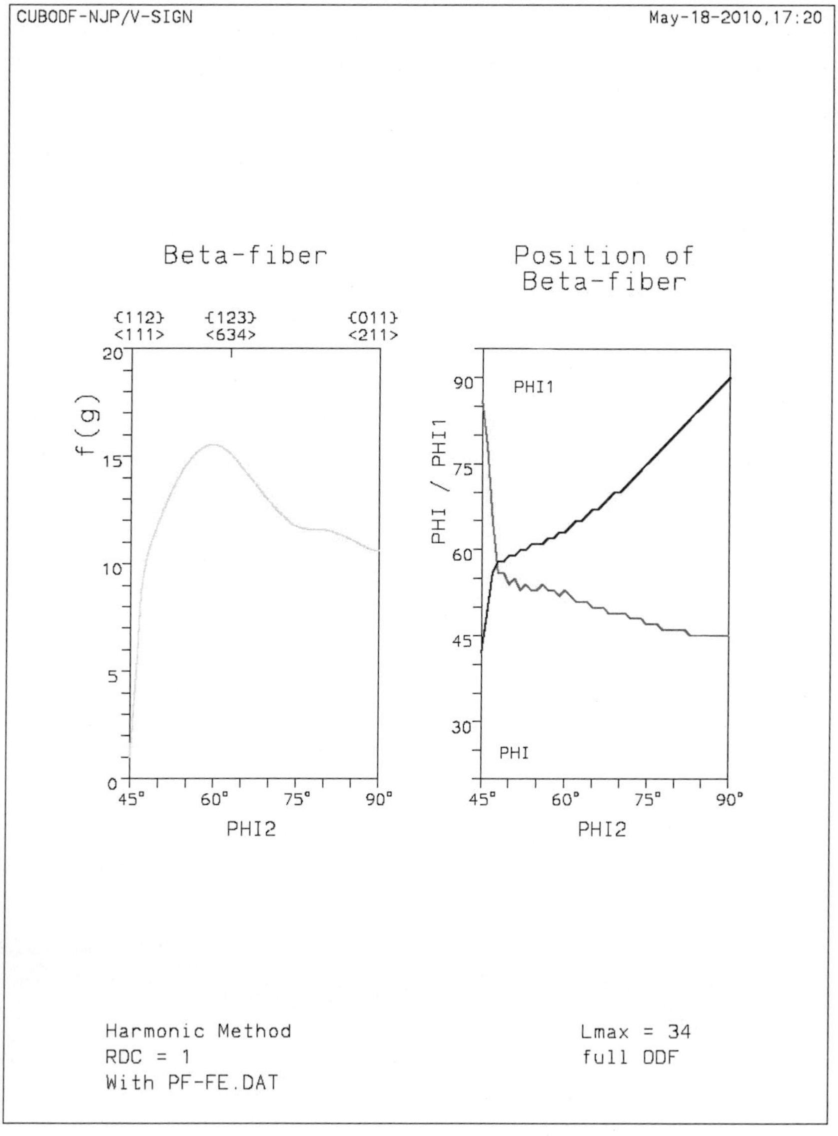

측정극점도(experimental pole figure), HEXODF

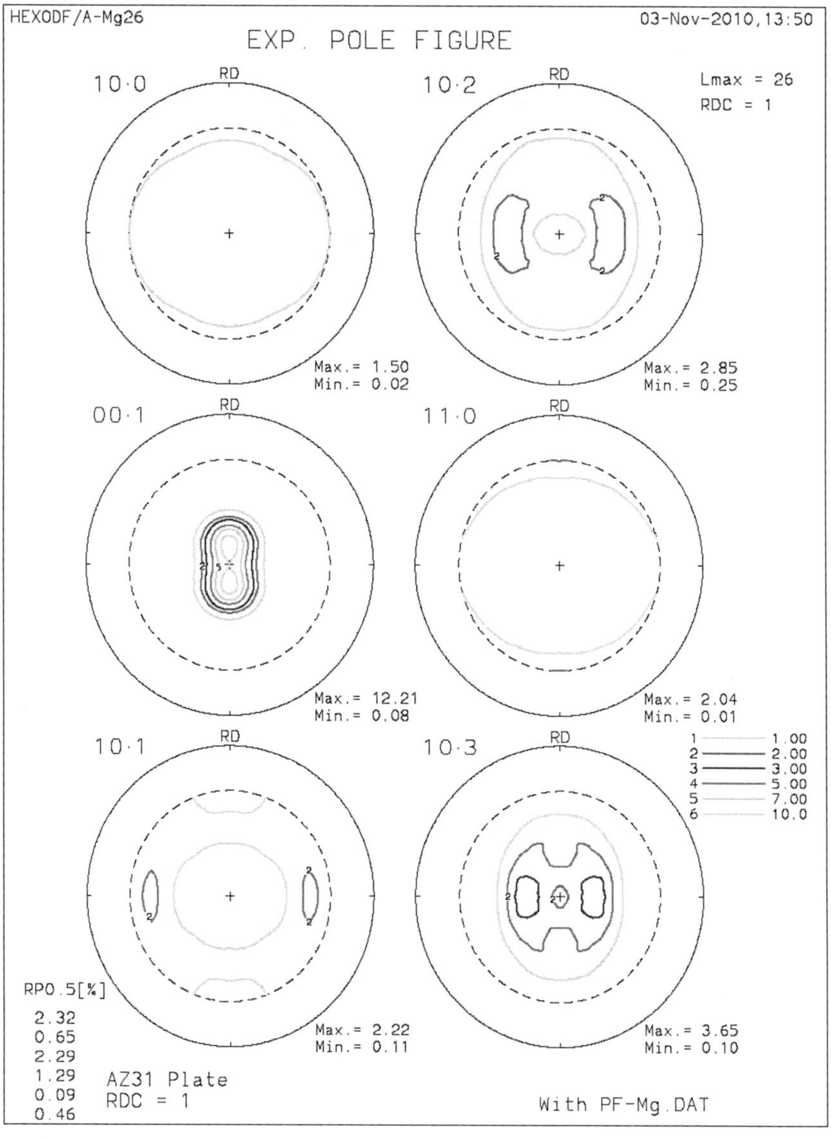

$|\overline{C_l^{\mu\nu}}|, |\overline{\Delta C_l^{\mu\nu}}|$, HEXODF

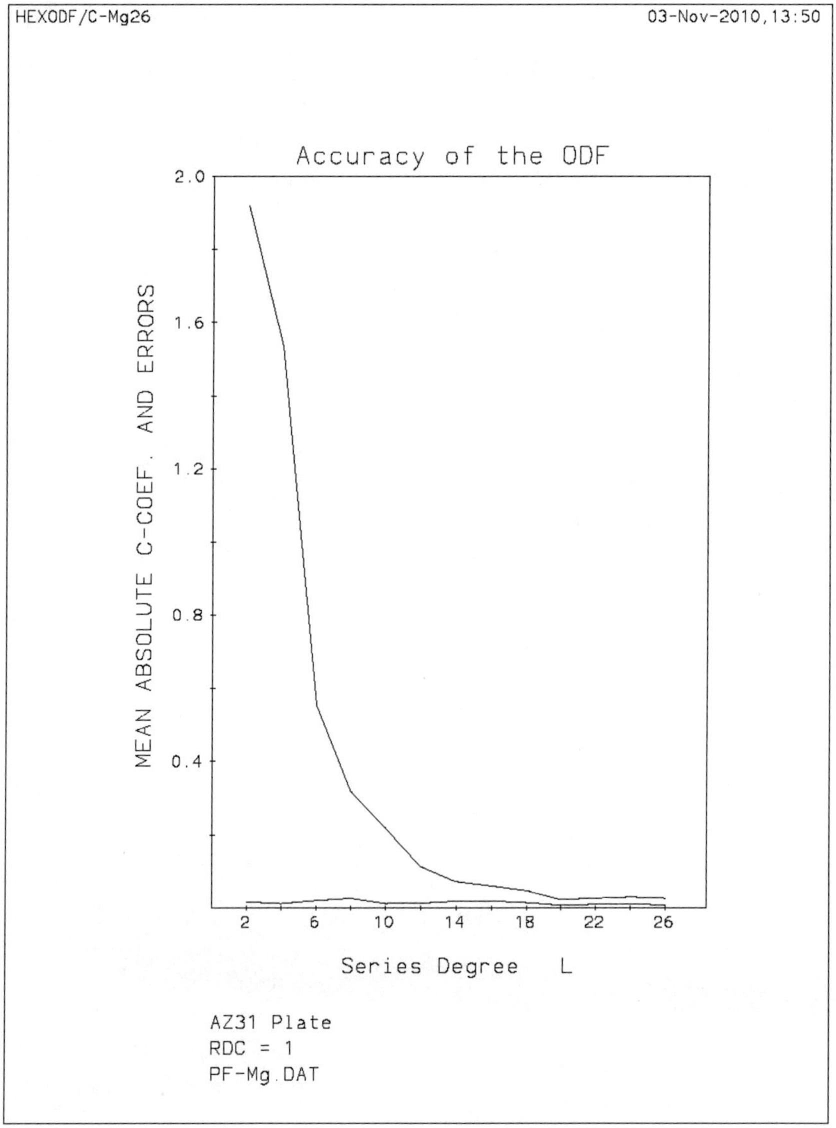

계산극점도(calculated pole figure), HEXODF

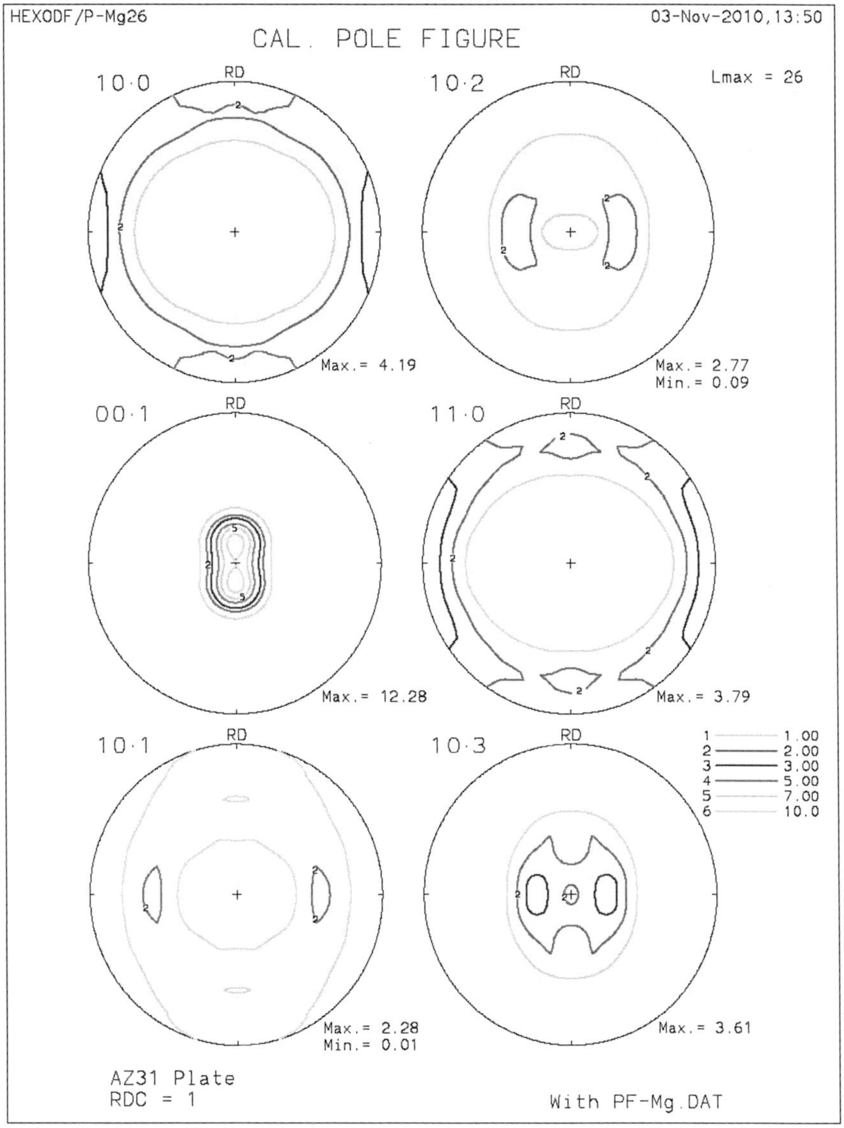

역극점도(inverse pole figure), HEXODF

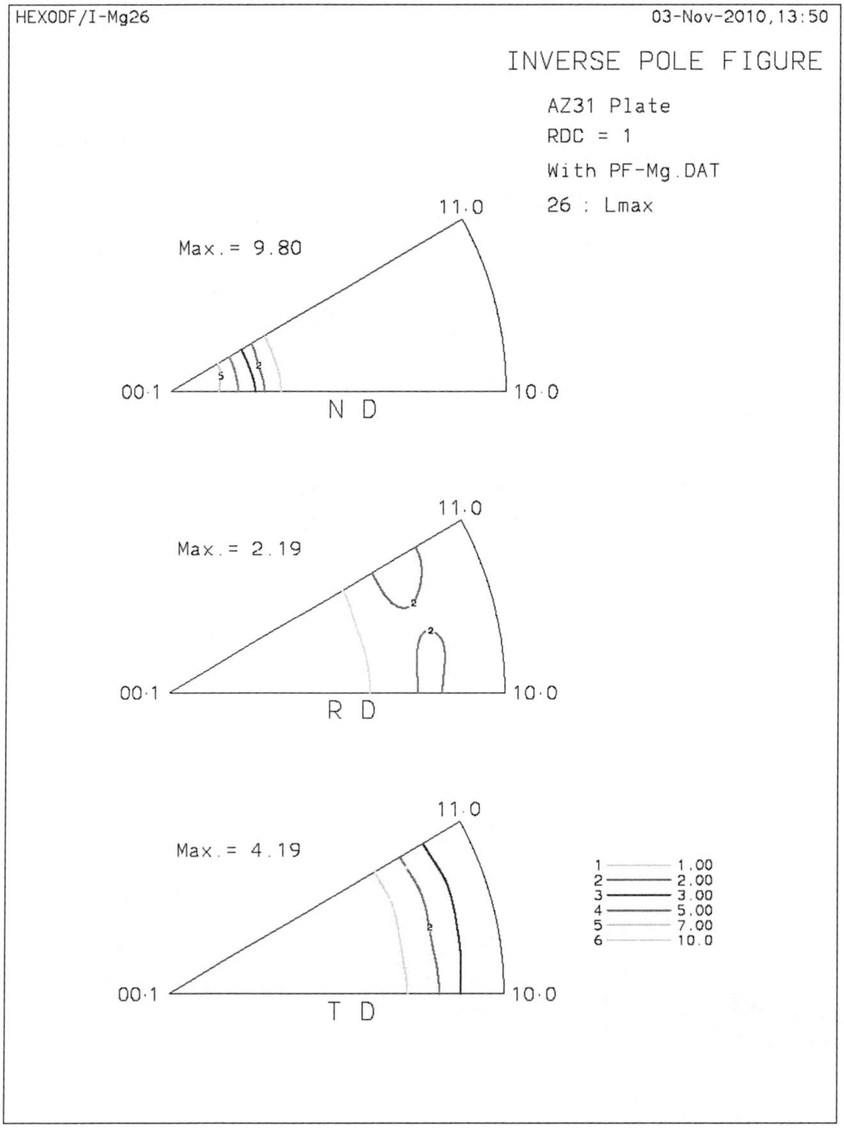

Even ODF, HEXODF

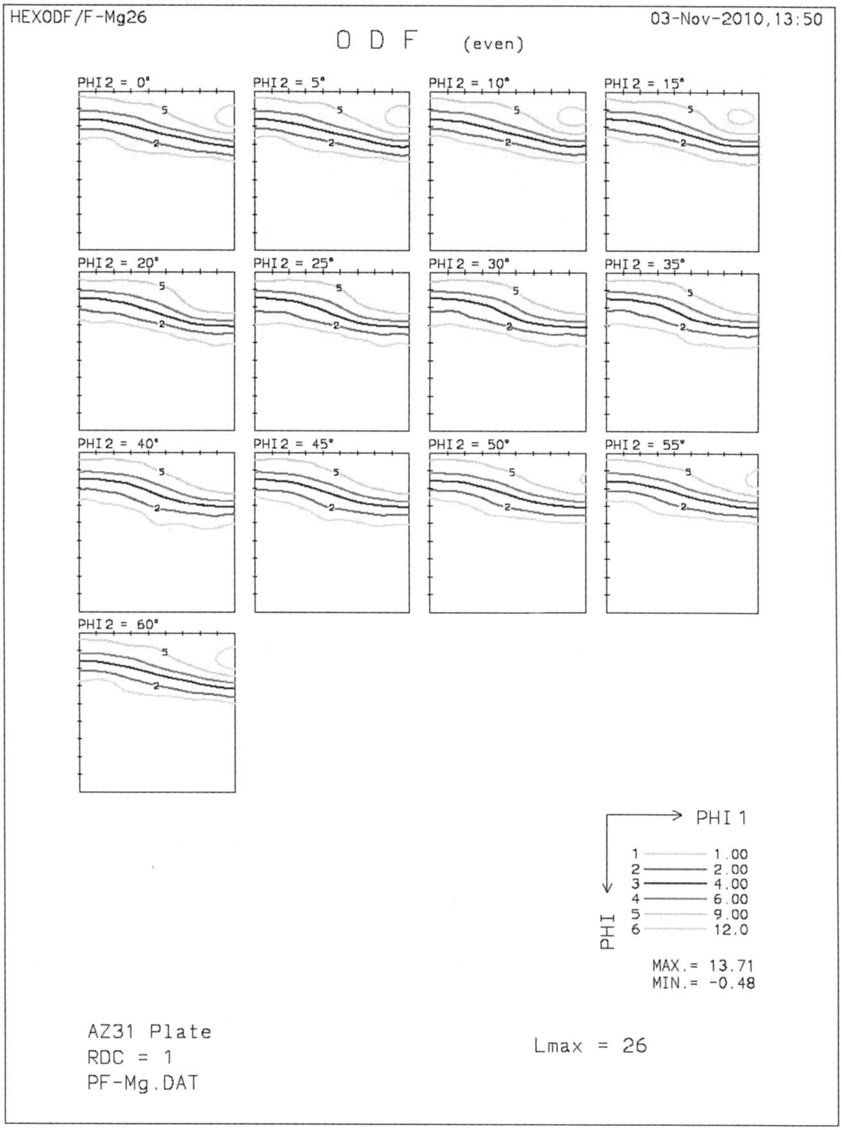

Complete ODF(orthorhombic sample symmetry), HEXODF

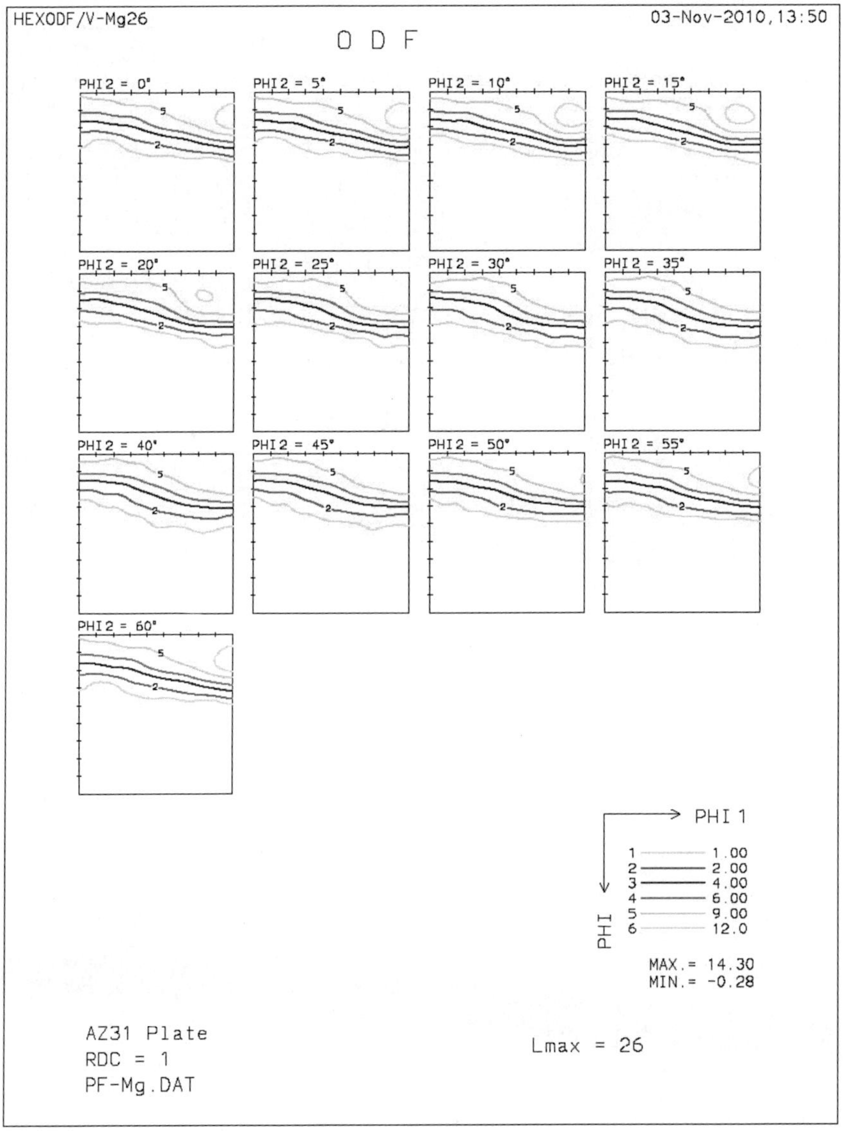

****

PROGRAM CUBODF-2010

Win CUBODF
Harmonic Method

Maximum Degree of Series Expansion (Lmax) = 22

****

ODF ANALYSIS WITH 3 POLE FIGURES

ARMCO-Fe
Test data measured by CLZ

FILE-NAME OF INPUTTED MEASURED POLE FIGURES : PF-Fe.DAT

** Measured with Discontinuous Scanning

** Correction of Reference Direction = 1 steps

1. PF: (110) Tilting from 5.0 to 70.0 Step 5.0 / Step of Rotation = 3.6
2. PF: (200) Tilting from 5.0 to 70.0 Step 5.0 / Step of Rotation = 3.6
3. PF: (211) Tilting from 5.0 to 70.0 Step 5.0 / Step of Rotation = 3.6

			NORMALIZATION FACTOR	N(HKL)	
TIME	STEP	TEXTUR INDEX	110	200	211
11: 4:57	0	4.2108	5164.055	669.304	1327.924
11: 4:58	10	4.5267	5136.901	666.581	1307.015
11: 4:58	20	4.6247	5139.505	665.878	1305.745
11: 4:58	30	4.6682	5139.802	665.858	1305.418
11: 4:58	40	4.6956	5140.185	665.867	1305.415
11: 4:59	50	4.7151	5140.589	665.858	1305.454
11: 4:59	60	4.7289	5140.863	665.850	1305.525
11: 4:59	66	4.7354	5141.031	665.842	1305.559

EXPERIMENTAL F-COEF. AND INTENSITY OF MEASURED POLE FIGURE (110)

	0	2	4	6	8	10	12	14	16	18	20	22
2	0.005599	0.014068										
4	0.132306	0.124168	0.345985									
6	-2.097777	1.557768	-0.366395	0.385607								
8	0.353105	-0.082085	0.564352	-0.265069	0.410719							

```
10  0.025618 -0.042372 -0.006895 -0.006464  0.005005  0.004922
12  0.907091 -1.022977  0.536724 -0.169885  0.377417 -0.328624  0.306264
14 -0.165273  0.222276 -0.253848  0.212368 -0.124444  0.059370 -0.023005  0.058978
16 -0.070949  0.011832  0.026237  0.003243  0.065347 -0.041705  0.069965 -0.076170  0.137836
18 -0.341587  0.479488 -0.321133  0.166295 -0.150943  0.158750 -0.092513  0.054754 -0.060774  0.046774
20  0.056121 -0.104392  0.098331 -0.081859  0.076128 -0.043882  0.032865 -0.038221  0.048479 -0.047083  0.070492
22  0.039312 -0.044829  0.020620 -0.014719 -0.006086  0.013452  0.001783  0.005675  0.002637 -0.007450  0.007640  0.044650

      0.0  3.6  7.2  10.8 14.4 18.0 21.6 25.2 28.8 32.4 36.0 39.6 43.2 46.8 50.4 54.0 57.6 61.2 64.8 68.4
     72.0 75.6 79.2 82.8 86.4 90.0
 0.0 0.05 0.05 0.05 0.05 0.05 0.05 0.05 0.05 0.05 0.05 0.05 0.05 0.05 0.05 0.05 0.05 0.05 0.05 0.05 0.05
     0.05 0.05 0.05 0.05 0.05 0.05
 5.0 0.06 0.06 0.06 0.05 0.05 0.06 0.05 0.06 0.07 0.06 0.06 0.06 0.06 0.06 0.06 0.05 0.07 0.06 0.06 0.06
     0.06 0.06 0.06 0.06 0.06 0.07
10.0 0.07 0.07 0.07 0.08 0.08 0.06 0.07 0.08 0.08 0.08 0.07 0.07 0.07 0.08 0.08 0.08 0.08 0.08 0.08 0.09
     0.08 0.08 0.08 0.08 0.09 0.09
15.0 0.14 0.13 0.14 0.13 0.14 0.13 0.13 0.13 0.13 0.13 0.12 0.13 0.13 0.13 0.12 0.12 0.12 0.13 0.13 0.12
     0.12 0.12 0.13 0.13 0.13 0.13
20.0 0.47 0.47 0.46 0.45 0.43 0.40 0.38 0.37 0.35 0.33 0.31 0.30 0.30 0.28 0.26 0.26 0.24 0.25 0.24 0.24
     0.22 0.23 0.23 0.22 0.23 0.22
25.0 2.22 2.16 2.09 1.95 1.77 1.58 1.40 1.24 1.09 0.96 0.89 0.79 0.73 0.66 0.60 0.57 0.53 0.50 0.48 0.46
     0.45 0.43 0.43 0.42 0.42 0.42
30.0 5.27 5.16 5.09 4.80 4.42 3.96 3.52 3.07 2.59 2.19 1.81 1.58 1.39 1.23 1.11 1.02 0.94 0.88 0.84 0.80
     0.76 0.75 0.74 0.73 0.73 0.71
35.0 4.18 4.12 4.02 3.95 3.85 3.72 3.64 3.58 3.35 3.02 2.58 2.21 1.89 1.60 1.43 1.32 1.22 1.19 1.14 1.12
     1.10 1.10 1.11 1.11 1.12 1.12
40.0 1.78 1.79 1.80 1.75 1.66 1.62 1.69 1.80 1.95 2.11 2.24 2.17 2.00 1.69 1.44 1.27 1.17 1.14 1.14 1.14
     1.21 1.28 1.37 1.43 1.51 1.49
45.0 0.63 0.61 0.61 0.63 0.64 0.66 0.68 0.74 0.84 1.01 1.20 1.43 1.59 1.54 1.35 1.17 0.99 0.93 0.91 0.94
     1.02 1.16 1.35 1.52 1.66 1.70
50.0 0.21 0.20 0.22 0.24 0.26 0.28 0.32 0.36 0.43 0.51 0.66 0.85 1.07 1.24 1.26 1.13 0.92 0.78 0.71 0.70
     0.76 0.90 1.10 1.36 1.59 1.69
55.0 0.10 0.09 0.11 0.12 0.12 0.15 0.17 0.22 0.26 0.31 0.39 0.53 0.72 0.91 1.07 1.07 0.91 0.75 0.61 0.55
     0.55 0.65 0.83 1.09 1.40 1.52
60.0 0.07 0.07 0.08 0.08 0.08 0.09 0.11 0.14 0.17 0.21 0.28 0.37 0.50 0.71 0.90 1.02 0.95 0.80 0.63 0.51
     0.46 0.51 0.64 0.86 1.16 1.32
65.0 0.04 0.05 0.05 0.06 0.07 0.07 0.09 0.11 0.14 0.17 0.21 0.29 0.39 0.56 0.75 0.92 0.95 0.84 0.67 0.54
     0.46 0.45 0.53 0.71 0.96 1.09
70.0 0.07 0.08 0.08 0.07 0.08 0.09 0.10 0.13 0.16 0.19 0.23 0.28 0.39 0.53 0.70 0.87 0.94 0.88 0.76 0.62
     0.53 0.50 0.54 0.66 0.87 0.96


EXPERIMENTAL F-COEF. AND INTENSITY OF MEASURED POLE FIGURE (200)

      0        2        4        6        8       10       12       14       16       18       20       22
2  0.030131  0.007667
4 -0.674495 -0.548962 -1.311927
6  1.224979 -0.983142  0.234946 -0.231349
```

```
 8  0.538573 -0.136969  1.037061 -0.452018  0.710678
10 -0.350002  0.092158 -0.040213  0.107251  0.007215  0.038112
12  0.484450 -0.461320 -0.110383 -0.050046 -0.237713  0.314199 -0.345837
14  0.280889 -0.271857  0.367380 -0.317419  0.174775 -0.099716  0.007623 -0.078086
16 -0.106265  0.019689  0.088745 -0.015060  0.157586 -0.128396  0.122103 -0.143900  0.242048
18  0.176175 -0.152743 -0.059542  0.077371 -0.062745  0.101724 -0.058152  0.030091 -0.008429  0.072642
20  0.107306 -0.160178  0.172535 -0.157870  0.017311 -0.023108 -0.042432  0.076498 -0.083163  0.113054 -0.052641
22  0.003083 -0.035915  0.040058 -0.041480  0.096289 -0.081666  0.084462 -0.074313  0.060035 -0.047515  0.004114 -0.107856

      0.0  3.6  7.2 10.8 14.4 18.0 21.6 25.2 28.8 32.4 36.0 39.6 43.2 46.8 50.4 54.0 57.6 61.2 64.8 68.4
     72.0 75.6 79.2 82.8 86.4 90.0
 0.0 3.38 3.38 3.38 3.38 3.38 3.38 3.38 3.38 3.38 3.38 3.38 3.38 3.38 3.38 3.38 3.38 3.38 3.38 3.38 3.38
     3.38 3.38 3.38 3.38 3.38 3.38
 5.0 1.96 1.90 1.91 1.89 1.91 2.03 2.06 2.12 2.27 2.32 2.37 2.55 2.60 2.75 2.85 2.88 3.12 3.16 3.30 3.32
     3.49 3.63 3.60 3.68 3.72 3.68
10.0 0.41 0.43 0.52 0.48 0.52 0.51 0.55 0.61 0.69 0.76 0.84 0.92 1.07 1.18 1.30 1.41 1.64 1.89 2.13 2.30
     2.53 2.71 2.94 3.06 3.17 2.95
15.0 0.17 0.14 0.17 0.23 0.18 0.20 0.21 0.21 0.28 0.26 0.32 0.36 0.49 0.56 0.61 0.75 0.88 1.05 1.30 1.49
     1.75 2.01 2.30 2.47 2.61 2.58
20.0 0.14 0.11 0.11 0.11 0.10 0.09 0.14 0.16 0.16 0.15 0.18 0.19 0.25 0.33 0.38 0.45 0.55 0.68 0.91 1.05
     1.33 1.57 1.89 2.10 2.23 2.31
25.0 0.10 0.05 0.07 0.06 0.12 0.09 0.06 0.14 0.13 0.11 0.10 0.12 0.19 0.17 0.20 0.32 0.41 0.54 0.72 0.84
     1.09 1.32 1.64 1.90 2.14 2.20
30.0 0.11 0.12 0.12 0.14 0.07 0.08 0.08 0.12 0.11 0.11 0.12 0.14 0.16 0.22 0.19 0.28 0.34 0.51 0.62 0.84
     1.08 1.35 1.59 1.84 2.12 2.12
35.0 0.20 0.15 0.20 0.14 0.15 0.10 0.13 0.14 0.10 0.10 0.15 0.12 0.17 0.19 0.30 0.29 0.37 0.57 0.72 0.90
     1.17 1.39 1.71 1.94 2.18 2.21
40.0 0.29 0.32 0.30 0.33 0.22 0.25 0.23 0.21 0.20 0.20 0.24 0.20 0.24 0.25 0.31 0.41 0.52 0.72 0.86 1.11
     1.31 1.56 1.94 2.10 2.26 2.25
45.0 0.71 0.74 0.74 0.73 0.69 0.55 0.54 0.52 0.44 0.43 0.44 0.38 0.49 0.47 0.56 0.68 0.78 1.01 1.20 1.38
     1.50 1.81 2.00 2.08 2.11 2.19
50.0 1.51 1.60 1.62 1.61 1.51 1.47 1.39 1.29 1.11 1.01 0.98 0.91 0.96 0.99 1.06 1.18 1.27 1.47 1.51 1.63
     1.65 1.74 1.81 1.81 1.81 1.71
55.0 1.84 1.85 1.92 2.04 2.31 2.41 2.74 2.76 2.67 2.46 2.14 2.04 2.04 1.78 1.70 1.70 1.66 1.64 1.58 1.53
     1.53 1.42 1.31 1.23 1.25 1.24
60.0 1.10 1.11 1.21 1.29 1.45 1.70 2.15 2.83 3.44 3.73 3.73 3.39 3.00 2.37 2.09 1.79 1.54 1.37 1.21 1.10
     0.90 0.92 0.86 0.73 0.73 0.74
65.0 0.45 0.45 0.48 0.52 0.61 0.68 0.93 1.28 1.88 2.72 3.46 3.66 3.36 2.49 1.85 1.48 1.14 0.92 0.74 0.53
     0.55 0.49 0.44 0.40 0.42 0.48
70.0 0.23 0.19 0.20 0.22 0.24 0.29 0.41 0.53 0.84 1.33 2.10 2.84 2.93 2.20 1.55 1.05 0.79 0.58 0.50 0.40
     0.30 0.33 0.28 0.25 0.23 0.16


   EXPERIMENTAL F-COEF. AND INTENSITY OF MEASURED POLE FIGURE (211)

        0         2         4         6         8        10        12        14        16        18        20        22
 2  0.069503 -0.017348
 4  0.218955  0.109111  0.329651
```

```
 6  0.645722 -0.511504  0.114727 -0.120562
 8 -0.183426  0.046409 -0.429743  0.187864 -0.283761
10 -0.269469  0.077383 -0.043748  0.095044  0.004390  0.040553
12  0.461558 -0.493744  0.121681 -0.059423 -0.001105  0.047557 -0.042619
14 -0.213045  0.244662 -0.334462  0.293710 -0.164729  0.080184 -0.006413  0.070972
16  0.019779 -0.035334  0.028624 -0.022739  0.033264 -0.021289  0.034535 -0.018387  0.038437
18  0.270625 -0.339192  0.280346 -0.181455  0.145523 -0.143367  0.099947 -0.058907  0.042450 -0.038659
20  0.012384 -0.027064  0.024091 -0.025067  0.026204 -0.017449  0.019194 -0.017635  0.010933 -0.005883  0.020574
22  0.023228 -0.065700  0.095827 -0.099797  0.127747 -0.127375  0.106074 -0.076289  0.048488 -0.036887  0.007879 -0.083011

      0.0  3.6  7.2 10.8 14.4 18.0 21.6 25.2 28.8 32.4 36.0 39.6 43.2 46.8 50.4 54.0 57.6 61.2 64.8 68.4
     72.0 75.6 79.2 82.8 86.4 90.0
 0.0 2.18 2.18 2.18 2.18 2.18 2.18 2.18 2.18 2.18 2.18 2.18 2.18 2.18 2.18 2.18 2.18 2.18 2.18 2.18 2.18
     2.18 2.18 2.18 2.18 2.18 2.18
 5.0 1.44 1.45 1.43 1.45 1.48 1.50 1.54 1.54 1.64 1.69 1.70 1.80 1.81 1.86 1.90 1.98 2.05 2.15 2.24 2.27
     2.28 2.37 2.46 2.45 2.48 2.53
10.0 0.77 0.81 0.83 0.82 0.84 0.83 0.88 0.85 0.89 0.93 0.98 1.00 1.07 1.12 1.18 1.29 1.39 1.51 1.60 1.79
     1.97 2.11 2.23 2.31 2.44 2.43
15.0 1.04 1.00 1.01 1.04 1.02 1.08 1.07 1.07 1.08 1.08 1.07 1.06 1.04 1.09 1.07 1.07 1.13 1.16 1.27 1.37
     1.48 1.70 1.88 2.04 2.16 2.15
20.0 1.03 1.01 1.05 1.07 1.09 1.16 1.29 1.37 1.45 1.51 1.62 1.62 1.58 1.50 1.44 1.30 1.21 1.15 1.16 1.15
     1.16 1.27 1.41 1.60 1.68 1.72
25.0 0.52 0.54 0.57 0.61 0.63 0.67 0.75 0.84 1.00 1.16 1.34 1.54 1.76 1.93 1.89 1.76 1.46 1.30 1.07 0.96
     0.91 0.91 1.01 1.14 1.25 1.31
30.0 0.46 0.42 0.40 0.40 0.40 0.42 0.44 0.45 0.48 0.52 0.61 0.75 1.00 1.30 1.64 1.82 1.72 1.46 1.09 0.86
     0.74 0.69 0.73 0.82 0.92 0.93
35.0 1.03 0.97 1.00 0.95 0.88 0.83 0.75 0.67 0.62 0.54 0.51 0.47 0.54 0.65 0.84 1.20 1.44 1.47 1.20 0.87
     0.64 0.58 0.56 0.64 0.74 0.74
40.0 0.71 0.70 0.70 0.75 0.76 0.83 0.86 0.88 0.84 0.75 0.66 0.58 0.54 0.51 0.57 0.71 0.99 1.25 1.23 0.95
     0.69 0.54 0.54 0.58 0.65 0.70
45.0 0.26 0.28 0.28 0.33 0.39 0.46 0.55 0.68 0.78 0.84 0.82 0.73 0.71 0.67 0.62 0.62 0.71 0.94 1.10 1.05
     0.78 0.60 0.56 0.58 0.64 0.71
50.0 0.26 0.26 0.31 0.35 0.43 0.49 0.58 0.67 0.76 0.86 0.91 0.93 0.86 0.81 0.80 0.75 0.75 0.91 1.02 1.08
     0.90 0.72 0.67 0.64 0.72 0.74
55.0 1.30 1.32 1.24 1.18 1.08 1.03 1.05 1.06 1.05 1.05 1.06 1.01 0.98 0.94 0.90 0.87 0.91 0.96 1.09 1.20
     1.12 0.96 0.86 0.84 0.88 0.91
60.0 3.81 3.70 3.34 2.83 2.37 1.91 1.65 1.46 1.30 1.18 1.12 1.03 0.98 0.94 0.93 0.91 0.95 1.00 1.12 1.23
     1.27 1.18 1.08 1.09 1.13 1.11
65.0 2.26 2.28 2.39 2.45 2.41 2.15 1.84 1.54 1.30 1.08 0.94 0.87 0.87 0.86 0.85 0.81 0.86 0.97 1.10 1.26
     1.31 1.32 1.28 1.24 1.26 1.33
70.0 0.71 0.72 0.80 0.97 1.11 1.28 1.34 1.26 1.07 0.89 0.76 0.64 0.64 0.64 0.61 0.65 0.75 0.87 0.99 1.14
     1.28 1.28 1.24 1.24 1.25 1.29
```

C-COEFFICIENTS
****

NOTATIONS

C	THREE DIMENSIONAL FUNCTION COEFFICIENTS
DC	DISPERSIONS C
C-MEAN	MEAN VALUE OF C-COEFFICIENTS
DC-MEAN	MEAN VALUE OF DC-DISPERSIONS
CN	SUM OF SQUARE VALUES OF C-COEFFICIENTS DEVIDED BY 2*L+1, SEE TEXTURE INDEX

L = 4
C AND DC MATRICES

	1	
0	-0.751085	0.031650
2	-0.599805	0.015122
4	-1.459310	0.008953

C-MEAN 0.93673 DC-MEAN 0.01858 CN 0.33928

L = 6
C AND DC MATRICES

	1	
0	-3.643353	0.036772
2	2.769861	0.018106
4	-0.653382	0.005385
6	0.673632	0.004137

C-MEAN 1.93506 DC-MEAN 0.01610 CN 1.67899

L = 8
C AND DC MATRICES

	1	
0	0.887742	0.043705
2	-0.221872	0.007485
4	1.675362	0.017723
6	-0.742216	0.007927
8	1.157974	0.007471

C-MEAN 0.93703 DC-MEAN 0.01686 CN 0.32564

L = 10
C AND DC MATRICES

	1	
0	1.061340	0.018408
2	-0.297471	0.035166
4	0.136837	0.011123
6	-0.341106	0.007541
8	-0.024574	0.005180
10	-0.127563	0.009293

C-MEAN 0.33148 DC-MEAN 0.01445 CN 0.06509

```
L = 12
C AND DC MATRICES
              1                         2
   0    0.127846  0.016151     2.593351  0.016595
   2    0.004663  0.024505    -2.844173  0.025179
   4   -0.622776  0.013247     1.102457  0.013611
   6    0.052126  0.010522    -0.432680  0.010811
   8   -0.729581  0.019866     0.581612  0.020412
  10    0.825899  0.022976    -0.384376  0.023607
  12   -0.854699  0.005370     0.318815  0.005517
C-MEAN      0.81965       DC-MEAN      0.01631        CN      0.76628

L = 14
C AND DC MATRICES
              1
   0   -0.888958  0.032166
   2    0.980465  0.030331
   4   -1.276793  0.015847
   6    1.103912  0.020668
   8   -0.621256  0.010648
  10    0.323062  0.009280
  12   -0.043556  0.017185
  14    0.276982  0.004511
C-MEAN      0.68937       DC-MEAN      0.01758        CN      0.17825

L = 16
C AND DC MATRICES
              1                         2
   0   -0.148369  0.062791    -0.338388  0.063292
   2   -0.148020  0.050620     0.452440  0.051024
   4    0.289996  0.049481    -0.162519  0.049876
   6   -0.090332  0.040064     0.133640  0.040384
   8    0.445560  0.039587    -0.090008  0.039903
  10   -0.264624  0.038326    -0.124308  0.038632
  12    0.475259  0.018914    -0.320508  0.019065
  14   -0.395008  0.007250     0.020034  0.007308
  16    0.774276  0.005601    -0.261555  0.005646
C-MEAN      0.27416       DC-MEAN      0.03488        CN      0.05893

L = 18
C AND DC MATRICES
              1                         2
   0   -0.082297  0.188331    -1.405018  0.178269
   2   -0.149298  0.149243     1.775542  0.141269
   4    0.682172  0.136924    -0.991111  0.129609
   6   -0.539541  0.121897     0.478642  0.115384
   8    0.450888  0.076449    -0.427120  0.072364
```

10	−0.579050	0.047998	0.380791	0.045434
12	0.350669	0.059587	−0.242081	0.056404
14	−0.194167	0.036444	0.150300	0.034497
16	0.109428	0.006804	−0.180420	0.006440
18	−0.307853	0.009851	0.041055	0.009325

C-MEAN 0.47587 DC-MEAN 0.08113 CN 0.22628

L = 20

C AND DC MATRICES

	1		2	
0	0.080856	0.005520	0.426106	0.004828
2	−0.072673	0.012416	−0.712578	0.010859
4	0.113333	0.015710	0.705797	0.013739
6	−0.122212	0.022929	−0.607964	0.020053
8	−0.149401	0.010390	0.346405	0.009087
10	0.061162	0.010901	−0.224541	0.009534
12	−0.166185	0.017620	0.056647	0.015410
14	0.243998	0.010836	−0.010923	0.009477
16	−0.273097	0.008292	0.022303	0.007252
18	0.324587	0.018424	0.048545	0.016113
20	−0.266579	0.003356	0.169790	0.002935

C-MEAN 0.23662 DC-MEAN 0.01162 CN 0.05284

L = 22

C AND DC MATRICES

	1		2	
0	−0.044965	0.098981	0.084181	0.116201
2	0.219032	0.152277	−0.143094	0.178770
4	−0.388814	0.126363	0.319031	0.148348
6	0.383903	0.123343	−0.267044	0.144802
8	−0.590534	0.109381	0.288084	0.128411
10	0.574548	0.092083	−0.308487	0.108104
12	−0.463224	0.108359	0.170292	0.127211
14	0.336193	0.070681	−0.042209	0.082978
16	−0.182719	0.066461	−0.095073	0.078024
18	0.156144	0.063716	0.027778	0.074802
20	−0.056684	0.022555	0.095000	0.026480
22	0.361514	0.018051	0.201117	0.021192

C-MEAN 0.24165 DC-MEAN 0.09532 CN 0.04479

DISPERSIONS OF THE POLE FIGURES: (110) 0.03386 (R-VALUE)
(200) 0.00509
(211) 0.02743

DISPERSION OF THE WHOLE TEXTURE 0.02212

```
SUM OF CN:      TEXTURE INDEX J =          4.73637

RP-VALUE(%) OF POLE FIGURES        (HKL)    RP     RP0.5    RP1
                                    110   37.76    5.36    4.06
                                    200    5.65    2.61    2.32
                                    211    1.99    2.51    2.79


************************************************************************************************************

                                        PROGRAM POLF

************************************************************************************************************


  >> F-COEFFICIENTS  HKL = 110

        0         2         4         6         8        10        12        14        16        18        20        22
  4  0.169461  0.135329  0.329253
  6 -2.057988  1.564587 -0.369070  0.380509
  8  0.308288 -0.077050  0.581807 -0.257751  0.402132
 10  0.010556 -0.002959  0.001361 -0.003393 -0.000244 -0.001269
 12  0.907593 -1.027974  0.538201 -0.167955  0.374178 -0.324638  0.307447
 14 -0.179067  0.197499 -0.257190  0.222366 -0.125142  0.065076 -0.008774  0.055794
 16 -0.042554 -0.008904  0.048185 -0.011484  0.080815 -0.055546  0.076668 -0.074184  0.135972
 18 -0.383707  0.512156 -0.350331  0.191797 -0.167861  0.168709 -0.105376  0.062890 -0.062186  0.044601
 20  0.054032 -0.100348  0.092788 -0.075998  0.078291 -0.045049  0.035447 -0.040692  0.047129 -0.044223  0.069260
 22 -0.000752  0.017102 -0.027085  0.029157 -0.051027  0.048226 -0.042830  0.035181 -0.025062  0.018725 -0.001508  0.050240


  >> CALCULATED POLE FIGURE  HKL = 110

        0.0   3.6   7.2  10.8  14.4  18.0  21.6  25.2  28.8  32.4  36.0  39.6  43.2  46.8  50.4  54.0  57.6  61.2  64.8  68.4
       72.0  75.6  79.2  82.8  86.4  90.0
  0.0 -0.20 -0.20 -0.20 -0.20 -0.20 -0.20 -0.20 -0.20 -0.20 -0.20 -0.20 -0.20 -0.20 -0.20 -0.20 -0.20 -0.20 -0.20 -0.20 -0.20
      -0.20 -0.20 -0.20 -0.20 -0.20 -0.20
  5.0  0.11  0.11  0.11  0.11  0.10  0.09  0.08  0.07  0.06  0.05  0.03  0.02  0.00 -0.01 -0.03 -0.05 -0.07 -0.08 -0.10 -0.11
      -0.13 -0.14 -0.15 -0.15 -0.16 -0.16
 10.0  0.31  0.31  0.32  0.32  0.32  0.33  0.33  0.33  0.33  0.33  0.32  0.31  0.29  0.27  0.25  0.22  0.18  0.15  0.11  0.07
       0.04  0.00 -0.02 -0.04 -0.06 -0.06
 15.0 -0.05 -0.05 -0.04 -0.03 -0.01  0.02  0.05  0.08  0.12  0.15  0.19  0.23  0.27  0.29  0.31  0.32  0.31  0.30  0.27  0.23
       0.19  0.14  0.10  0.06  0.04  0.03
 20.0  0.46  0.45  0.43  0.39  0.34  0.29  0.24  0.19  0.16  0.14  0.14  0.15  0.18  0.22  0.26  0.30  0.34  0.36  0.37  0.35
       0.32  0.27  0.22  0.17  0.14  0.12
 25.0  2.75  2.72  2.62  2.46  2.26  2.03  1.78  1.53  1.29  1.07  0.88  0.72  0.60  0.52  0.48  0.48  0.50  0.53  0.55  0.56
```

```
      0.53  0.49  0.42  0.36  0.31  0.29
30.0  4.84  4.79  4.65  4.43  4.14  3.81  3.46  3.09  2.73  2.38  2.05  1.74  1.45  1.21  1.03  0.90  0.83  0.82  0.84  0.86
      0.86  0.83  0.78  0.71  0.65  0.63
35.0  4.28  4.24  4.15  4.00  3.82  3.62  3.41  3.20  2.98  2.76  2.53  2.28  2.01  1.73  1.47  1.26  1.11  1.05  1.05  1.10
      1.15  1.18  1.17  1.13  1.09  1.07
40.0  1.85  1.85  1.84  1.83  1.82  1.83  1.86  1.91  1.96  2.00  2.01  1.98  1.88  1.73  1.53  1.33  1.16  1.06  1.04  1.10
      1.21  1.32  1.40  1.44  1.46  1.46
45.0  0.37  0.37  0.37  0.38  0.41  0.48  0.58  0.71  0.87  1.05  1.22  1.35  1.42  1.42  1.35  1.21  1.05  0.92  0.85  0.88
      1.00  1.18  1.36  1.51  1.60  1.63
50.0  0.35  0.34  0.32  0.29  0.27  0.25  0.26  0.30  0.39  0.53  0.70  0.88  1.03  1.13  1.15  1.09  0.96  0.80  0.67  0.62
      0.69  0.87  1.11  1.35  1.52  1.58
55.0  0.19  0.20  0.21  0.23  0.25  0.26  0.25  0.24  0.25  0.31  0.42  0.58  0.76  0.92  1.02  1.03  0.95  0.79  0.62  0.49
      0.47  0.60  0.83  1.11  1.32  1.40
60.0 -0.18 -0.18 -0.16 -0.11 -0.03  0.06  0.13  0.17  0.19  0.21  0.26  0.37  0.54  0.73  0.90  0.98  0.97  0.85  0.68  0.52
      0.43  0.47  0.65  0.90  1.12  1.21
65.0  0.19  0.16  0.08  0.02  0.00  0.02  0.08  0.14  0.19  0.22  0.23  0.27  0.40  0.60  0.80  0.93  0.95  0.88  0.75  0.59
      0.47  0.45  0.57  0.78  0.98  1.06
70.0  0.35  0.32  0.26  0.21  0.17  0.13  0.10  0.13  0.20  0.27  0.29  0.30  0.40  0.59  0.81  0.96  1.00  0.96  0.85  0.71
      0.57  0.51  0.58  0.76  0.95  1.03
75.0 -0.35 -0.33 -0.25 -0.08  0.11  0.22  0.23  0.23  0.29  0.39  0.45  0.48  0.57  0.76  0.98  1.12  1.17  1.15  1.08  0.95
      0.79  0.70  0.75  0.92  1.10  1.17
80.0  0.87  0.76  0.57  0.52  0.64  0.78  0.79  0.74  0.75  0.81  0.85  0.87  0.93  1.06  1.21  1.30  1.33  1.34  1.30  1.20
      1.05  0.96  1.04  1.23  1.42  1.49
85.0  5.17  4.73  3.70  2.73  2.17  1.93  1.75  1.57  1.46  1.42  1.39  1.34  1.32  1.34  1.36  1.34  1.32  1.33  1.35  1.29
      1.18  1.15  1.29  1.54  1.76  1.84
90.0  7.84  7.20  5.67  4.13  3.11  2.58  2.26  2.00  1.83  1.74  1.66  1.57  1.49  1.46  1.41  1.32  1.27  1.28  1.32  1.28
      1.20  1.21  1.39  1.66  1.90  1.99

                                          PMAX =  7.84     PMIN =  -0.35


  >> F-COEFFICIENTS  HKL = 200

       0         2         4         6         8         10        12        14        16        18        20        22
  4 -0.677846 -0.541317 -1.317011
  6  1.266454 -0.962822  0.227120 -0.234159
  8  0.548068 -0.136978  1.034323 -0.458224  0.714902
 10 -0.337785  0.094674 -0.043550  0.108562  0.007821  0.040599
 12  0.487956 -0.467845 -0.107146 -0.047285 -0.242837  0.320179 -0.344393
 14  0.257534 -0.284044  0.369891 -0.319807  0.179980 -0.093592  0.012618 -0.080243
 16 -0.118949  0.028459  0.079053 -0.009165  0.151200 -0.122905  0.119469 -0.145175  0.243168
 18  0.161991 -0.142124 -0.068629  0.085055 -0.068345  0.104683 -0.062238  0.032822 -0.008848  0.071927
 20  0.106393 -0.157901  0.169635 -0.153992  0.017627 -0.022847 -0.042494  0.076041 -0.083206  0.113075 -0.053253
 22 -0.001132 -0.028505  0.042315 -0.047892  0.089303 -0.083292  0.077147 -0.066361  0.051105 -0.036859 -0.000010 -0.102771
```

```
>> CALCULATED POLE FIGURE  HKL = 200

       0.0  3.6  7.2 10.8 14.4 18.0 21.6 25.2 28.8 32.4 36.0 39.6 43.2 46.8 50.4 54.0 57.6 61.2 64.8 68.4
      72.0 75.6 79.2 82.8 86.4 90.0
 0.0  3.27 3.27 3.27 3.27 3.27 3.27 3.27 3.27 3.27 3.27 3.27 3.27 3.27 3.27 3.27 3.27 3.27 3.27 3.27 3.27
      3.27 3.27 3.27 3.27 3.27 3.27
 5.0  2.17 2.18 2.19 2.20 2.23 2.26 2.30 2.34 2.39 2.44 2.50 2.56 2.62 2.69 2.75 2.82 2.88 2.94 3.00 3.05
      3.10 3.13 3.17 3.19 3.20 3.21
10.0  0.49 0.49 0.51 0.53 0.57 0.62 0.67 0.74 0.83 0.92 1.03 1.16 1.29 1.44 1.60 1.76 1.93 2.11 2.28 2.44
      2.58 2.71 2.82 2.90 2.95 2.96
15.0  0.05 0.05 0.05 0.06 0.06 0.07 0.09 0.11 0.13 0.17 0.22 0.29 0.38 0.49 0.62 0.79 0.98 1.19 1.42 1.66
      1.89 2.11 2.30 2.44 2.54 2.57
20.0  0.17 0.17 0.17 0.17 0.18 0.18 0.18 0.18 0.18 0.18 0.18 0.18 0.19 0.22 0.26 0.34 0.46 0.61 0.82 1.06
      1.32 1.59 1.84 2.04 2.17 2.22
25.0  0.04 0.04 0.05 0.05 0.06 0.06 0.07 0.09 0.10 0.12 0.14 0.17 0.19 0.22 0.25 0.29 0.35 0.44 0.59 0.79
      1.04 1.32 1.60 1.84 2.01 2.07
30.0  0.07 0.07 0.06 0.06 0.05 0.03 0.01 0.00 -0.01 -0.02 0.00 0.03 0.08 0.14 0.21 0.28 0.37 0.47 0.59 0.77
      1.00 1.27 1.56 1.82 2.01 2.07
35.0  0.22 0.22 0.22 0.21 0.21 0.20 0.20 0.18 0.17 0.14 0.12 0.10 0.10 0.13 0.18 0.27 0.39 0.53 0.69 0.89
      1.12 1.38 1.67 1.93 2.11 2.18
40.0  0.27 0.27 0.25 0.23 0.21 0.20 0.21 0.23 0.27 0.30 0.32 0.32 0.31 0.30 0.31 0.37 0.49 0.66 0.87 1.10
      1.35 1.60 1.85 2.07 2.23 2.28
45.0  0.74 0.73 0.70 0.65 0.59 0.51 0.43 0.36 0.32 0.32 0.35 0.41 0.48 0.54 0.60 0.67 0.79 0.96 1.17 1.39
      1.60 1.79 1.94 2.06 2.14 2.17
50.0  1.60 1.61 1.62 1.63 1.63 1.60 1.52 1.38 1.21 1.04 0.91 0.86 0.89 0.98 1.08 1.19 1.29 1.40 1.51 1.61
      1.70 1.76 1.78 1.77 1.76 1.75
55.0  1.81 1.83 1.90 2.02 2.18 2.39 2.58 2.71 2.73 2.61 2.40 2.14 1.92 1.77 1.70 1.69 1.68 1.64 1.58 1.52
      1.47 1.42 1.37 1.30 1.23 1.21
60.0  1.13 1.14 1.20 1.30 1.49 1.80 2.23 2.74 3.23 3.58 3.67 3.46 3.01 2.48 2.05 1.76 1.59 1.42 1.25 1.08
      0.97 0.91 0.87 0.82 0.76 0.74
65.0  0.43 0.44 0.46 0.48 0.55 0.70 0.98 1.45 2.11 2.86 3.45 3.63 3.29 2.60 1.90 1.40 1.14 0.96 0.79 0.63
      0.53 0.50 0.49 0.47 0.43 0.41
70.0  0.23 0.23 0.22 0.23 0.26 0.30 0.34 0.43 0.74 1.40 2.24 2.85 2.87 2.34 1.62 1.07 0.79 0.65 0.52 0.40
      0.33 0.31 0.31 0.30 0.28 0.28
75.0  0.30 0.27 0.19 0.16 0.24 0.40 0.47 0.37 0.30 0.60 1.35 2.15 2.49 2.21 1.60 1.06 0.74 0.56 0.42 0.31
      0.26 0.24 0.25 0.28 0.33 0.36
80.0  0.34 0.31 0.23 0.14 0.18 0.40 0.61 0.58 0.40 0.48 1.05 1.85 2.31 2.19 1.70 1.18 0.81 0.55 0.37 0.28
      0.26 0.23 0.22 0.29 0.43 0.51
85.0  0.26 0.32 0.41 0.37 0.30 0.37 0.53 0.53 0.38 0.40 0.88 1.61 2.09 2.06 1.67 1.22 0.85 0.57 0.40 0.36
      0.36 0.28 0.21 0.27 0.47 0.58
90.0  0.19 0.32 0.53 0.56 0.44 0.39 0.46 0.44 0.29 0.31 0.76 1.47 1.95 1.95 1.61 1.20 0.85 0.59 0.44 0.43
      0.43 0.33 0.21 0.26 0.46 0.58

                                        PMAX =  3.67      PMIN =  -0.02
```

>> F-COEFFICIENTS HKL = 211

	0	2	4	6	8	10	12	14	16	18	20	22
4	0.169461	0.135329	0.329253									
6	0.650817	-0.494784	0.116715	-0.120332								
8	-0.219481	0.054854	-0.414208	0.183502	-0.286292							
10	-0.273278	0.076594	-0.035233	0.087829	0.006327	0.032846						
12	0.450548	-0.477215	0.112503	-0.066597	0.012546	0.031827	-0.046201					
14	-0.224059	0.247123	-0.321812	0.278238	-0.156586	0.081427	-0.010978	0.069812				
16	0.004368	-0.018664	0.015472	-0.007239	0.019119	-0.006175	0.026935	-0.015208	0.036288			
18	0.200457	-0.283114	0.228470	-0.135048	0.116915	-0.125060	0.077452	-0.045317	0.039855	-0.042350		
20	0.012959	-0.024868	0.022518	-0.018140	0.021530	-0.012132	0.010765	-0.012908	0.014852	-0.014641	0.020435	
22	0.005423	-0.039183	0.066447	-0.067901	0.110314	-0.105979	0.089195	-0.068626	0.042941	-0.034139	0.007368	-0.085582

>> CALCULATED POLE FIGURE HKL = 211

	0.0	3.6	7.2	10.8	14.4	18.0	21.6	25.2	28.8	32.4	36.0	39.6	43.2	46.8	50.4	54.0	57.6	61.2	64.8	68.4	72.0	75.6	79.2	82.8	86.4	90.0
0.0	1.88	1.88	1.88	1.88	1.88	1.88	1.88	1.88	1.88	1.88	1.88	1.88	1.88	1.88	1.88	1.88	1.88	1.88	1.88	1.88	1.88	1.88	1.88	1.88	1.88	1.88
5.0	1.38	1.39	1.39	1.40	1.41	1.43	1.45	1.47	1.50	1.53	1.56	1.59	1.63	1.66	1.70	1.73	1.77	1.80	1.83	1.86	1.89	1.91	1.93	1.94	1.95	1.95
10.0	0.83	0.83	0.83	0.84	0.86	0.88	0.90	0.93	0.97	1.01	1.06	1.11	1.18	1.24	1.32	1.40	1.48	1.57	1.65	1.73	1.81	1.88	1.93	1.97	2.00	2.01
15.0	0.97	0.97	0.97	0.98	0.98	0.99	1.00	1.02	1.03	1.04	1.06	1.08	1.10	1.12	1.15	1.18	1.23	1.29	1.37	1.45	1.54	1.63	1.71	1.78	1.82	1.84
20.0	0.97	0.98	0.99	1.01	1.05	1.09	1.15	1.21	1.28	1.34	1.39	1.43	1.44	1.43	1.39	1.33	1.27	1.21	1.18	1.18	1.21	1.26	1.34	1.41	1.46	1.48
25.0	0.55	0.55	0.56	0.58	0.62	0.67	0.75	0.86	0.99	1.14	1.30	1.45	1.58	1.65	1.66	1.59	1.47	1.31	1.15	1.02	0.95	0.94	0.98	1.05	1.11	1.13
30.0	0.53	0.52	0.52	0.51	0.49	0.48	0.47	0.48	0.52	0.60	0.74	0.92	1.12	1.32	1.47	1.54	1.50	1.36	1.16	0.95	0.79	0.71	0.72	0.78	0.85	0.88
35.0	0.90	0.90	0.89	0.88	0.86	0.81	0.75	0.67	0.57	0.49	0.45	0.47	0.56	0.74	0.95	1.15	1.26	1.26	1.13	0.92	0.72	0.59	0.56	0.61	0.69	0.72
40.0	0.78	0.79	0.80	0.83	0.85	0.88	0.89	0.88	0.84	0.76	0.65	0.54	0.47	0.48	0.59	0.77	0.95	1.07	1.05	0.92	0.73	0.57	0.51	0.54	0.61	0.65
45.0	0.19	0.20	0.23	0.29	0.36	0.45	0.55	0.67	0.78	0.85	0.86	0.81	0.71	0.61	0.57	0.63	0.76	0.91	0.98	0.93	0.79	0.63	0.55	0.56	0.62	0.65
50.0	0.29	0.29	0.30	0.32	0.36	0.42	0.51	0.61	0.72	0.82	0.90	0.94	0.92	0.85	0.76	0.73	0.78	0.90	1.00	1.01	0.92	0.77	0.67	0.66	0.70	0.73
55.0	1.74	1.70	1.59	1.44	1.30	1.19	1.13	1.09	1.06	1.02	1.01	1.01	1.02	1.00	0.95	0.90	0.90	0.99	1.10	1.16	1.11	0.99	0.88	0.85	0.88	0.90
60.0	3.19	3.12	2.92	2.62	2.29	1.98	1.74	1.55	1.39	1.23	1.10	1.03	1.00	1.00	0.98	0.95	0.96	1.03	1.15	1.25	1.26	1.18	1.10	1.09	1.13	1.15
65.0	2.59	2.59	2.57	2.46	2.28	2.04	1.79	1.55	1.32	1.12	0.98	0.89	0.86	0.86	0.87	0.87	0.90	0.97	1.11	1.25	1.32	1.30	1.25	1.25	1.30	1.33

```
70.0  0.65  0.73  0.94  1.16  1.34  1.45  1.45  1.33  1.12  0.91  0.77  0.71  0.68  0.67  0.69  0.74  0.80  0.89  1.04  1.22
      1.33  1.34  1.28  1.26  1.30  1.33
75.0 -0.05 -0.01  0.11  0.27  0.50  0.80  1.06  1.14  1.03  0.85  0.71  0.64  0.59  0.55  0.57  0.64  0.72  0.81  0.96  1.17
      1.33  1.34  1.24  1.18  1.20  1.23
80.0  0.58  0.57  0.53  0.45  0.45  0.63  0.91  1.07  1.03  0.88  0.77  0.71  0.65  0.59  0.60  0.68  0.75  0.80  0.92  1.15
      1.33  1.32  1.18  1.08  1.10  1.14
85.0  0.71  0.78  0.90  0.92  0.89  0.96  1.10  1.17  1.06  0.89  0.81  0.80  0.77  0.73  0.77  0.87  0.92  0.91  0.98  1.19
      1.37  1.33  1.12  1.00  1.03  1.08
90.0  0.46  0.61  0.90  1.09  1.15  1.19  1.27  1.25  1.08  0.89  0.82  0.84  0.84  0.82  0.88  0.99  1.03  0.99  1.04  1.23
      1.40  1.33  1.10  0.96  1.01  1.06

                                    PMAX =  3.19        PMIN =  -0.05
```

```
**************************************************************************************************************

                                          PROGRAM INVE

**************************************************************************************************************
```

```
   >> H-COEF. FOR INVERSE POLE FIGURE OF THE DIRECTION (  0.0,    0.0 DEGREE)
                                                  <NORMAL DIRECTION>

                 1            2
      4 -0.887508
      6 -3.582074
      8  0.763251
     10  0.821013
     12  0.090640   1.838638
     14 -0.585177
     16 -0.091557  -0.208816
     18 -0.047961  -0.818815
     20  0.044764   0.235901
     22 -0.023762   0.044485


     INVERSE POLE FIGURE

      0.00   5.00  10.00  15.00  20.00  25.00  30.00  35.00  40.00  45.00

 0.0   3.27   3.27   3.27   3.27   3.27   3.27   3.27   3.27   3.27   3.27
 5.0   2.65   2.65   2.66   2.66   2.67   2.68   2.68   2.69   2.69   2.69
10.0   1.33   1.34   1.38   1.44   1.51   1.58   1.65   1.71   1.75   1.76
15.0   0.25   0.29   0.39   0.55   0.74   0.95   1.16   1.33   1.44   1.48
```

20.0	-0.13	-0.09	0.02	0.20	0.44	0.73	1.03	1.29	1.46	1.53
25.0	0.01	0.01	0.02	0.08	0.22	0.46	0.76	1.08	1.31	1.40
30.0	0.26	0.22	0.12	0.04	0.05	0.22	0.55	0.95	1.29	1.41
35.0	0.25	0.23	0.17	0.10	0.08	0.22	0.60	1.15	1.64	1.85
40.0	-0.03	0.03	0.14	0.19	0.17	0.24	0.66	1.42	2.21	2.55
45.0	-0.20	-0.09	0.14	0.24	0.15	0.15	0.71	1.92	3.25	3.83
50.0	-0.03	0.04	0.18	0.21	0.13	0.27	1.18	2.98	4.90	5.74
55.0	0.25	0.20	0.13	0.14	0.30	0.83	2.04	3.97	5.91	6.75
60.0	0.26	0.16	0.03	0.16	0.68	1.50	2.55	3.76	4.84	5.28

>> H-COEF. FOR INVERSE POLE FIGURE OF THE DIRECTION (90.0, 0.0 DEGREE)
<ROLLING DIRECTION>

	1	2
4	-1.211803	
6	3.116188	
8	1.791999	
10	-0.472828	
12	-0.910114	1.812826
14	1.111702	
16	0.650044	-0.319759
18	-0.587137	0.906623
20	-0.230276	0.458881
22	0.550687	-0.154632

INVERSE POLE FIGURE

	0.00	5.00	10.00	15.00	20.00	25.00	30.00	35.00	40.00	45.00
0.0	0.19	0.19	0.19	0.19	0.19	0.19	0.19	0.19	0.19	0.19
5.0	0.32	0.32	0.33	0.33	0.33	0.33	0.33	0.33	0.33	0.33
10.0	0.39	0.39	0.39	0.39	0.39	0.39	0.39	0.39	0.39	0.39
15.0	0.36	0.35	0.31	0.27	0.23	0.20	0.19	0.20	0.20	0.21
20.0	0.64	0.60	0.48	0.33	0.21	0.14	0.12	0.15	0.19	0.21
25.0	0.72	0.67	0.54	0.40	0.31	0.29	0.33	0.38	0.41	0.43
30.0	0.53	0.50	0.46	0.48	0.60	0.74	0.78	0.70	0.55	0.48
35.0	2.04	1.86	1.48	1.21	1.20	1.33	1.32	1.03	0.64	0.46
40.0	5.71	5.09	3.64	2.17	1.32	1.14	1.17	1.02	0.70	0.53
45.0	7.84	6.91	4.64	2.22	0.65	0.18	0.33	0.51	0.50	0.44
50.0	5.71	5.02	3.38	1.66	0.50	0.05	0.07	0.17	0.16	0.12
55.0	2.04	1.86	1.55	1.38	1.19	0.86	0.54	0.29	0.07	-0.05
60.0	0.53	0.49	0.65	1.13	1.33	1.00	0.63	0.45	0.24	0.09

```
>> H-COEF. FOR INVERSE POLE FIGURE OF THE DIRECTION ( 90.0,  90.0 DEGREE)
                                                  <TRANSVERSE DIRECTION>

            1          2
   4 -2.004210
   6 -0.240038
   8  1.058252
  10  0.008509
  12 -0.402551  0.085478
  14 -0.070911
  16  0.280104 -0.155003
  18  0.078899  0.003535
  20 -0.059204  0.039734
  22 -0.088332 -0.069258


  INVERSE POLE FIGURE

  0.00  5.00 10.00 15.00 20.00 25.00 30.00 35.00 40.00 45.00

 0.0  0.58  0.58  0.58  0.58  0.58  0.58  0.58  0.58  0.58  0.58
 5.0  0.47  0.47  0.47  0.47  0.47  0.47  0.47  0.47  0.47  0.47
10.0  0.31  0.31  0.31  0.32  0.32  0.32  0.33  0.33  0.33  0.33
15.0  0.30  0.30  0.30  0.30  0.29  0.28  0.28  0.27  0.26  0.26
20.0  0.36  0.36  0.35  0.34  0.32  0.29  0.26  0.23  0.21  0.21
25.0  0.34  0.34  0.36  0.37  0.37  0.37  0.36  0.35  0.34  0.34
30.0  0.42  0.43  0.47  0.52  0.56  0.59  0.64  0.69  0.73  0.74
35.0  0.90  0.92  0.95  0.96  0.95  0.94  0.95  0.99  1.03  1.05
40.0  1.63  1.64  1.65  1.60  1.50  1.40  1.32  1.28  1.27  1.26
45.0  1.99  2.02  2.04  2.00  1.92  1.84  1.80  1.79  1.77  1.76
50.0  1.63  1.68  1.76  1.80  1.82  1.88  2.03  2.21  2.35  2.40
55.0  0.90  0.97  1.12  1.24  1.34  1.50  1.76  2.13  2.49  2.65
60.0  0.42  0.48  0.63  0.80  0.99  1.16  1.37  1.74  2.22  2.45


********************************************************************************

                              PROGRAM FUNE

********************************************************************************


              ORIENTATION DISTRIBUTION FUNCTION, FI2 =  0.0

  0.0  5.0 10.0 15.0 20.0 25.0 30.0 35.0 40.0 45.0 50.0 55.0 60.0 65.0 70.0 75.0 80.0 85.0 90.0
```

0.0	1.2	1.5	1.9	2.3	2.7	2.9	2.9	4.1	6.5	7.9	6.5	4.1	2.9	2.9	2.7	2.3	1.9	1.5	1.2
5.0	1.2	1.4	1.7	1.9	2.2	2.3	2.3	3.3	5.5	6.8	5.5	3.2	2.1	2.0	1.9	1.6	1.5	1.4	1.3
10.0	0.9	1.0	1.0	0.9	1.1	1.1	0.9	1.4	3.0	4.0	3.0	1.2	0.5	0.7	0.8	0.7	0.6	0.9	1.1
15.0	0.4	0.5	0.4	0.0	0.0	0.0	−0.3	−0.2	0.6	1.2	0.6	−0.1	−0.1	0.3	0.6	0.4	0.1	0.2	0.4
20.0	0.0	0.1	0.0	−0.5	−0.6	−0.5	−0.7	−0.7	−0.2	0.1	0.1	0.2	0.2	0.2	0.3	0.1	−0.3	−0.1	0.1
25.0	−0.3	−0.1	0.0	−0.4	−0.5	−0.5	−0.5	−0.2	0.4	0.7	0.9	1.2	0.9	0.2	−0.2	−0.4	−0.7	−0.5	−0.2
30.0	−0.4	−0.1	0.1	−0.1	−0.2	−0.1	0.0	0.4	1.0	1.2	1.4	1.6	1.2	0.5	0.3	0.0	−0.7	−1.1	−1.1
35.0	−0.4	−0.1	0.3	0.2	0.2	0.2	0.0	0.2	0.7	0.7	0.7	0.9	0.7	0.4	0.6	0.4	−0.3	−0.7	−0.7
40.0	−0.2	0.1	0.5	0.3	0.2	0.0	−0.4	−0.5	−0.2	−0.2	−0.3	−0.1	−0.4	−0.9	−0.8	−0.3	0.3	1.3	1.9
45.0	−0.1	0.3	0.6	0.4	0.2	−0.1	−0.6	−0.8	−0.7	−0.7	−0.6	−0.5	−1.1	−1.9	−1.9	−1.0	0.6	2.6	3.6
50.0	−0.2	0.1	0.5	0.3	0.2	0.0	−0.4	−0.5	−0.2	−0.2	−0.3	−0.1	−0.4	−0.9	−0.8	−0.3	0.3	1.3	1.9
55.0	−0.4	−0.1	0.3	0.2	0.2	0.2	0.0	0.2	0.7	0.7	0.7	0.9	0.7	0.4	0.6	0.4	−0.3	−0.7	−0.7
60.0	−0.4	−0.1	0.1	−0.1	−0.2	−0.1	0.0	0.4	1.0	1.2	1.4	1.6	1.2	0.5	0.3	0.0	−0.7	−1.1	−1.1
65.0	−0.3	−0.1	0.0	−0.4	−0.5	−0.5	−0.5	−0.2	0.4	0.7	0.9	1.2	0.9	0.2	−0.2	−0.4	−0.7	−0.5	−0.2
70.0	0.0	0.1	0.0	−0.5	−0.6	−0.5	−0.7	−0.7	−0.2	0.1	0.1	0.2	0.2	0.2	0.3	0.1	−0.3	−0.1	0.1
75.0	0.4	0.5	0.4	0.0	0.0	0.0	−0.3	−0.2	0.6	1.2	0.6	−0.1	−0.1	0.3	0.6	0.4	0.1	0.2	0.4
80.0	0.9	1.0	1.0	0.9	1.1	1.1	0.9	1.4	3.0	4.0	3.0	1.2	0.5	0.7	0.8	0.7	0.6	0.9	1.1
85.0	1.2	1.4	1.7	1.9	2.2	2.3	2.3	3.3	5.5	6.8	5.5	3.2	2.1	2.0	1.9	1.6	1.5	1.4	1.3
90.0	1.2	1.5	1.9	2.3	2.7	2.9	2.9	4.1	6.5	7.9	6.5	4.1	2.9	2.9	2.7	2.3	1.9	1.5	1.2

WEIGHTED SUM OF NEGATIVE INTENSITIES −15.02

Fmax (45.0, 0.0, 0.0) = 7.9355
Fmin (67.5, 45.0, 0.0) = −2.0777

ORIENTATION DISTRIBUTION FUNCTION, FI2 = 5.0

	0.0	5.0	10.0	15.0	20.0	25.0	30.0	35.0	40.0	45.0	50.0	55.0	60.0	65.0	70.0	75.0	80.0	85.0	90.0
0.0	1.5	1.9	2.3	2.7	2.9	2.9	4.1	6.5	7.9	6.5	4.1	2.9	2.9	2.7	2.3	1.9	1.5	1.2	1.5
5.0	1.4	1.7	2.0	2.3	2.4	2.4	3.4	5.7	7.0	5.7	3.3	2.2	2.1	2.0	1.7	1.5	1.4	1.3	1.4
10.0	1.0	1.1	1.1	1.3	1.4	1.2	1.8	3.5	4.6	3.5	1.6	0.8	0.9	1.0	0.8	0.7	1.0	1.1	0.9
15.0	0.5	0.5	0.2	0.3	0.4	0.0	0.1	1.1	1.8	1.1	0.2	0.0	0.4	0.7	0.5	0.2	0.3	0.4	0.2
20.0	0.1	0.0	−0.3	−0.3	−0.3	−0.7	−0.8	−0.2	0.3	0.2	0.2	0.2	0.3	0.3	0.2	−0.2	−0.1	0.1	−0.1
25.0	−0.1	0.0	−0.3	−0.4	−0.4	−0.6	−0.4	0.1	0.5	0.6	1.0	0.8	0.2	−0.2	−0.4	−0.7	−0.6	−0.2	−0.4
30.0	−0.2	0.1	−0.1	−0.2	−0.1	0.0	0.3	0.9	1.1	1.1	1.3	1.1	0.5	0.2	−0.1	−0.7	−1.1	−1.1	−1.1
35.0	0.0	0.3	0.2	0.1	0.2	0.2	0.6	1.1	0.9	0.7	0.8	0.8	0.5	0.6	0.6	−0.1	−0.7	−0.8	−0.7
40.0	0.2	0.5	0.3	0.2	0.2	0.0	0.1	0.4	0.3	0.0	0.0	0.0	−0.5	−0.6	−0.2	0.3	1.0	1.8	1.4
45.0	0.3	0.6	0.4	0.1	0.1	−0.2	−0.4	−0.2	−0.2	−0.4	−0.4	−0.8	−1.7	−2.0	−1.4	0.0	2.0	3.5	3.0
50.0	0.1	0.3	0.2	0.2	0.2	−0.2	−0.6	−0.4	−0.2	−0.3	−0.2	−0.5	−1.2	−1.3	−0.8	−0.1	0.9	1.8	1.7
55.0	−0.3	−0.1	0.0	0.1	0.2	−0.2	−0.5	−0.1	0.3	0.4	0.6	0.6	0.3	0.3	0.5	0.0	−0.5	−0.7	−0.7
60.0	−0.5	−0.3	−0.2	−0.1	−0.1	−0.3	−0.4	0.2	0.9	1.3	1.6	1.6	0.9	0.6	0.5	−0.1	−0.8	−1.1	−1.2
65.0	−0.5	−0.3	−0.3	−0.4	−0.4	−0.3	−0.2	0.3	1.0	1.4	1.7	1.5	0.6	−0.1	−0.2	−0.4	−0.5	−0.2	−0.4
70.0	−0.2	−0.1	−0.4	−0.7	−0.5	−0.3	−0.2	0.0	0.4	0.6	0.7	0.5	0.1	0.0	0.1	−0.2	−0.3	0.0	0.1
75.0	0.4	0.3	−0.2	−0.7	−0.6	−0.4	−0.5	−0.4	0.1	0.2	0.0	−0.3	−0.2	0.2	0.4	−0.1	−0.3	0.1	0.5
80.0	1.0	0.8	0.2	−0.2	−0.2	−0.2	−0.4	−0.1	0.9	1.4	0.7	−0.2	−0.4	0.0	0.1	−0.1	0.1	0.7	1.1
85.0	1.3	1.2	0.9	0.7	0.8	0.7	0.5	1.3	3.1	4.0	2.9	1.2	0.5	0.7	0.8	0.7	0.9	1.2	1.3

90.0	1.3	1.4	1.5	1.6	1.9	2.0	2.1	3.2	5.5	6.8	5.5	3.3	2.3	2.3	2.2	1.9	1.7	1.4	1.2

WEIGHTED SUM OF NEGATIVE INTENSITIES -33.29

Fmax (40.0, 0.0, 5.0) = 7.9355
Fmin (65.0, 45.0, 5.0) = -2.0277

ORIENTATION DISTRIBUTION FUNCTION, FI2 = 10.0

	0.0	5.0	10.0	15.0	20.0	25.0	30.0	35.0	40.0	45.0	50.0	55.0	60.0	65.0	70.0	75.0	80.0	85.0	90.0
0.0	1.9	2.3	2.7	2.9	2.9	4.1	6.5	7.9	6.5	4.1	2.9	2.9	2.7	2.3	1.9	1.5	1.2	1.5	1.9
5.0	1.7	2.0	2.4	2.6	2.5	3.6	5.9	7.2	5.9	3.5	2.3	2.2	2.1	1.8	1.5	1.4	1.3	1.4	1.4
10.0	1.2	1.3	1.6	1.8	1.6	2.2	4.1	5.2	4.0	2.0	1.1	1.1	1.1	0.9	0.9	1.1	1.1	0.8	0.4
15.0	0.6	0.5	0.7	0.9	0.4	0.5	1.8	2.5	1.8	0.6	0.3	0.5	0.8	0.6	0.4	0.4	0.5	0.1	-0.1
20.0	0.1	-0.1	0.1	0.1	-0.4	-0.6	0.2	0.7	0.5	0.3	0.3	0.3	0.4	0.3	-0.1	-0.1	0.1	-0.1	-0.3
25.0	-0.1	-0.2	-0.2	-0.1	-0.6	-0.7	0.0	0.4	0.5	0.8	0.8	0.2	-0.2	-0.4	-0.7	-0.6	-0.2	-0.2	-0.5
30.0	0.0	-0.1	0.0	0.1	-0.1	0.0	0.6	0.8	0.7	1.0	1.0	0.4	0.0	-0.2	-0.7	-1.1	-1.1	-1.0	-0.7
35.0	0.3	0.2	0.1	0.3	0.3	0.5	1.0	0.9	0.5	0.5	0.7	0.5	0.5	0.6	0.1	-0.6	-0.8	-0.8	-0.5
40.0	0.6	0.4	0.1	0.2	0.3	0.5	0.9	0.8	0.1	0.0	0.1	-0.2	-0.3	0.0	0.3	0.8	1.5	1.4	0.6
45.0	0.7	0.3	0.0	0.2	0.2	0.3	0.6	0.6	0.1	-0.1	-0.4	-1.2	-1.9	-1.5	-0.4	1.3	3.1	3.2	1.6
50.0	0.3	0.0	-0.1	0.2	0.2	0.1	0.3	0.5	0.3	0.0	-0.4	-1.2	-1.7	-1.3	-0.5	0.6	1.7	2.0	1.2
55.0	-0.3	-0.4	-0.3	0.0	0.0	-0.4	-0.2	0.3	0.4	0.4	0.4	0.1	0.0	0.4	0.4	-0.1	-0.5	-0.5	-0.4
60.0	-0.7	-0.7	-0.5	-0.3	-0.4	-0.8	-0.7	0.1	0.8	1.2	1.4	1.1	0.8	0.9	0.6	-0.3	-0.9	-1.1	-1.1
65.0	-0.8	-0.8	-0.7	-0.5	-0.5	-0.7	-0.5	0.3	1.1	1.7	1.8	1.1	0.2	-0.1	-0.2	-0.3	-0.3	-0.3	-0.5
70.0	-0.4	-0.6	-0.7	-0.5	-0.2	-0.2	-0.1	0.5	1.1	1.4	1.3	0.6	-0.2	-0.4	-0.3	-0.4	-0.2	0.2	0.3
75.0	0.3	-0.2	-0.7	-0.6	-0.1	0.0	0.0	0.2	0.5	0.7	0.5	0.1	-0.1	0.1	0.0	-0.4	-0.4	0.2	0.8
80.0	0.9	0.2	-0.5	-0.5	-0.2	-0.1	-0.4	-0.3	0.2	0.3	0.0	-0.4	-0.3	-0.1	-0.3	-0.6	-0.3	0.5	1.0
85.0	1.1	0.6	0.0	-0.1	0.1	-0.1	-0.4	-0.1	0.9	1.4	0.7	-0.2	-0.4	-0.2	-0.2	-0.2	0.3	0.8	1.0
90.0	1.1	0.9	0.6	0.7	0.8	0.7	0.5	1.2	3.0	4.0	3.0	1.4	0.9	1.1	1.1	0.9	1.0	1.0	0.9

WEIGHTED SUM OF NEGATIVE INTENSITIES -39.09

Fmax (35.0, 0.0, 10.0) = 7.9355
Fmin (60.0, 47.5, 10.0) = -2.0658

ORIENTATION DISTRIBUTION FUNCTION, FI2 = 15.0

	0.0	5.0	10.0	15.0	20.0	25.0	30.0	35.0	40.0	45.0	50.0	55.0	60.0	65.0	70.0	75.0	80.0	85.0	90.0
0.0	2.3	2.7	2.9	2.9	4.1	6.5	7.9	6.5	4.1	2.9	2.9	2.7	2.3	1.9	1.5	1.2	1.5	1.9	2.3
5.0	2.1	2.5	2.7	2.6	3.7	6.1	7.4	6.1	3.6	2.4	2.4	2.2	1.8	1.6	1.4	1.3	1.3	1.4	1.5
10.0	1.5	1.9	2.1	1.9	2.6	4.6	5.8	4.6	2.4	1.4	1.4	1.3	1.1	1.0	1.1	1.2	0.8	0.4	0.3
15.0	0.7	1.2	1.4	0.9	1.1	2.6	3.5	2.6	1.1	0.6	0.7	0.9	0.8	0.6	0.6	0.5	0.1	-0.2	0.1
20.0	0.2	0.6	0.7	0.0	-0.2	0.8	1.6	1.2	0.6	0.5	0.5	0.5	0.4	0.1	0.1	0.2	0.0	-0.3	-0.1
25.0	0.0	0.3	0.4	-0.3	-0.6	0.1	0.8	0.8	0.8	0.8	0.3	-0.2	-0.4	-0.6	-0.6	-0.2	-0.1	-0.4	-0.3

30.0	0.0	0.3	0.4	-0.1	-0.3	0.3	0.7	0.6	0.8	0.8	0.3	-0.2	-0.3	-0.7	-1.1	-1.0	-0.9	-0.6	0.1
35.0	0.3	0.4	0.4	0.1	0.0	0.5	0.6	0.2	0.2	0.4	0.4	0.4	0.6	0.2	-0.5	-0.9	-0.9	-0.5	0.3
40.0	0.4	0.3	0.3	0.1	0.1	0.6	0.6	-0.1	-0.3	0.0	0.0	0.0	0.3	0.5	0.6	1.1	1.2	0.7	0.0
45.0	0.4	0.1	0.1	0.2	0.3	0.7	0.9	0.3	-0.1	-0.2	-0.7	-1.3	-1.3	-0.5	0.9	2.6	3.2	2.1	0.3
50.0	0.1	-0.1	0.1	0.3	0.5	0.8	1.2	0.9	0.3	-0.1	-0.9	-1.7	-1.7	-0.9	0.4	1.7	2.3	1.7	0.8
55.0	-0.3	-0.4	-0.1	0.1	0.1	0.3	0.8	0.9	0.6	0.2	-0.1	-0.3	0.0	0.4	0.3	0.0	-0.2	-0.2	0.2
60.0	-0.6	-0.7	-0.6	-0.5	-0.7	-0.7	-0.1	0.5	0.6	0.7	0.8	0.8	1.1	1.2	0.5	-0.5	-1.1	-1.1	-0.7
65.0	-0.6	-0.8	-0.8	-0.8	-1.1	-1.2	-0.7	0.2	0.9	1.2	1.1	0.6	0.2	0.1	-0.1	-0.4	-0.4	-0.4	-0.4
70.0	-0.3	-0.6	-0.8	-0.7	-0.8	-0.9	-0.5	0.5	1.2	1.5	1.1	0.1	-0.7	-0.7	-0.6	-0.4	-0.1	0.2	0.4
75.0	0.2	-0.4	-0.7	-0.4	-0.2	-0.3	0.0	0.7	1.2	1.3	0.9	0.1	-0.3	-0.3	-0.4	-0.6	-0.4	0.1	0.7
80.0	0.5	-0.2	-0.5	-0.2	0.1	0.0	0.0	0.3	0.6	0.7	0.4	0.1	0.0	0.0	-0.4	-0.7	-0.5	0.1	0.5
85.0	0.5	0.0	-0.3	0.1	0.4	0.1	-0.3	-0.3	0.1	0.2	0.0	-0.4	-0.5	-0.4	-0.7	-0.6	-0.1	0.3	0.4
90.0	0.4	0.2	0.1	0.4	0.6	0.3	-0.1	-0.1	0.6	1.2	0.6	-0.2	-0.3	0.0	0.0	0.0	0.4	0.5	0.4

WEIGHTED SUM OF NEGATIVE INTENSITIES -44.09

Fmax (30.0, 0.0, 15.0) = 7.9355
Fmin (57.5, 47.5, 15.0) = -1.9016

ORIENTATION DISTRIBUTION FUNCTION, FI2 = 20.0

	0.0	5.0	10.0	15.0	20.0	25.0	30.0	35.0	40.0	45.0	50.0	55.0	60.0	65.0	70.0	75.0	80.0	85.0	90.0
0.0	2.7	2.9	2.9	4.1	6.5	7.9	6.5	4.1	2.9	2.9	2.7	2.3	1.9	1.5	1.2	1.5	1.9	2.3	2.7
5.0	2.6	2.7	2.7	3.8	6.2	7.6	6.2	3.8	2.6	2.5	2.3	1.9	1.6	1.4	1.3	1.3	1.4	1.4	1.7
10.0	2.1	2.4	2.3	3.0	5.2	6.5	5.1	2.8	1.7	1.6	1.5	1.2	1.1	1.2	1.2	0.8	0.3	0.2	0.4
15.0	1.6	1.9	1.5	1.8	3.5	4.6	3.5	1.7	1.0	1.0	1.0	0.9	0.8	0.8	0.6	0.1	-0.3	0.0	0.3
20.0	1.1	1.3	0.7	0.5	1.8	2.8	2.2	1.2	0.8	0.7	0.6	0.5	0.4	0.3	0.3	0.0	-0.3	-0.2	0.1
25.0	0.8	0.9	0.2	-0.2	0.8	1.7	1.5	1.1	1.0	0.5	0.0	-0.2	-0.4	-0.4	-0.1	0.0	-0.3	-0.3	-0.3
30.0	0.7	0.8	0.0	-0.4	0.4	1.1	1.0	0.9	0.9	0.4	-0.2	-0.4	-0.6	-0.9	-1.0	-0.8	-0.5	0.1	0.6
35.0	0.6	0.6	-0.1	-0.5	0.0	0.5	0.2	0.0	0.3	0.3	0.2	0.5	0.3	-0.4	-1.0	-1.0	-0.5	0.3	1.0
40.0	0.4	0.3	-0.2	-0.7	-0.3	0.0	-0.4	-0.6	-0.2	0.1	0.3	0.7	0.9	0.7	0.7	0.9	0.8	0.3	-0.2
45.0	0.2	0.1	-0.2	-0.5	-0.2	0.1	-0.2	-0.5	-0.3	-0.2	-0.6	-0.7	-0.2	0.8	2.2	3.2	2.6	0.9	-0.6
50.0	0.1	0.0	0.0	-0.1	0.3	0.7	0.6	0.2	0.0	-0.4	-1.2	-1.6	-1.1	0.2	1.7	2.7	2.5	1.5	0.7
55.0	-0.1	-0.1	0.0	0.1	0.5	1.0	1.2	0.8	0.3	-0.1	-0.5	-0.6	-0.1	0.4	0.5	0.4	0.3	0.6	1.2
60.0	-0.2	-0.3	-0.3	-0.2	0.0	0.5	0.8	0.7	0.3	0.2	0.4	0.8	1.2	1.0	0.1	-0.8	-1.0	-0.6	0.2
65.0	-0.2	-0.5	-0.7	-0.7	-0.7	-0.4	0.0	0.2	0.3	0.4	0.5	0.6	0.6	0.4	-0.2	-0.6	-0.6	-0.4	-0.1
70.0	0.0	-0.4	-0.7	-0.8	-1.0	-0.9	-0.3	0.4	0.7	0.7	0.3	-0.4	-0.8	-0.8	-0.7	-0.5	-0.2	0.2	0.4
75.0	0.2	-0.2	-0.5	-0.6	-0.8	-0.8	0.0	1.0	1.4	1.2	0.5	-0.5	-0.9	-0.8	-0.7	-0.7	-0.5	-0.1	0.4
80.0	0.3	-0.1	-0.4	-0.3	-0.4	-0.4	0.3	1.2	1.5	1.2	0.7	0.1	-0.2	-0.2	-0.4	-0.7	-0.7	-0.4	-0.2
85.0	0.2	-0.1	-0.3	-0.1	0.1	0.0	0.3	0.7	0.7	0.6	0.3	-0.1	-0.2	-0.3	-0.6	-0.6	-0.3	-0.2	-0.2
90.0	0.1	-0.1	-0.3	0.1	0.3	0.2	0.2	0.2	0.1	0.1	-0.2	-0.7	-0.7	-0.5	-0.6	-0.5	0.0	0.1	0.0

WEIGHTED SUM OF NEGATIVE INTENSITIES -44.71

Fmax (25.0, 0.0, 20.0) = 7.9355
Fmin (55.0, 50.0, 20.0) = -1.5656

ORIENTATION DISTRIBUTION FUNCTION, FI2 = 25.0

	0.0	5.0	10.0	15.0	20.0	25.0	30.0	35.0	40.0	45.0	50.0	55.0	60.0	65.0	70.0	75.0	80.0	85.0	90.0
0.0	2.9	2.9	4.1	6.5	7.9	6.5	4.1	2.9	2.9	2.7	2.3	1.9	1.5	1.2	1.5	1.9	2.3	2.7	2.9
5.0	2.8	2.8	3.9	6.4	7.8	6.4	3.9	2.7	2.6	2.4	2.0	1.7	1.4	1.3	1.3	1.4	1.4	1.6	1.6
10.0	2.6	2.6	3.4	5.7	7.1	5.7	3.2	2.1	1.9	1.7	1.3	1.2	1.3	1.2	0.8	0.3	0.1	0.3	0.1
15.0	2.3	2.0	2.5	4.5	5.7	4.5	2.4	1.4	1.3	1.2	1.1	1.0	0.9	0.7	0.1	-0.4	-0.2	0.2	0.1
20.0	1.9	1.4	1.4	3.1	4.3	3.4	1.9	1.2	1.0	0.8	0.8	0.6	0.5	0.4	0.0	-0.4	-0.2	0.0	-0.1
25.0	1.5	0.8	0.7	2.1	3.3	2.8	1.8	1.3	0.8	0.2	0.0	-0.1	-0.2	0.0	0.0	-0.2	-0.4	-0.4	-0.5
30.0	1.1	0.4	0.2	1.4	2.4	2.1	1.5	1.2	0.6	-0.1	-0.3	-0.4	-0.7	-0.8	-0.7	-0.5	0.0	0.5	0.6
35.0	0.7	0.0	-0.3	0.5	1.4	1.2	0.7	0.7	0.6	0.3	0.4	0.4	-0.2	-0.9	-1.1	-0.7	0.3	1.1	1.1
40.0	0.3	-0.3	-0.8	-0.4	0.2	0.1	-0.2	0.0	0.4	0.7	1.0	1.3	1.0	0.6	0.6	0.7	0.6	0.2	-0.4
45.0	0.0	-0.5	-1.1	-0.9	-0.4	-0.4	-0.6	-0.3	0.2	0.3	0.3	0.7	1.2	2.1	3.1	3.0	1.7	0.1	-1.0
50.0	0.0	-0.4	-0.8	-0.6	-0.2	-0.1	-0.2	0.0	0.1	-0.2	-0.7	-0.6	0.3	2.0	3.3	3.5	2.5	1.4	0.8
55.0	-0.1	-0.3	-0.4	0.0	0.4	0.7	0.6	0.5	0.3	-0.2	-0.7	-0.6	0.2	1.0	1.4	1.4	1.3	1.7	2.0
60.0	-0.2	-0.4	-0.3	0.2	0.8	1.0	0.9	0.5	0.2	0.1	0.2	0.6	0.9	0.6	-0.2	-0.7	-0.3	0.5	1.1
65.0	-0.3	-0.6	-0.5	0.1	0.6	0.8	0.6	0.1	-0.1	0.1	0.6	0.9	0.9	0.3	-0.5	-0.8	-0.5	-0.1	0.2
70.0	-0.4	-0.6	-0.5	-0.1	0.3	0.3	0.4	0.2	0.1	0.2	0.2	-0.1	-0.4	-0.6	-0.7	-0.5	-0.2	0.1	0.2
75.0	-0.3	-0.4	-0.4	-0.1	0.0	0.1	0.6	1.0	1.0	0.6	-0.1	-0.9	-1.2	-1.0	-0.8	-0.8	-0.6	-0.4	-0.1
80.0	-0.2	-0.2	-0.3	-0.2	-0.2	0.0	0.9	1.7	1.7	1.2	0.3	-0.6	-0.9	-0.6	-0.5	-0.7	-0.8	-0.8	-0.6
85.0	-0.2	-0.3	-0.4	-0.3	-0.2	0.1	1.0	1.7	1.6	1.2	0.7	0.0	-0.3	-0.3	-0.4	-0.4	-0.3	-0.4	-0.5
90.0	-0.2	-0.5	-0.7	-0.4	-0.2	0.2	0.9	1.2	0.9	0.7	0.4	-0.2	-0.5	-0.5	-0.5	-0.4	0.0	-0.1	-0.3

WEIGHTED SUM OF NEGATIVE INTENSITIES -40.46

Fmax (20.0, 0.0, 25.0) = 7.9355
Fmin (60.0, 75.0, 25.0) = -1.2278

ORIENTATION DISTRIBUTION FUNCTION, FI2 = 30.0

	0.0	5.0	10.0	15.0	20.0	25.0	30.0	35.0	40.0	45.0	50.0	55.0	60.0	65.0	70.0	75.0	80.0	85.0	90.0
0.0	2.9	4.1	6.5	7.9	6.5	4.1	2.9	2.9	2.7	2.3	1.9	1.5	1.2	1.5	1.9	2.3	2.7	2.9	2.9
5.0	2.9	4.0	6.5	7.9	6.5	4.0	2.8	2.7	2.5	2.0	1.7	1.5	1.3	1.3	1.3	1.4	1.6	1.6	1.5
10.0	2.8	3.8	6.2	7.6	6.1	3.6	2.4	2.2	1.9	1.5	1.3	1.3	1.2	0.8	0.2	0.0	0.2	0.0	-0.3
15.0	2.5	3.2	5.4	6.8	5.4	3.0	1.9	1.7	1.4	1.2	1.1	1.1	0.8	0.2	-0.4	-0.3	0.2	0.1	-0.3
20.0	2.0	2.5	4.6	6.0	4.8	2.7	1.7	1.4	1.1	1.0	0.9	0.7	0.5	0.0	-0.4	-0.3	-0.1	-0.1	0.0
25.0	1.6	1.9	3.9	5.4	4.4	2.7	1.8	1.2	0.6	0.4	0.3	0.2	0.2	0.1	-0.3	-0.4	-0.5	-0.6	-0.1
30.0	1.1	1.4	3.3	4.8	4.1	2.7	1.8	1.1	0.3	0.0	-0.2	-0.4	-0.5	-0.6	-0.5	-0.1	0.3	0.4	0.5
35.0	0.6	0.9	2.5	3.8	3.4	2.3	1.7	1.2	0.7	0.5	0.5	0.0	-0.7	-1.1	-0.8	0.2	1.1	1.2	0.8
40.0	0.3	0.4	1.5	2.6	2.5	1.7	1.3	1.3	1.2	1.4	1.6	1.3	0.6	0.3	0.4	0.6	0.5	0.0	-0.4
45.0	0.1	0.0	0.5	1.3	1.4	1.0	0.9	1.1	1.3	1.4	1.8	2.0	2.3	2.9	3.1	2.3	0.8	-0.4	-0.7
50.0	0.0	-0.2	0.0	0.5	0.6	0.5	0.6	1.0	1.0	0.7	0.7	1.2	2.5	4.0	4.6	3.8	2.5	1.6	1.3
55.0	-0.1	-0.2	0.0	0.4	0.5	0.5	0.7	1.0	0.8	0.3	-0.1	0.3	1.4	2.5	2.8	2.6	2.6	2.8	2.8

60.0	−0.3	−0.3	0.1	0.6	0.7	0.6	0.6	0.7	0.7	0.3	0.2	0.4	0.8	0.7	0.3	0.2	0.8	1.6	2.0
65.0	−0.6	−0.6	0.0	0.7	0.9	0.7	0.4	0.2	0.3	0.5	0.8	1.0	0.7	0.0	−0.6	−0.6	−0.2	0.2	0.5
70.0	−0.9	−0.9	0.0	0.9	1.2	0.8	0.4	0.1	0.1	0.5	0.8	0.7	0.3	−0.2	−0.4	−0.3	−0.1	−0.1	0.0
75.0	−1.1	−0.9	0.0	0.9	1.2	0.9	0.7	0.6	0.5	0.5	0.3	−0.3	−0.6	−0.6	−0.5	−0.6	−0.5	−0.4	−0.2
80.0	−1.1	−0.9	−0.2	0.6	0.9	0.8	1.0	1.3	1.1	0.7	0.0	−0.8	−0.9	−0.5	−0.4	−0.6	−0.8	−0.7	−0.5
85.0	−1.1	−1.0	−0.5	0.3	0.6	0.7	1.3	1.7	1.5	1.1	0.5	−0.2	−0.5	−0.2	−0.1	−0.2	−0.3	−0.5	−0.5
90.0	−1.1	−1.1	−0.7	0.0	0.3	0.5	1.2	1.6	1.4	1.2	1.0	0.4	0.0	−0.1	−0.2	−0.1	0.1	−0.1	−0.4

WEIGHTED SUM OF NEGATIVE INTENSITIES −27.62

Fmax (15.0, 2.5, 30.0) = 7.9375
Fmin (5.0, 90.0, 30.0) = −1.1194

ORIENTATION DISTRIBUTION FUNCTION, FI2 = 35.0

	0.0	5.0	10.0	15.0	20.0	25.0	30.0	35.0	40.0	45.0	50.0	55.0	60.0	65.0	70.0	75.0	80.0	85.0	90.0
0.0	4.1	6.5	7.9	6.5	4.1	2.9	2.9	2.7	2.3	1.9	1.5	1.2	1.5	1.9	2.3	2.7	2.9	2.9	4.1
5.0	4.1	6.6	8.0	6.6	4.1	2.9	2.8	2.5	2.1	1.7	1.5	1.3	1.3	1.3	1.4	1.6	1.6	1.5	2.5
10.0	4.0	6.5	8.0	6.5	3.9	2.6	2.4	2.1	1.6	1.4	1.4	1.2	0.8	0.2	0.0	0.1	0.0	−0.3	0.0
15.0	3.7	6.2	7.7	6.2	3.6	2.3	2.0	1.7	1.3	1.3	1.2	0.9	0.2	−0.4	−0.4	0.1	0.1	−0.3	−0.3
20.0	3.3	5.9	7.4	6.0	3.5	2.2	1.8	1.4	1.2	1.1	0.9	0.6	0.0	−0.5	−0.4	−0.1	−0.2	−0.1	0.5
25.0	3.1	5.8	7.5	6.1	3.7	2.3	1.6	1.0	0.7	0.7	0.5	0.3	0.1	−0.3	−0.5	−0.6	−0.8	−0.4	0.6
30.0	3.0	5.7	7.5	6.4	4.0	2.5	1.6	0.8	0.3	0.1	−0.1	−0.2	−0.4	−0.5	−0.3	0.0	0.2	0.3	0.6
35.0	3.0	5.6	7.3	6.5	4.4	3.0	2.1	1.3	0.7	0.5	0.2	−0.5	−1.0	−0.9	−0.1	0.9	1.2	0.9	0.4
40.0	3.1	5.2	6.7	6.3	4.7	3.5	2.8	2.1	1.8	1.8	1.5	0.7	0.1	0.1	0.5	0.7	0.4	0.0	−0.1
45.0	3.0	4.3	5.5	5.4	4.4	3.6	3.1	2.7	2.5	2.7	2.8	2.6	2.7	3.0	2.6	1.5	0.3	−0.1	0.2
50.0	2.5	3.3	3.9	3.9	3.4	3.0	2.8	2.7	2.5	2.5	2.8	3.5	4.6	5.4	5.0	3.7	2.6	2.2	2.1
55.0	2.0	2.3	2.6	2.4	2.0	2.0	2.2	2.3	2.0	1.7	1.7	2.6	3.8	4.6	4.4	4.0	3.9	3.9	3.8
60.0	1.3	1.6	1.6	1.2	0.8	0.8	1.3	1.6	1.4	0.9	0.7	1.2	1.7	1.7	1.4	1.6	2.2	2.8	3.2
65.0	0.7	0.8	1.0	0.7	0.1	0.0	0.4	0.8	0.8	0.6	0.6	0.6	0.4	−0.1	−0.4	−0.1	0.3	0.7	1.2
70.0	0.0	0.2	0.6	0.6	0.2	−0.2	−0.1	0.2	0.5	0.8	1.0	0.8	0.3	−0.1	−0.3	−0.1	−0.1	−0.1	0.0
75.0	−0.5	−0.2	0.3	0.7	0.4	−0.1	−0.1	0.1	0.5	0.9	1.1	0.7	0.2	0.0	−0.1	−0.3	−0.3	−0.2	−0.1
80.0	−0.6	−0.5	0.0	0.6	0.5	0.1	0.1	0.4	0.5	0.6	0.4	−0.1	−0.2	0.0	−0.1	−0.4	−0.5	−0.3	0.0
85.0	−0.7	−0.7	−0.2	0.4	0.5	0.2	0.5	0.7	0.5	0.3	0.0	−0.5	−0.4	0.1	0.2	0.0	−0.1	−0.3	−0.2
90.0	−0.7	−0.7	−0.3	0.4	0.6	0.4	0.7	0.9	0.7	0.7	0.7	0.2	0.0	0.2	0.2	0.2	0.3	−0.1	−0.4

WEIGHTED SUM OF NEGATIVE INTENSITIES −13.36

Fmax (10.0, 7.5, 35.0) = 8.0527
Fmin (62.5, 35.0, 35.0) = −1.0258

ORIENTATION DISTRIBUTION FUNCTION, FI2 = 40.0

	0.0	5.0	10.0	15.0	20.0	25.0	30.0	35.0	40.0	45.0	50.0	55.0	60.0	65.0	70.0	75.0	80.0	85.0	90.0

0.0	6.5	7.9	6.5	4.1	2.9	2.9	2.7	2.3	1.9	1.5	1.2	1.5	1.9	2.3	2.7	2.9	2.9	4.1	6.5
5.0	6.7	8.1	6.6	4.1	2.9	2.8	2.6	2.1	1.8	1.5	1.3	1.3	1.4	1.4	1.6	1.6	1.5	2.4	4.5
10.0	6.8	8.3	6.7	4.1	2.8	2.6	2.2	1.7	1.4	1.4	1.2	0.8	0.2	−0.1	0.0	−0.1	−0.3	0.0	1.1
15.0	6.7	8.3	6.7	4.0	2.7	2.4	1.9	1.4	1.3	1.2	0.9	0.2	−0.5	−0.5	0.0	0.0	−0.3	−0.3	0.1
20.0	6.8	8.5	6.8	4.0	2.6	2.2	1.7	1.3	1.3	1.0	0.6	0.0	−0.5	−0.5	−0.1	−0.1	−0.1	0.4	1.0
25.0	7.2	9.0	7.4	4.3	2.6	2.0	1.4	1.0	0.9	0.7	0.4	0.0	−0.4	−0.6	−0.7	−0.9	−0.6	0.4	1.2
30.0	7.8	9.8	8.2	5.0	2.9	2.0	1.2	0.7	0.4	0.2	0.0	−0.2	−0.5	−0.5	−0.3	−0.2	0.0	0.3	0.4
35.0	8.5	10.5	9.1	6.1	3.8	2.7	1.8	1.0	0.5	0.2	−0.2	−0.7	−0.9	−0.3	0.6	1.1	0.9	0.5	0.1
40.0	9.1	10.8	9.9	7.4	5.3	4.1	3.0	2.1	1.7	1.3	0.6	−0.1	−0.3	0.2	0.7	0.7	0.4	0.2	0.3
45.0	8.8	10.1	9.6	8.0	6.4	5.3	4.3	3.5	3.2	3.1	2.7	2.3	2.4	2.5	1.9	1.0	0.4	0.7	1.2
50.0	7.6	8.4	8.1	7.1	6.2	5.4	4.7	4.3	4.3	4.4	4.5	5.0	5.8	5.8	4.9	3.7	3.1	3.0	3.2
55.0	6.1	6.4	5.9	5.1	4.5	4.3	4.1	4.0	4.0	4.2	4.6	5.6	6.5	6.6	5.9	5.3	5.2	5.1	5.0
60.0	4.7	4.7	3.9	2.8	2.3	2.4	2.7	2.8	2.7	2.5	2.8	3.4	3.8	3.5	3.1	3.3	3.8	4.2	4.6
65.0	3.6	3.4	2.3	1.0	0.3	0.5	1.1	1.3	1.0	0.7	0.7	0.8	0.5	0.2	0.2	0.6	1.1	1.6	2.1
70.0	2.6	2.3	1.2	−0.1	−0.8	−0.8	−0.1	0.3	0.3	0.2	0.3	0.1	−0.4	−0.5	−0.3	0.0	0.1	0.1	0.3
75.0	2.0	1.7	0.6	−0.5	−1.3	−1.4	−0.7	0.0	0.3	0.8	1.1	0.7	0.3	0.1	0.1	0.0	0.0	0.1	0.2
80.0	1.8	1.3	0.3	−0.7	−1.4	−1.5	−0.9	−0.2	0.3	0.7	1.0	0.7	0.4	0.3	0.1	−0.2	0.0	0.3	0.6
85.0	1.8	1.3	0.2	−0.6	−1.2	−1.4	−0.8	−0.3	−0.2	−0.1	−0.1	−0.4	−0.3	0.1	0.2	0.1	0.2	0.2	0.2
90.0	1.9	1.3	0.3	−0.3	−0.8	−0.9	−0.4	−0.1	−0.3	−0.2	−0.2	−0.5	−0.4	0.0	0.2	0.3	0.5	0.1	−0.2

WEIGHTED SUM OF NEGATIVE INTENSITIES −24.04

Fmax (5.0, 40.0, 40.0) = 10.7698
Fmin (22.5, 80.0, 40.0) = −1.5947

ORIENTATION DISTRIBUTION FUNCTION, FI2 = 45.0

	0.0	5.0	10.0	15.0	20.0	25.0	30.0	35.0	40.0	45.0	50.0	55.0	60.0	65.0	70.0	75.0	80.0	85.0	90.0
0.0	7.9	6.5	4.1	2.9	2.9	2.7	2.3	1.9	1.5	1.2	1.5	1.9	2.3	2.7	2.9	2.9	4.1	6.5	7.9
5.0	8.1	6.7	4.1	2.9	2.9	2.6	2.1	1.8	1.5	1.3	1.3	1.4	1.4	1.6	1.6	1.5	2.4	4.5	5.7
10.0	8.4	6.8	4.2	3.0	2.8	2.3	1.7	1.5	1.4	1.2	0.9	0.3	−0.1	0.0	−0.1	−0.4	0.0	1.1	1.8
15.0	8.5	6.9	4.1	2.9	2.7	2.1	1.5	1.3	1.2	0.9	0.2	−0.5	−0.6	−0.2	0.0	−0.3	−0.3	0.1	0.3
20.0	8.9	7.1	4.2	2.8	2.5	1.9	1.4	1.3	1.0	0.5	−0.1	−0.6	−0.5	−0.2	−0.1	−0.1	0.4	1.0	1.2
25.0	9.6	7.8	4.5	2.8	2.2	1.6	1.2	1.0	0.8	0.4	−0.1	−0.5	−0.7	−0.8	−1.0	−0.7	0.2	1.0	1.3
30.0	10.6	8.7	5.2	2.9	2.1	1.4	0.9	0.6	0.4	0.2	−0.1	−0.5	−0.7	−0.6	−0.5	−0.3	0.1	0.3	0.3
35.0	11.7	9.9	6.4	3.8	2.7	1.9	1.1	0.5	0.2	−0.1	−0.4	−0.7	−0.5	0.2	0.8	0.9	0.6	0.1	−0.1
40.0	12.5	11.0	8.0	5.6	4.3	3.3	2.2	1.4	0.9	0.5	−0.2	−0.5	−0.1	0.5	0.8	0.7	0.5	0.5	0.5
45.0	12.1	11.1	9.0	7.2	6.1	5.1	4.0	3.3	2.8	2.3	1.7	1.5	1.7	1.7	1.3	0.8	0.9	1.4	1.7
50.0	10.5	9.8	8.6	7.6	6.9	6.1	5.4	5.1	5.1	4.9	4.8	5.3	5.7	5.4	4.5	3.8	3.6	3.6	3.6
55.0	8.4	7.9	7.0	6.4	6.1	5.7	5.5	5.7	6.1	6.5	7.1	8.1	8.5	8.0	7.1	6.5	6.2	5.8	5.6
60.0	6.6	6.1	5.0	4.4	4.1	4.0	4.1	4.5	4.9	5.4	6.2	6.8	6.7	5.9	5.2	5.2	5.4	5.4	5.3
65.0	5.2	4.6	3.2	2.3	1.9	1.9	2.1	2.1	2.0	2.2	2.5	2.6	2.0	1.4	1.4	1.7	2.2	2.5	2.6
70.0	4.1	3.4	1.9	0.7	0.2	0.2	0.4	0.3	−0.1	−0.2	−0.1	−0.4	−0.8	−0.8	−0.2	0.2	0.3	0.4	0.5
75.0	3.5	2.6	1.0	−0.4	−1.0	−0.9	−0.4	−0.2	−0.4	−0.1	0.1	−0.1	−0.5	−0.3	0.0	0.1	0.2	0.3	0.4
80.0	3.3	2.4	0.6	−0.9	−1.7	−1.5	−0.7	−0.2	0.0	0.5	1.0	0.8	0.4	0.2	0.1	0.1	0.4	0.7	0.8
85.0	3.5	2.5	0.5	−1.0	−1.9	−1.8	−1.0	−0.3	−0.3	0.0	0.2	0.0	−0.1	0.1	0.1	0.2	0.5	0.5	0.4

90.0	3.6	2.6	0.6	−1.0	−1.9	−1.9	−1.1	−0.5	−0.6	−0.7	−0.7	−0.8	−0.6	−0.1	0.2	0.4	0.6	0.3	−0.1

WEIGHTED SUM OF NEGATIVE INTENSITIES −28.65

Fmax (0.0, 40.0, 45.0) = 12.4618
Fmin (22.5, 90.0, 45.0) = −2.0777

ORIENTATION DISTRIBUTION FUNCTION, FI2 = 50.0

	0.0	5.0	10.0	15.0	20.0	25.0	30.0	35.0	40.0	45.0	50.0	55.0	60.0	65.0	70.0	75.0	80.0	85.0	90.0
0.0	6.5	4.1	2.9	2.9	2.7	2.3	1.9	1.5	1.2	1.5	1.9	2.3	2.7	2.9	2.9	4.1	6.5	7.9	6.5
5.0	6.7	4.1	3.0	2.9	2.6	2.2	1.8	1.5	1.3	1.3	1.4	1.4	1.6	1.6	1.5	2.4	4.5	5.7	4.5
10.0	6.8	4.2	3.0	2.9	2.4	1.8	1.5	1.4	1.2	0.9	0.3	−0.1	−0.1	−0.1	−0.3	0.0	1.1	1.8	1.1
15.0	6.7	4.0	3.0	2.8	2.2	1.5	1.3	1.1	0.8	0.2	−0.4	−0.6	−0.3	−0.1	−0.3	−0.3	0.1	0.3	0.1
20.0	6.8	4.0	2.8	2.6	2.0	1.4	1.2	0.9	0.4	−0.2	−0.7	−0.6	−0.2	0.0	0.0	0.3	0.9	1.2	1.0
25.0	7.2	4.1	2.6	2.3	1.7	1.2	0.9	0.7	0.2	−0.3	−0.6	−0.7	−0.8	−1.0	−0.8	0.0	0.9	1.4	1.2
30.0	7.8	4.4	2.5	1.9	1.4	0.9	0.6	0.3	0.1	−0.2	−0.5	−0.7	−0.8	−0.8	−0.6	−0.1	0.3	0.4	0.4
35.0	8.5	5.2	2.9	2.1	1.6	0.9	0.4	0.1	0.0	−0.2	−0.5	−0.5	−0.1	0.4	0.7	0.7	0.3	0.0	0.1
40.0	9.1	6.2	4.1	3.2	2.6	1.8	1.0	0.5	0.2	−0.2	−0.5	−0.4	0.2	0.7	0.8	0.7	0.6	0.5	0.3
45.0	8.8	6.8	5.3	4.7	4.3	3.5	2.7	2.1	1.5	0.9	0.5	0.7	1.0	1.0	0.8	0.8	1.2	1.5	1.2
50.0	7.6	6.4	5.7	5.6	5.5	5.1	4.8	4.6	4.2	3.7	3.8	4.4	4.8	4.4	3.8	3.5	3.4	3.3	3.2
55.0	6.1	5.4	5.2	5.4	5.5	5.5	5.9	6.4	6.7	7.2	8.1	9.2	9.4	8.6	7.6	6.8	6.1	5.4	5.0
60.0	4.7	4.3	4.2	4.4	4.4	4.5	5.1	6.1	7.0	8.2	9.5	10.3	9.7	8.2	7.0	6.4	5.9	5.2	4.6
65.0	3.6	3.2	3.0	3.1	2.9	2.8	3.1	3.6	4.3	5.2	6.1	6.0	4.8	3.5	2.9	2.9	3.0	2.7	2.1
70.0	2.6	2.2	1.9	1.9	1.6	1.3	1.1	0.9	0.8	1.1	1.4	0.8	0.0	−0.1	0.3	0.6	0.6	0.5	0.3
75.0	2.0	1.5	1.1	0.9	0.6	0.3	0.1	−0.3	−0.7	−0.6	−0.3	−0.7	−1.0	−0.5	0.1	0.3	0.3	0.3	0.2
80.0	1.8	1.3	0.6	0.3	−0.1	−0.2	0.0	−0.2	−0.3	0.1	0.6	0.4	0.0	0.1	0.2	0.3	0.5	0.7	0.6
85.0	1.8	1.3	0.5	0.0	−0.5	−0.5	−0.1	0.1	0.0	0.4	0.8	0.5	0.2	0.2	0.1	0.2	0.5	0.5	0.2
90.0	1.9	1.3	0.3	−0.3	−0.8	−0.9	−0.4	−0.1	−0.3	−0.2	−0.2	−0.5	−0.4	0.0	0.2	0.3	0.5	0.1	−0.2

WEIGHTED SUM OF NEGATIVE INTENSITIES −13.90

Fmax (57.5, 57.5, 50.0) = 10.5462
Fmin (65.0, 27.5, 50.0) = −1.1454

ORIENTATION DISTRIBUTION FUNCTION, FI2 = 55.0

	0.0	5.0	10.0	15.0	20.0	25.0	30.0	35.0	40.0	45.0	50.0	55.0	60.0	65.0	70.0	75.0	80.0	85.0	90.0
0.0	4.1	2.9	2.9	2.7	2.3	1.9	1.5	1.2	1.5	1.9	2.3	2.7	2.9	2.9	4.1	6.5	7.9	6.5	4.1
5.0	4.1	2.9	2.9	2.7	2.2	1.8	1.4	1.2	1.3	1.4	1.5	1.6	1.6	1.5	2.5	4.6	5.8	4.6	2.5
10.0	4.0	3.0	2.9	2.4	1.8	1.5	1.3	1.2	0.9	0.4	0.0	0.0	−0.1	−0.3	0.1	1.2	1.9	1.2	0.0
15.0	3.7	2.8	2.8	2.2	1.5	1.2	1.0	0.8	0.3	−0.4	−0.7	−0.4	−0.2	−0.3	−0.3	0.1	0.3	0.1	−0.3
20.0	3.3	2.6	2.6	2.0	1.3	0.9	0.7	0.2	−0.3	−0.7	−0.6	−0.2	0.0	0.0	0.3	0.8	1.1	1.0	0.5
25.0	3.1	2.2	2.2	1.7	1.0	0.7	0.4	−0.1	−0.5	−0.7	−0.8	−0.7	−0.9	−0.8	−0.1	0.9	1.4	1.4	0.6

30.0	3.0	1.8	1.7	1.3	0.7	0.4	0.2	-0.1	-0.3	-0.6	-0.8	-0.9	-1.1	-0.8	-0.2	0.3	0.6	0.7	0.6
35.0	3.0	1.7	1.4	1.1	0.6	0.2	0.0	-0.1	-0.2	-0.4	-0.4	-0.3	0.1	0.5	0.7	0.5	0.1	0.1	0.4
40.0	3.1	1.9	1.6	1.5	1.1	0.5	0.1	0.0	-0.1	-0.3	-0.4	0.0	0.5	0.9	0.9	0.7	0.4	0.2	-0.1
45.0	3.0	2.3	2.3	2.4	2.1	1.6	1.1	0.7	0.3	-0.1	-0.2	0.0	0.3	0.4	0.4	0.7	0.9	0.8	0.2
50.0	2.5	2.3	2.7	3.1	3.3	3.2	3.0	2.6	2.1	1.8	2.1	2.8	3.1	2.9	2.5	2.4	2.4	2.3	2.1
55.0	2.0	2.0	2.6	3.2	3.7	4.2	4.8	5.0	5.2	5.9	7.3	8.5	8.6	7.6	6.4	5.4	4.6	4.0	3.8
60.0	1.3	1.6	2.2	2.8	3.2	4.0	5.1	6.1	7.3	9.1	11.2	12.1	11.0	8.9	7.1	6.0	4.9	3.9	3.2
65.0	0.7	1.0	1.7	2.2	2.4	2.9	3.8	4.9	6.2	8.2	9.9	9.6	7.4	5.1	3.8	3.3	2.8	2.0	1.2
70.0	0.0	0.4	1.1	1.6	1.6	1.5	1.8	2.2	2.8	4.0	4.6	3.6	1.9	1.0	1.0	1.0	0.8	0.4	0.0
75.0	-0.5	-0.2	0.5	1.0	0.9	0.6	0.5	0.3	0.2	0.6	0.8	0.0	-0.6	-0.1	0.5	0.5	0.3	0.1	-0.1
80.0	-0.6	-0.5	0.1	0.7	0.6	0.3	0.3	0.1	-0.2	0.2	0.4	0.0	-0.2	0.2	0.5	0.4	0.3	0.3	0.0
85.0	-0.7	-0.7	-0.2	0.5	0.6	0.4	0.7	0.7	0.5	0.8	1.1	0.8	0.3	0.3	0.2	0.1	0.3	0.2	-0.2
90.0	-0.7	-0.7	-0.3	0.4	0.6	0.4	0.7	0.9	0.7	0.7	0.7	0.2	0.0	0.2	0.2	0.2	0.3	-0.1	-0.4

WEIGHTED SUM OF NEGATIVE INTENSITIES -11.92

Fmax (55.0, 60.0, 55.0) = 12.1190
Fmin (62.5, 27.5, 55.0) = -1.2112

ORIENTATION DISTRIBUTION FUNCTION, FI2 = 60.0

	0.0	5.0	10.0	15.0	20.0	25.0	30.0	35.0	40.0	45.0	50.0	55.0	60.0	65.0	70.0	75.0	80.0	85.0	90.0
0.0	2.9	2.9	2.7	2.3	1.9	1.5	1.2	1.5	1.9	2.3	2.7	2.9	2.9	4.1	6.5	7.9	6.5	4.1	2.9
5.0	2.9	2.9	2.6	2.2	1.8	1.4	1.2	1.3	1.4	1.5	1.7	1.7	1.6	2.5	4.6	5.8	4.6	2.5	1.5
10.0	2.8	2.8	2.4	1.8	1.5	1.3	1.1	0.9	0.5	0.0	0.0	0.0	-0.3	0.1	1.3	2.0	1.3	0.1	-0.3
15.0	2.5	2.7	2.1	1.4	1.1	0.9	0.7	0.3	-0.3	-0.7	-0.5	-0.2	-0.4	-0.3	0.1	0.3	0.1	-0.3	-0.3
20.0	2.0	2.4	1.9	1.0	0.7	0.4	0.1	-0.3	-0.7	-0.7	-0.3	0.0	0.0	0.3	0.7	1.0	1.0	0.5	0.0
25.0	1.6	2.0	1.6	0.8	0.4	0.1	-0.3	-0.6	-0.8	-0.7	-0.6	-0.7	-0.7	-0.1	0.8	1.5	1.6	0.9	-0.1
30.0	1.1	1.4	1.1	0.5	0.2	-0.1	-0.4	-0.6	-0.7	-0.8	-0.9	-1.1	-1.0	-0.3	0.4	0.8	1.0	0.8	0.5
35.0	0.6	0.9	0.8	0.4	0.1	-0.2	-0.2	-0.3	-0.4	-0.4	-0.3	-0.2	0.3	0.7	0.6	0.4	0.3	0.4	0.8
40.0	0.3	0.6	0.7	0.4	0.1	-0.1	-0.1	-0.1	-0.1	-0.2	0.0	0.4	0.9	1.1	0.8	0.4	0.0	-0.3	-0.4
45.0	0.1	0.5	0.8	0.8	0.6	0.4	0.2	0.1	-0.2	-0.5	-0.6	-0.3	0.1	0.1	0.1	0.3	0.3	-0.3	-0.7
50.0	0.0	0.5	0.9	1.1	1.3	1.3	1.1	0.8	0.4	0.1	0.4	1.0	1.2	1.0	0.9	1.2	1.3	1.2	1.3
55.0	-0.1	0.4	0.8	1.2	1.7	2.3	2.5	2.5	2.6	3.5	5.0	6.1	5.9	4.8	3.9	3.3	2.8	2.6	2.8
60.0	-0.3	0.2	0.7	1.1	1.8	2.7	3.5	4.2	5.5	7.9	10.5	11.2	9.6	7.2	5.4	4.3	3.2	2.3	2.0
65.0	-0.6	-0.1	0.5	0.9	1.4	2.4	3.4	4.5	6.5	9.6	11.9	11.3	8.2	5.3	3.7	2.9	2.0	1.1	0.5
70.0	-0.9	-0.4	0.2	0.6	0.8	1.4	2.3	3.2	4.7	7.0	8.1	6.5	3.7	2.0	1.5	1.2	0.8	0.3	0.0
75.0	-1.1	-0.8	-0.3	0.1	0.1	0.4	1.0	1.5	2.0	3.0	3.1	1.7	0.5	0.6	1.0	0.8	0.3	0.0	-0.2
80.0	-1.1	-1.1	-0.7	-0.2	-0.2	0.0	0.6	0.7	0.6	0.8	0.7	-0.1	-0.4	0.4	0.7	0.4	0.1	-0.1	-0.5
85.0	-1.1	-1.2	-0.8	-0.2	0.0	0.2	0.9	1.0	0.8	0.8	0.8	0.2	-0.1	0.1	0.0	-0.1	0.0	-0.1	-0.5
90.0	-1.1	-1.1	-0.7	0.0	0.3	0.5	1.2	1.6	1.4	1.2	1.0	0.4	0.0	-0.1	-0.2	-0.1	0.1	-0.1	-0.4

WEIGHTED SUM OF NEGATIVE INTENSITIES -21.24

Fmax (52.5, 62.5, 60.0) = 12.3556
Fmin (57.5, 27.5, 60.0) = -1.1843

ORIENTATION DISTRIBUTION FUNCTION, FI2 = 65.0

	0.0	5.0	10.0	15.0	20.0	25.0	30.0	35.0	40.0	45.0	50.0	55.0	60.0	65.0	70.0	75.0	80.0	85.0	90.0
0.0	2.9	2.7	2.3	1.9	1.5	1.2	1.5	1.9	2.3	2.7	2.9	2.9	4.1	6.5	7.9	6.5	4.1	2.9	2.9
5.0	2.8	2.6	2.2	1.8	1.4	1.2	1.3	1.5	1.6	1.8	1.8	1.7	2.6	4.7	5.9	4.7	2.6	1.6	1.6
10.0	2.6	2.3	1.7	1.4	1.2	1.1	0.9	0.5	0.1	0.1	0.0	-0.2	0.2	1.4	2.1	1.4	0.2	-0.2	0.1
15.0	2.3	1.9	1.2	0.9	0.8	0.6	0.3	-0.2	-0.7	-0.6	-0.3	-0.4	-0.4	0.1	0.3	0.0	-0.3	-0.3	0.1
20.0	1.9	1.5	0.8	0.4	0.2	-0.1	-0.3	-0.6	-0.7	-0.3	-0.1	0.0	0.2	0.6	0.9	0.9	0.6	0.0	-0.1
25.0	1.5	1.2	0.5	0.1	-0.2	-0.6	-0.7	-0.8	-0.7	-0.5	-0.6	-0.6	0.0	0.9	1.5	1.7	1.2	0.1	-0.5
30.0	1.1	0.9	0.4	0.0	-0.3	-0.6	-0.8	-0.8	-0.7	-0.7	-1.1	-1.1	-0.4	0.4	1.0	1.3	1.1	0.7	0.6
35.0	0.7	0.7	0.3	0.1	-0.2	-0.4	-0.5	-0.5	-0.4	-0.3	-0.3	0.0	0.5	0.7	0.5	0.4	0.4	0.6	1.1
40.0	0.3	0.4	0.3	0.2	0.0	-0.1	-0.1	-0.1	0.0	0.1	0.4	0.9	1.2	1.0	0.5	0.0	-0.5	-0.8	-0.4
45.0	0.0	0.2	0.2	0.2	0.1	0.1	0.1	0.0	-0.3	-0.5	-0.4	0.1	0.2	0.0	0.0	-0.1	-0.6	-1.2	-1.0
50.0	0.0	0.1	0.1	0.2	0.3	0.3	0.3	0.0	-0.6	-1.0	-0.7	-0.2	-0.2	-0.3	0.0	0.4	0.5	0.5	0.8
55.0	-0.1	0.0	0.0	0.2	0.5	0.8	0.9	0.7	0.5	1.0	2.3	2.9	2.5	1.8	1.6	1.6	1.6	1.8	2.0
60.0	-0.2	-0.1	0.0	0.2	0.8	1.3	1.7	2.0	3.1	5.4	7.6	7.8	6.1	4.2	3.2	2.3	1.6	1.3	1.1
65.0	-0.3	0.0	0.1	0.4	0.9	1.6	2.3	3.2	5.4	8.9	11.2	10.0	6.7	4.1	2.8	1.9	1.1	0.6	0.2
70.0	-0.4	-0.1	0.2	0.4	0.8	1.4	2.2	3.3	5.7	8.9	10.2	7.9	4.5	2.5	1.9	1.3	0.8	0.5	0.2
75.0	-0.3	-0.2	-0.1	0.1	0.2	0.8	1.6	2.4	3.9	5.8	5.9	3.7	1.8	1.6	1.6	1.1	0.5	0.2	-0.1
80.0	-0.2	-0.5	-0.5	-0.4	-0.2	0.2	0.9	1.3	1.6	2.2	1.8	0.4	0.1	0.9	1.2	0.6	0.1	-0.2	-0.6
85.0	-0.2	-0.6	-0.8	-0.5	-0.3	0.1	0.7	0.9	0.6	0.5	0.2	-0.6	-0.6	-0.1	0.0	-0.2	-0.1	-0.2	-0.5
90.0	-0.2	-0.5	-0.7	-0.4	-0.2	0.2	0.9	1.2	0.9	0.7	0.4	-0.2	-0.5	-0.5	-0.5	-0.4	0.0	-0.1	-0.3

WEIGHTED SUM OF NEGATIVE INTENSITIES -24.03

Fmax (50.0, 67.5, 65.0) = 11.3018
Fmin (87.5, 42.5, 65.0) = -1.2673

ORIENTATION DISTRIBUTION FUNCTION, FI2 = 70.0

	0.0	5.0	10.0	15.0	20.0	25.0	30.0	35.0	40.0	45.0	50.0	55.0	60.0	65.0	70.0	75.0	80.0	85.0	90.0
0.0	2.7	2.3	1.9	1.5	1.2	1.5	1.9	2.3	2.7	2.9	2.9	4.1	6.5	7.9	6.5	4.1	2.9	2.9	2.7
5.0	2.6	2.1	1.8	1.4	1.2	1.3	1.5	1.6	1.8	1.9	1.8	2.7	4.9	6.1	4.8	2.7	1.6	1.7	1.7
10.0	2.1	1.6	1.4	1.2	1.0	0.9	0.6	0.2	0.2	0.2	-0.1	0.4	1.6	2.4	1.6	0.3	-0.1	0.2	0.4
15.0	1.6	1.0	0.8	0.7	0.5	0.4	-0.1	-0.6	-0.6	-0.4	-0.5	-0.4	0.0	0.3	0.0	-0.4	-0.3	0.1	0.3
20.0	1.1	0.5	0.3	0.1	-0.1	-0.2	-0.5	-0.7	-0.5	-0.2	-0.1	0.1	0.5	0.7	0.8	0.5	0.1	0.0	0.1
25.0	0.8	0.2	-0.1	-0.4	-0.6	-0.7	-0.7	-0.6	-0.4	-0.4	-0.4	0.1	0.9	1.5	1.8	1.4	0.4	-0.3	-0.3
30.0	0.7	0.2	-0.1	-0.4	-0.7	-0.8	-0.8	-0.6	-0.5	-0.8	-1.0	-0.4	0.5	1.1	1.5	1.4	0.8	0.6	0.6
35.0	0.6	0.3	0.2	-0.1	-0.4	-0.6	-0.6	-0.3	-0.2	-0.4	-0.3	0.2	0.6	0.6	0.6	0.5	0.5	0.8	1.0
40.0	0.4	0.4	0.4	0.3	0.1	-0.1	-0.2	0.0	0.3	0.4	0.8	1.2	1.0	0.5	0.0	-0.6	-1.1	-0.9	-0.2
45.0	0.2	0.3	0.5	0.5	0.4	0.2	0.1	0.1	0.0	0.1	0.5	0.7	0.3	0.0	-0.2	-0.7	-1.5	-1.5	-0.6
50.0	0.1	0.1	0.3	0.3	0.3	0.3	0.2	-0.2	-0.8	-0.9	-0.5	-0.4	-0.7	-0.6	-0.2	0.0	0.0	0.2	0.7
55.0	-0.1	-0.1	-0.1	0.1	0.2	0.4	0.4	-0.1	-0.7	-0.4	0.5	0.6	0.2	0.2	0.5	0.7	1.0	1.3	1.2

60.0	−0.2	−0.2	−0.2	0.0	0.4	0.8	0.9	0.7	1.0	2.6	4.1	3.8	2.6	1.9	1.4	0.8	0.6	0.6	0.2
65.0	−0.2	0.0	0.1	0.4	0.8	1.3	1.6	2.0	3.7	6.7	8.2	6.8	4.2	2.7	1.8	0.9	0.4	0.2	−0.1
70.0	0.0	0.3	0.6	0.8	1.1	1.7	2.2	3.1	5.6	9.1	9.9	7.3	4.1	2.5	1.9	1.2	0.9	0.7	0.4
75.0	0.2	0.5	0.8	0.9	1.0	1.5	2.1	3.1	5.4	8.0	8.0	5.2	2.9	2.4	2.1	1.4	1.0	0.8	0.4
80.0	0.3	0.4	0.4	0.6	0.6	0.9	1.3	1.9	3.2	4.6	4.0	2.1	1.3	1.9	1.8	1.0	0.5	0.2	−0.2
85.0	0.2	0.0	0.0	0.2	0.4	0.4	0.5	0.5	0.9	1.3	0.8	−0.3	−0.2	0.5	0.5	0.2	0.1	0.0	−0.2
90.0	0.1	−0.1	−0.3	0.1	0.3	0.2	0.2	0.2	0.1	0.1	−0.2	−0.7	−0.7	−0.5	−0.6	−0.5	0.0	0.1	0.0

WEIGHTED SUM OF NEGATIVE INTENSITIES −20.60

Fmax (47.5, 70.0, 70.0) = 9.9922
Fmin (82.5, 42.5, 70.0) = −1.6613

ORIENTATION DISTRIBUTION FUNCTION, FI2 = 75.0

	0.0	5.0	10.0	15.0	20.0	25.0	30.0	35.0	40.0	45.0	50.0	55.0	60.0	65.0	70.0	75.0	80.0	85.0	90.0
0.0	2.3	1.9	1.5	1.2	1.5	1.9	2.3	2.7	2.9	2.9	4.1	6.5	7.9	6.5	4.1	2.9	2.9	2.7	2.3
5.0	2.1	1.8	1.4	1.2	1.3	1.6	1.7	1.9	2.0	1.9	2.8	5.0	6.2	5.0	2.8	1.7	1.7	1.7	1.5
10.0	1.5	1.3	1.1	1.0	1.0	0.7	0.4	0.3	0.3	0.1	0.5	1.9	2.7	1.8	0.5	0.0	0.3	0.5	0.3
15.0	0.7	0.7	0.6	0.5	0.4	0.0	−0.5	−0.6	−0.4	−0.6	−0.5	0.1	0.4	0.0	−0.4	−0.3	0.2	0.4	0.1
20.0	0.2	0.1	0.0	−0.1	−0.1	−0.3	−0.7	−0.6	−0.3	−0.2	0.0	0.3	0.5	0.6	0.5	0.1	0.0	0.1	−0.1
25.0	0.0	−0.1	−0.4	−0.6	−0.5	−0.5	−0.5	−0.4	−0.3	−0.3	0.2	0.9	1.4	1.7	1.5	0.6	−0.1	−0.2	−0.3
30.0	0.0	−0.1	−0.4	−0.7	−0.7	−0.5	−0.4	−0.3	−0.5	−0.8	−0.3	0.6	1.2	1.6	1.6	1.0	0.6	0.5	0.1
35.0	0.3	0.3	0.0	−0.3	−0.5	−0.5	−0.2	0.0	−0.3	−0.5	−0.1	0.4	0.5	0.6	0.6	0.4	0.5	0.8	0.3
40.0	0.4	0.6	0.5	0.3	0.0	−0.2	0.0	0.3	0.3	0.4	0.7	0.8	0.4	0.0	−0.5	−1.2	−1.2	−0.6	0.0
45.0	0.4	0.7	0.8	0.7	0.4	0.1	0.1	0.3	0.4	0.7	1.0	0.7	0.1	−0.1	−0.7	−1.6	−1.9	−1.2	0.3
50.0	0.1	0.4	0.6	0.7	0.5	0.3	0.2	0.0	−0.2	0.2	0.4	−0.1	−0.5	−0.2	−0.1	−0.3	−0.2	0.2	0.8
55.0	−0.3	−0.1	0.2	0.3	0.4	0.5	0.4	−0.2	−0.6	−0.2	0.2	−0.2	−0.4	0.0	0.3	0.4	0.8	0.8	0.2
60.0	−0.6	−0.4	−0.2	0.1	0.4	0.8	0.7	0.0	−0.1	0.9	1.5	1.2	0.8	0.8	0.4	0.1	0.1	−0.1	−0.7
65.0	−0.6	−0.4	0.0	0.3	0.7	1.4	1.4	0.9	1.7	3.7	4.4	3.3	2.2	1.5	0.7	0.1	−0.1	−0.3	−0.4
70.0	−0.3	0.2	0.6	0.9	1.3	2.1	2.3	2.5	4.4	7.0	7.3	5.0	2.9	2.0	1.3	0.9	0.7	0.6	0.4
75.0	0.2	0.8	1.2	1.3	1.6	2.3	2.7	3.4	6.0	8.7	8.3	5.3	3.1	2.5	2.0	1.5	1.3	1.1	0.7
80.0	0.5	1.0	1.2	1.2	1.4	1.7	2.0	2.9	5.2	7.3	6.5	3.9	2.6	2.7	2.3	1.5	1.1	0.9	0.5
85.0	0.5	0.6	0.7	0.8	0.9	0.9	0.8	1.3	2.8	3.9	3.2	1.5	1.1	1.6	1.5	0.9	0.7	0.6	0.4
90.0	0.4	0.2	0.1	0.4	0.6	0.3	−0.1	−0.1	0.6	1.2	0.6	−0.2	−0.3	0.0	0.0	0.0	0.4	0.5	0.4

WEIGHTED SUM OF NEGATIVE INTENSITIES −18.95

Fmax (47.5, 75.0, 75.0) = 8.9544
Fmin (77.5, 42.5, 75.0) = −1.8842

ORIENTATION DISTRIBUTION FUNCTION, FI2 = 80.0

	0.0	5.0	10.0	15.0	20.0	25.0	30.0	35.0	40.0	45.0	50.0	55.0	60.0	65.0	70.0	75.0	80.0	85.0	90.0

0.0	1.9	1.5	1.2	1.5	1.9	2.3	2.7	2.9	2.9	4.1	6.5	7.9	6.5	4.1	2.9	2.9	2.7	2.3	1.9
5.0	1.7	1.4	1.2	1.3	1.6	1.8	2.0	2.1	2.0	3.0	5.2	6.4	5.1	2.9	1.8	1.8	1.8	1.5	1.4
10.0	1.2	1.1	0.9	1.0	0.8	0.5	0.5	0.5	0.3	0.8	2.2	3.0	2.1	0.7	0.1	0.4	0.6	0.4	0.4
15.0	0.6	0.5	0.4	0.4	0.1	-0.4	-0.5	-0.4	-0.6	-0.5	0.2	0.5	0.1	-0.3	-0.3	0.2	0.5	0.2	-0.1
20.0	0.1	0.0	-0.1	0.0	-0.2	-0.6	-0.7	-0.5	-0.4	-0.3	0.1	0.3	0.4	0.4	0.2	0.1	0.2	0.0	-0.3
25.0	-0.1	-0.3	-0.4	-0.3	-0.2	-0.4	-0.4	-0.3	-0.3	0.2	0.8	1.2	1.6	1.5	0.7	0.0	-0.2	-0.3	-0.5
30.0	0.0	-0.3	-0.5	-0.4	-0.2	-0.2	-0.1	-0.3	-0.5	0.0	0.7	1.2	1.6	1.7	1.1	0.6	0.5	0.0	-0.7
35.0	0.3	0.0	-0.3	-0.3	-0.2	0.0	0.1	-0.1	-0.6	-0.3	0.2	0.4	0.6	0.7	0.4	0.4	0.6	0.3	-0.5
40.0	0.6	0.4	0.2	0.2	0.0	0.0	0.2	0.1	-0.2	0.0	0.2	0.0	-0.1	-0.4	-1.1	-1.4	-0.9	-0.2	0.6
45.0	0.7	0.7	0.7	0.6	0.2	0.0	0.2	0.2	0.3	0.6	0.5	0.1	-0.2	-0.6	-1.5	-2.0	-1.5	-0.2	1.6
50.0	0.3	0.5	0.6	0.6	0.3	0.1	0.2	0.3	0.6	0.9	0.6	0.0	-0.1	0.0	-0.4	-0.5	-0.1	0.4	1.2
55.0	-0.3	-0.1	0.3	0.4	0.3	0.3	0.3	0.1	0.3	0.8	0.5	0.0	0.2	0.4	0.3	0.5	0.7	0.1	-0.4
60.0	-0.7	-0.5	-0.1	0.1	0.3	0.5	0.3	-0.3	-0.1	0.6	0.6	0.5	0.7	0.6	0.1	-0.1	-0.2	-0.7	-1.1
65.0	-0.8	-0.6	-0.2	0.1	0.5	1.0	0.5	-0.2	0.2	1.3	1.6	1.2	1.1	0.8	0.1	-0.3	-0.5	-0.7	-0.5
70.0	-0.4	-0.1	0.2	0.5	1.1	1.8	1.5	1.0	2.1	3.8	3.7	2.3	1.4	1.1	0.7	0.5	0.4	0.3	0.3
75.0	0.3	0.7	0.9	1.1	1.8	2.6	2.6	2.8	4.9	6.9	6.2	3.8	2.2	1.8	1.5	1.2	1.2	1.1	0.8
80.0	0.9	1.2	1.3	1.5	2.0	2.6	2.9	3.8	6.4	8.4	7.3	4.5	3.0	2.7	2.2	1.6	1.4	1.3	1.0
85.0	1.1	1.2	1.2	1.3	1.6	1.8	2.0	3.0	5.4	7.0	5.9	3.6	2.6	2.7	2.3	1.7	1.4	1.2	1.0
90.0	1.1	0.9	0.6	0.7	0.8	0.7	0.5	1.2	3.0	4.0	3.0	1.4	0.9	1.1	1.1	0.9	1.0	1.0	0.9

WEIGHTED SUM OF NEGATIVE INTENSITIES -19.67

Fmax (45.0, 80.0, 80.0) = 8.4153
Fmin (75.0, 45.0, 80.0) = -2.0182

ORIENTATION DISTRIBUTION FUNCTION, FI2 = 85.0

	0.0	5.0	10.0	15.0	20.0	25.0	30.0	35.0	40.0	45.0	50.0	55.0	60.0	65.0	70.0	75.0	80.0	85.0	90.0
0.0	1.5	1.2	1.5	1.9	2.3	2.7	2.9	2.9	4.1	6.5	7.9	6.5	4.1	2.9	2.9	2.7	2.3	1.9	1.5
5.0	1.4	1.2	1.4	1.6	1.8	2.1	2.2	2.1	3.1	5.3	6.6	5.3	3.0	1.9	1.9	1.9	1.6	1.4	1.4
10.0	1.0	0.9	1.0	0.9	0.7	0.8	0.8	0.6	1.1	2.6	3.5	2.5	0.9	0.3	0.6	0.7	0.5	0.5	0.9
15.0	0.5	0.4	0.5	0.2	-0.2	-0.3	-0.2	-0.5	-0.4	0.3	0.8	0.3	-0.2	-0.2	0.2	0.5	0.3	0.0	0.2
20.0	0.1	-0.1	0.1	-0.1	-0.6	-0.7	-0.6	-0.6	-0.5	-0.1	0.2	0.2	0.3	0.2	0.2	0.2	0.0	-0.3	-0.1
25.0	-0.1	-0.3	-0.1	-0.1	-0.4	-0.5	-0.4	-0.3	0.1	0.6	1.0	1.3	1.4	0.8	0.1	-0.2	-0.3	-0.6	-0.4
30.0	-0.2	-0.4	-0.2	0.0	-0.1	-0.1	-0.1	-0.2	0.2	0.9	1.3	1.5	1.7	1.2	0.6	0.4	0.0	-0.7	-1.1
35.0	0.0	-0.4	-0.1	0.1	0.1	0.2	0.0	-0.3	-0.2	0.3	0.5	0.6	0.8	0.6	0.4	0.5	0.3	-0.4	-0.7
40.0	0.2	-0.1	0.2	0.3	0.2	0.2	0.0	-0.5	-0.6	-0.3	-0.3	-0.3	-0.3	-0.8	-1.2	-0.9	-0.3	0.4	1.4
45.0	0.3	0.2	0.5	0.5	0.2	0.1	-0.1	-0.4	-0.3	-0.2	-0.4	-0.4	-0.5	-1.3	-2.0	-1.8	-0.6	1.1	3.0
50.0	0.1	0.1	0.5	0.5	0.2	0.2	0.1	0.1	0.4	0.5	0.1	0.0	0.1	-0.4	-0.7	-0.4	0.0	0.7	1.7
55.0	-0.3	-0.1	0.3	0.3	0.1	0.2	0.3	0.5	1.0	1.1	0.7	0.6	0.8	0.6	0.5	0.6	0.2	-0.5	-0.7
60.0	-0.5	-0.3	0.0	0.0	-0.1	0.0	0.0	0.0	0.6	0.9	0.8	1.0	1.1	0.6	0.1	0.0	-0.5	-1.1	-1.2
65.0	-0.5	-0.4	-0.1	-0.2	-0.2	0.0	-0.4	-0.7	-0.2	0.4	0.5	0.8	0.9	0.4	-0.2	-0.4	-0.7	-0.7	-0.4
70.0	-0.2	-0.1	0.1	0.1	0.3	0.5	-0.1	-0.5	0.2	1.1	0.9	0.5	0.5	0.4	0.4	0.3	0.0	-0.1	0.1
75.0	0.4	0.5	0.6	0.8	1.2	1.6	1.2	1.1	2.6	3.8	3.1	1.5	0.8	0.8	0.9	0.9	0.7	0.6	0.5
80.0	1.0	1.1	1.3	1.6	2.2	2.6	2.5	3.2	5.4	7.0	5.8	3.3	2.0	1.8	1.6	1.3	1.2	1.2	1.1
85.0	1.3	1.4	1.6	2.0	2.5	2.8	3.0	4.1	6.6	8.2	6.9	4.3	3.0	2.9	2.5	2.0	1.7	1.4	1.3

90.0	1.3	1.4	1.5	1.6	1.9	2.0	2.1	3.2	5.5	6.8	5.5	3.3	2.3	2.3	2.2	1.9	1.7	1.4	1.2

WEIGHTED SUM OF NEGATIVE INTENSITIES -23.96

Fmax (45.0, 85.0, 85.0) = 8.2173
Fmin (70.0, 45.0, 85.0) = -2.0290

ORIENTATION DISTRIBUTION FUNCTION, FI2 = 90.0

	0.0	5.0	10.0	15.0	20.0	25.0	30.0	35.0	40.0	45.0	50.0	55.0	60.0	65.0	70.0	75.0	80.0	85.0	90.0
0.0	1.2	1.5	1.9	2.3	2.7	2.9	2.9	4.1	6.5	7.9	6.5	4.1	2.9	2.9	2.7	2.3	1.9	1.5	1.2
5.0	1.2	1.4	1.7	1.9	2.2	2.3	2.3	3.3	5.5	6.8	5.5	3.2	2.1	2.0	1.9	1.6	1.5	1.4	1.3
10.0	0.9	1.0	1.0	0.9	1.1	1.1	0.9	1.4	3.0	4.0	3.0	1.2	0.5	0.7	0.8	0.7	0.6	0.9	1.1
15.0	0.4	0.5	0.4	0.0	0.0	0.0	-0.3	-0.2	0.6	1.2	0.6	-0.1	-0.1	0.3	0.6	0.4	0.1	0.2	0.4
20.0	0.0	0.1	0.0	-0.5	-0.6	-0.5	-0.7	-0.7	-0.2	0.1	0.1	0.2	0.2	0.2	0.3	0.1	-0.3	-0.1	0.1
25.0	-0.3	-0.1	0.0	-0.4	-0.5	-0.5	-0.5	-0.2	0.4	0.7	0.9	1.2	0.9	0.2	-0.2	-0.4	-0.7	-0.5	-0.2
30.0	-0.4	-0.1	0.1	-0.1	-0.2	-0.1	0.0	0.4	1.0	1.2	1.4	1.6	1.2	0.5	0.3	0.0	-0.7	-1.1	-1.1
35.0	-0.4	-0.1	0.3	0.2	0.2	0.2	0.0	0.2	0.7	0.7	0.7	0.9	0.7	0.4	0.6	0.4	-0.3	-0.7	-0.7
40.0	-0.2	0.1	0.5	0.3	0.2	0.0	-0.4	-0.5	-0.2	-0.2	-0.3	-0.1	-0.4	-0.9	-0.8	-0.3	0.3	1.3	1.9
45.0	-0.1	0.3	0.6	0.4	0.2	-0.1	-0.6	-0.8	-0.7	-0.7	-0.6	-0.5	-1.1	-1.9	-1.9	-1.0	0.6	2.6	3.6
50.0	-0.2	0.1	0.5	0.3	0.2	0.0	-0.4	-0.5	-0.2	-0.2	-0.3	-0.1	-0.4	-0.9	-0.8	-0.3	0.3	1.3	1.9
55.0	-0.4	-0.1	0.3	0.2	0.2	0.2	0.0	0.2	0.7	0.7	0.7	0.9	0.7	0.4	0.6	0.4	-0.3	-0.7	-0.7
60.0	-0.4	-0.1	0.1	-0.1	-0.2	-0.1	0.0	0.4	1.0	1.2	1.4	1.6	1.2	0.5	0.3	0.0	-0.7	-1.1	-1.1
65.0	-0.3	-0.1	0.0	-0.4	-0.5	-0.5	-0.5	-0.2	0.4	0.7	0.9	1.2	0.9	0.2	-0.2	-0.4	-0.7	-0.5	-0.2
70.0	0.0	0.1	0.0	-0.5	-0.6	-0.5	-0.7	-0.7	-0.2	0.1	0.1	0.2	0.2	0.2	0.3	0.1	-0.3	-0.1	0.1
75.0	0.4	0.5	0.4	0.0	0.0	0.0	-0.3	-0.2	0.6	1.2	0.6	-0.1	-0.1	0.3	0.6	0.4	0.1	0.2	0.4
80.0	0.9	1.0	1.0	0.9	1.1	1.1	0.9	1.4	3.0	4.0	3.0	1.2	0.5	0.7	0.8	0.7	0.6	0.9	1.1
85.0	1.2	1.4	1.7	1.9	2.2	2.3	2.3	3.3	5.5	6.8	5.5	3.2	2.1	2.0	1.9	1.6	1.5	1.4	1.3
90.0	1.2	1.5	1.9	2.3	2.7	2.9	2.9	4.1	6.5	7.9	6.5	4.1	2.9	2.9	2.7	2.3	1.9	1.5	1.2

WEIGHTED SUM OF NEGATIVE INTENSITIES -15.02

Fmax (45.0, 0.0, 90.0) = 7.9355
Fmin (67.5, 45.0, 90.0) = -2.0777

TOTAL SUM OF NEGATIVE INTENSITIES -479.62

7.94 5.69 1.77 0.34 1.18 1.33 0.32 0.00 0.53 1.69
3.63 5.59 5.28 2.60 0.45 0.40 0.84 0.39 0.00 epsilon-fiber, <110>||TD

1.21 1.17 0.91 0.42 0.00 0.00 0.00 0.00 0.00 0.00 eta-fiber, <100>||RD

7.94 8.10 8.35 8.50 8.86 9.61 10.62 11.72 12.46 12.09

```
10.46   8.39   6.61   5.21   4.11   3.46   3.34   3.52   3.63                 alpha-fiber, <110>||RD

 8.54   8.04   7.13   6.55   6.22   5.82   5.59                                gamma-fiber, <111>||ND


 0.00   0.26   0.58   0.39   0.19   0.00   0.00   0.00   0.00   0.00
 0.00   0.00   0.00   0.00   0.00   0.00   0.58   2.59   3.63                 zeta-fiber, <110>||ND

 7.94   6.54   4.07   2.90   2.87   2.75   2.34   1.92   1.46   1.21          tau-fiber, <100>||ND


 0.93  10.60  12.16  12.39  11.40  10.09   8.97   8.47   8.22   7.94          Beta-fiber of FCC
   90     57     54     52     51     49     47     46     45     45
   42     58     61     63     66     70     75     80     85     90            Position of beta-fiber


************************************************************************************************************************

                                     PROGRAM FUNC

                      Maximum Degree of Series Expansion Lmax = 23

************************************************************************************************************************

  >>> NO. OF ITERATION = 1     WEIGHTED SUM OF NEGATIVE INTENSITIES =    272.22
                  Fmax (  0.0, 40.0, 45.0) =   13.5138
                  Fmin ( 45.0, 52.5, 70.0) =   -1.1584

  >>> NO. OF ITERATION = 2     WEIGHTED SUM OF NEGATIVE INTENSITIES =    225.82
                  Fmax (  0.0, 40.0, 45.0) =   13.6300
                  Fmin ( 32.5, 45.0,  0.0) =   -1.0134

  >>> NO. OF ITERATION = 3     WEIGHTED SUM OF NEGATIVE INTENSITIES =    212.50
                  Fmax (  0.0, 40.0, 45.0) =   13.7458
                  Fmin ( 45.0, 52.5, 70.0) =   -0.9823

  >>> NO. OF ITERATION = 4     WEIGHTED SUM OF NEGATIVE INTENSITIES =    205.62
                  Fmax (  0.0, 40.0, 45.0) =   13.7806
                  Fmin ( 45.0, 52.5, 70.0) =   -0.9418

  >>> NO. OF ITERATION = 5     WEIGHTED SUM OF NEGATIVE INTENSITIES =    202.27
                  Fmax (  0.0, 40.0, 45.0) =   13.8417
                  Fmin ( 45.0, 52.5, 70.0) =   -0.9298

  >>> NO. OF ITERATION = 6     WEIGHTED SUM OF NEGATIVE INTENSITIES =    200.33
                  Fmax (  0.0, 40.0, 45.0) =   13.8711
```

```
                 Fmin ( 45.0, 52.5, 70.0) =   -0.9110

 >>> NO. OF ITERATION = 7      WEIGHTED SUM OF NEGATIVE INTENSITIES =    199.13
                 Fmax (  0.0, 40.0, 45.0) =   13.9249
                 Fmin ( 20.0, 25.0, 15.0) =   -0.9379

 >>> NO. OF ITERATION = 8      WEIGHTED SUM OF NEGATIVE INTENSITIES =    198.27
                 Fmax (  0.0, 40.0, 45.0) =   13.9447
                 Fmin ( 55.0, 85.0, 65.0) =   -0.9218

 >>> NO. OF ITERATION = 9      WEIGHTED SUM OF NEGATIVE INTENSITIES =    197.73
                 Fmax (  0.0, 40.0, 45.0) =   13.9851
                 Fmin ( 20.0, 25.0, 15.0) =   -0.9435

 >>> NO. OF ITERATION =10      WEIGHTED SUM OF NEGATIVE INTENSITIES =    197.30
                 Fmax (  0.0, 40.0, 45.0) =   13.9985
                 Fmin ( 55.0, 85.0, 65.0) =   -0.9347
```

*** ODD PART OF C-COEFFICIENTS:

		2	4	6	8	10	12	14	16	18	20	22
9	1	0.415965	1.171988	-1.107794	0.574104							
13	1	-0.271865	-0.824891	0.174844	-0.431019	0.471642	-0.271288					
15	1	0.030980	-0.446253	0.879585	-0.239884	0.247171	-0.256253	0.154011				
17	1	-0.169804	0.411567	-0.248731	0.711607	-0.493955	0.513193	-0.224342	0.127327			
19	1	-0.056226	0.263301	-0.134190	0.187533	-0.243865	0.017751	-0.055178	0.086626	-0.269527		
21	1	0.054740	-0.084116	0.091023	-0.144917	0.119918	-0.125280	-0.007795	-0.113262	0.227926	-0.008278	
21	2	-0.135683	0.194733	-0.295353	0.288334	-0.244073	0.317804	-0.141512	-0.097800	-0.074833	0.065237	
23	1	0.156129	-0.292481	0.220552	-0.144788	0.179823	-0.139954	0.134967	-0.096137	0.131260	0.034103	0.081630

ORIENTATION DISTRIBUTION FUNCTION, FI2 = 0.0

	0.0	5.0	10.0	15.0	20.0	25.0	30.0	35.0	40.0	45.0	50.0	55.0	60.0	65.0	70.0	75.0	80.0	85.0	90.0
0.0	0.5	0.9	1.6	2.2	2.5	2.4	2.5	4.4	7.9	9.7	7.9	4.4	2.5	2.4	2.5	2.2	1.6	0.9	0.5
5.0	0.7	0.9	1.3	1.7	2.0	1.9	1.9	3.4	6.5	8.2	6.6	3.6	1.8	1.7	1.8	1.5	1.2	1.0	0.9
10.0	0.7	0.8	0.8	0.7	0.9	1.0	0.7	1.3	3.3	4.6	3.6	1.7	0.7	0.7	0.7	0.4	0.4	0.8	1.1
15.0	0.4	0.5	0.3	-0.1	0.2	0.4	-0.2	-0.3	0.5	1.1	0.8	0.2	0.1	0.3	0.3	0.0	-0.2	0.3	0.6
20.0	0.2	0.3	0.2	-0.2	-0.1	0.1	-0.3	-0.7	-0.6	-0.5	-0.4	-0.1	0.1	0.1	0.1	0.0	-0.3	-0.1	0.2
25.0	0.2	0.4	0.5	0.1	-0.1	-0.1	-0.2	-0.1	-0.1	-0.2	-0.1	0.5	0.4	-0.1	-0.2	-0.1	-0.2	-0.1	0.1
30.0	0.1	0.4	0.6	0.3	0.0	-0.1	0.0	0.3	0.6	0.4	0.5	0.9	0.7	0.1	0.0	0.1	-0.1	-0.1	0.0
35.0	-0.2	0.1	0.5	0.3	0.0	-0.1	-0.1	0.2	0.4	0.3	0.3	0.8	0.8	0.4	0.4	0.3	0.0	0.0	0.2
40.0	-0.4	-0.1	0.2	0.0	-0.1	-0.2	-0.4	-0.5	-0.4	-0.3	-0.2	0.2	0.2	-0.1	-0.1	0.0	0.2	0.7	1.0
45.0	-0.4	-0.2	0.0	-0.2	-0.2	-0.3	-0.6	-0.9	-0.8	-0.6	-0.4	-0.1	-0.2	-0.5	-0.5	-0.2	0.2	1.1	1.6
50.0	-0.4	-0.1	0.2	0.0	-0.1	-0.2	-0.4	-0.5	-0.4	-0.3	-0.2	0.2	0.2	-0.1	-0.1	0.0	0.2	0.7	1.0

55.0	−0.2	0.1	0.5	0.3	0.0	−0.1	−0.1	0.2	0.4	0.3	0.3	0.8	0.8	0.4	0.4	0.3	0.0	0.0	0.2
60.0	0.1	0.4	0.6	0.3	0.0	−0.1	0.0	0.3	0.6	0.4	0.5	0.9	0.7	0.1	0.0	0.1	−0.1	−0.1	0.0
65.0	0.2	0.4	0.5	0.1	−0.1	−0.1	−0.2	−0.1	−0.1	−0.2	−0.1	0.5	0.4	−0.1	−0.2	−0.1	−0.2	−0.1	0.1
70.0	0.2	0.3	0.2	−0.2	−0.1	0.1	−0.3	−0.7	−0.6	−0.5	−0.4	−0.1	0.1	0.1	0.1	0.0	−0.3	−0.1	0.2
75.0	0.4	0.5	0.3	−0.1	0.2	0.4	−0.2	−0.3	0.5	1.1	0.8	0.2	0.1	0.3	0.3	0.0	−0.2	0.3	0.6
80.0	0.7	0.8	0.8	0.7	0.9	1.0	0.7	1.3	3.3	4.6	3.6	1.7	0.7	0.7	0.7	0.4	0.4	0.8	1.1
85.0	0.7	0.9	1.3	1.7	2.0	1.9	1.9	3.4	6.5	8.2	6.6	3.6	1.8	1.7	1.8	1.5	1.2	1.0	0.9
90.0	0.5	0.9	1.6	2.2	2.5	2.4	2.5	4.4	7.9	9.7	7.9	4.4	2.5	2.4	2.5	2.2	1.6	0.9	0.5

WEIGHTED SUM OF NEGATIVE INTENSITIES = −7.74

Fmax (45.0, 0.0, 0.0) = 9.7402
Fmin (35.0, 45.0, 0.0) = −0.8787

ORIENTATION DISTRIBUTION FUNCTION, FI2 = 5.0

	0.0	5.0	10.0	15.0	20.0	25.0	30.0	35.0	40.0	45.0	50.0	55.0	60.0	65.0	70.0	75.0	80.0	85.0	90.0
0.0	0.9	1.6	2.2	2.5	2.4	2.5	4.4	7.9	9.7	7.9	4.4	2.5	2.4	2.5	2.2	1.6	0.9	0.5	0.9
5.0	0.9	1.3	1.7	2.0	2.0	2.0	3.6	6.8	8.5	6.9	3.7	2.0	1.8	1.8	1.5	1.2	1.0	0.9	1.0
10.0	0.8	0.8	0.8	1.1	1.2	1.0	1.7	4.0	5.4	4.3	2.1	0.9	0.8	0.7	0.4	0.4	0.8	1.1	0.8
15.0	0.5	0.3	0.0	0.3	0.6	0.1	−0.1	1.1	1.9	1.4	0.5	0.2	0.3	0.3	0.0	−0.1	0.3	0.6	0.2
20.0	0.2	0.1	−0.2	0.0	0.3	−0.3	−0.8	−0.5	−0.2	−0.2	0.0	0.2	0.1	0.1	0.0	−0.3	−0.1	0.2	−0.1
25.0	0.2	0.3	0.0	0.0	0.1	−0.3	−0.5	−0.5	−0.5	−0.3	0.3	0.4	−0.1	−0.2	−0.1	−0.3	−0.2	0.1	0.0
30.0	0.2	0.5	0.3	0.1	0.0	0.0	0.1	0.3	0.1	0.2	0.8	0.8	0.2	0.0	0.1	−0.1	−0.2	0.0	−0.1
35.0	0.1	0.4	0.2	0.0	0.0	0.1	0.5	0.7	0.5	0.4	0.8	0.9	0.6	0.5	0.5	0.2	0.1	0.2	0.0
40.0	−0.1	0.2	0.0	−0.2	−0.1	0.0	0.1	0.3	0.3	0.1	0.4	0.5	0.3	0.2	0.2	0.3	0.6	1.0	0.7
45.0	−0.1	0.1	−0.2	−0.3	−0.2	−0.2	−0.4	−0.3	−0.3	−0.3	−0.1	0.0	−0.3	−0.5	−0.3	0.0	0.8	1.5	1.3
50.0	−0.1	0.1	0.0	−0.1	−0.1	−0.3	−0.6	−0.7	−0.6	−0.5	−0.1	0.0	−0.2	−0.3	−0.2	−0.1	0.3	0.9	0.9
55.0	0.0	0.3	0.3	0.1	0.1	−0.2	−0.5	−0.4	−0.3	−0.2	0.3	0.5	0.3	0.2	0.2	0.0	−0.1	0.1	0.2
60.0	0.1	0.5	0.5	0.3	0.1	−0.2	−0.2	0.1	0.3	0.3	0.7	0.9	0.3	0.0	0.1	−0.1	−0.2	−0.1	−0.1
65.0	0.0	0.3	0.4	0.2	0.0	0.0	0.1	0.4	0.5	0.4	0.7	0.7	0.1	−0.3	−0.2	−0.1	−0.1	0.1	0.0
70.0	0.0	0.2	0.1	−0.1	0.0	0.1	0.1	0.2	0.1	−0.1	0.1	0.3	0.1	0.0	0.1	−0.1	−0.2	0.1	0.2
75.0	0.3	0.3	0.1	−0.1	−0.1	−0.1	−0.3	−0.3	−0.3	−0.3	−0.2	−0.1	0.0	0.2	0.3	−0.1	−0.2	0.3	0.7
80.0	0.8	0.7	0.5	0.3	0.2	−0.1	−0.4	−0.1	0.6	1.0	0.6	0.0	−0.2	0.1	0.3	0.2	0.3	0.8	1.1
85.0	0.9	1.0	1.0	1.0	1.0	0.7	0.5	1.4	3.3	4.2	3.1	1.3	0.5	0.7	1.0	1.0	1.0	1.0	0.9
90.0	0.9	1.0	1.2	1.5	1.8	1.7	1.8	3.6	6.6	8.2	6.5	3.4	1.9	1.9	2.0	1.7	1.3	0.9	0.7

WEIGHTED SUM OF NEGATIVE INTENSITIES = −13.77

Fmax (40.0, 0.0, 5.0) = 9.7402
Fmin (30.0, 20.0, 5.0) = −0.8229

ORIENTATION DISTRIBUTION FUNCTION, FI2 = 10.0

	0.0	5.0	10.0	15.0	20.0	25.0	30.0	35.0	40.0	45.0	50.0	55.0	60.0	65.0	70.0	75.0	80.0	85.0	90.0

0.0	1.6	2.2	2.5	2.4	2.5	4.4	7.9	9.7	7.9	4.4	2.5	2.4	2.5	2.2	1.6	0.9	0.5	0.9	1.6
5.0	1.3	1.7	2.1	2.1	2.1	3.8	7.0	8.8	7.1	3.9	2.1	1.9	1.9	1.5	1.2	1.0	0.9	1.0	1.2
10.0	0.8	0.8	1.2	1.5	1.3	2.2	4.7	6.3	5.0	2.5	1.1	0.9	0.8	0.5	0.5	0.9	1.1	0.8	0.4
15.0	0.2	0.0	0.5	0.9	0.4	0.4	1.9	3.0	2.3	1.0	0.4	0.4	0.3	0.1	0.0	0.4	0.7	0.2	-0.2
20.0	0.0	-0.2	0.2	0.6	-0.1	-0.7	-0.2	0.5	0.4	0.3	0.3	0.2	0.1	0.0	-0.2	-0.1	0.2	0.0	-0.3
25.0	0.1	0.0	0.2	0.4	-0.3	-0.9	-0.7	-0.5	-0.2	0.4	0.5	0.0	-0.3	-0.2	-0.3	-0.2	0.1	0.0	-0.2
30.0	0.3	0.3	0.3	0.3	0.0	-0.3	-0.2	-0.3	-0.1	0.6	0.8	0.2	-0.1	0.0	-0.1	-0.2	0.0	-0.1	-0.2
35.0	0.3	0.3	0.2	0.3	0.2	0.3	0.5	0.3	0.1	0.5	0.8	0.6	0.5	0.6	0.4	0.1	0.2	0.0	-0.2
40.0	0.2	0.1	-0.1	0.1	0.3	0.5	0.7	0.6	0.2	0.4	0.6	0.5	0.4	0.4	0.4	0.5	0.8	0.7	0.1
45.0	0.1	-0.2	-0.4	-0.1	0.2	0.4	0.5	0.5	0.2	0.2	0.2	0.0	-0.3	-0.3	-0.1	0.5	1.2	1.3	0.5
50.0	0.1	-0.1	-0.3	-0.1	0.2	0.1	0.0	0.0	-0.1	-0.1	0.0	-0.2	-0.4	-0.3	-0.2	0.1	0.7	1.0	0.6
55.0	0.2	0.0	-0.1	0.0	0.1	-0.3	-0.5	-0.5	-0.4	-0.2	0.1	0.2	0.1	0.3	0.2	-0.1	0.0	0.3	0.2
60.0	0.0	0.1	0.0	0.1	0.0	-0.5	-0.7	-0.4	-0.2	0.2	0.6	0.5	0.2	0.3	0.2	-0.1	-0.2	-0.1	-0.2
65.0	-0.2	-0.1	0.1	0.2	0.1	-0.3	-0.3	0.1	0.4	0.6	0.9	0.5	-0.2	-0.3	-0.1	-0.1	0.0	0.0	-0.2
70.0	-0.2	-0.1	0.0	0.2	0.3	0.1	0.2	0.5	0.6	0.7	0.8	0.4	-0.1	-0.2	0.1	0.0	0.0	0.2	0.3
75.0	0.3	0.1	0.0	0.1	0.2	0.2	0.2	0.4	0.2	0.1	0.3	0.3	0.1	0.2	0.3	0.0	0.0	0.4	0.8
80.0	0.9	0.4	0.0	0.0	0.1	-0.1	-0.2	-0.2	-0.2	-0.2	-0.2	-0.2	-0.2	0.0	0.1	0.0	0.1	0.6	1.0
85.0	1.1	0.7	0.2	0.2	0.3	0.0	-0.2	0.1	0.7	1.0	0.5	-0.2	-0.4	0.0	0.2	0.3	0.6	0.8	0.8
90.0	1.1	0.8	0.4	0.4	0.7	0.7	0.7	1.7	3.6	4.6	3.3	1.3	0.7	1.0	0.9	0.7	0.8	0.8	0.7

WEIGHTED SUM OF NEGATIVE INTENSITIES = -12.81

Fmax (35.0, 0.0, 10.0) = 9.7402
Fmin (25.0, 22.5, 10.0) = -0.9267

ORIENTATION DISTRIBUTION FUNCTION, FI2 = 15.0

	0.0	5.0	10.0	15.0	20.0	25.0	30.0	35.0	40.0	45.0	50.0	55.0	60.0	65.0	70.0	75.0	80.0	85.0	90.0
0.0	2.2	2.5	2.4	2.5	4.4	7.9	9.7	7.9	4.4	2.5	2.4	2.5	2.2	1.6	0.9	0.5	0.9	1.6	2.2
5.0	1.7	2.1	2.1	2.2	4.0	7.3	9.1	7.4	4.0	2.2	1.9	1.9	1.6	1.2	1.0	0.9	1.0	1.2	1.5
10.0	0.8	1.3	1.7	1.6	2.6	5.5	7.2	5.7	2.9	1.4	1.1	0.9	0.5	0.5	0.9	1.1	0.8	0.4	0.3
15.0	0.1	0.7	1.3	0.8	1.0	2.9	4.3	3.4	1.5	0.6	0.5	0.4	0.1	0.1	0.5	0.7	0.3	-0.2	0.0
20.0	-0.2	0.5	1.0	0.2	-0.4	0.6	1.6	1.3	0.7	0.5	0.2	0.1	0.0	-0.1	0.1	0.3	0.0	-0.2	0.0
25.0	0.0	0.5	0.8	-0.1	-0.9	-0.6	0.0	0.2	0.6	0.7	0.1	-0.3	-0.2	-0.3	-0.3	0.0	0.0	-0.1	-0.1
30.0	0.3	0.7	0.7	0.0	-0.7	-0.7	-0.5	-0.2	0.6	0.9	0.2	-0.2	-0.1	-0.2	-0.3	-0.1	-0.1	-0.2	0.0
35.0	0.4	0.6	0.6	0.2	-0.2	-0.3	-0.3	-0.3	0.2	0.7	0.5	0.4	0.5	0.4	0.1	0.1	0.0	-0.2	0.1
40.0	0.2	0.3	0.4	0.3	0.2	0.2	0.1	-0.2	0.0	0.4	0.6	0.6	0.7	0.6	0.5	0.7	0.7	0.2	-0.1
45.0	0.0	-0.1	0.1	0.4	0.5	0.6	0.6	0.2	0.1	0.3	0.3	0.0	-0.1	0.0	0.3	1.0	1.2	0.7	0.0
50.0	0.0	-0.2	0.1	0.5	0.6	0.6	0.6	0.4	0.2	0.2	-0.1	-0.4	-0.4	-0.2	0.0	0.6	1.0	0.8	0.5
55.0	0.1	-0.1	0.0	0.4	0.4	0.2	0.2	0.1	0.0	0.0	-0.1	0.0	0.3	0.4	0.2	0.1	0.3	0.4	0.4
60.0	0.0	-0.2	-0.1	0.2	0.0	-0.4	-0.4	-0.3	-0.2	0.0	0.2	0.4	0.6	0.7	0.2	-0.2	-0.2	-0.2	-0.2
65.0	-0.2	-0.2	0.0	0.1	-0.2	-0.6	-0.6	-0.2	0.0	0.3	0.5	0.3	0.1	0.1	0.0	-0.1	-0.1	-0.2	-0.3
70.0	0.0	-0.1	0.1	0.3	0.0	-0.3	-0.2	0.3	0.5	0.7	0.6	0.1	-0.4	-0.2	0.1	0.1	0.1	0.3	0.4
75.0	0.4	0.1	0.1	0.3	0.3	0.0	0.2	0.6	0.7	0.7	0.7	0.3	0.0	0.2	0.3	0.1	0.0	0.3	0.8
80.0	0.7	0.1	-0.1	0.2	0.3	0.1	0.2	0.4	0.2	0.2	0.4	0.3	0.2	0.2	0.2	0.0	0.0	0.2	0.5

85.0	0.7	0.2	-0.2	0.1	0.3	0.2	0.0	-0.1	-0.2	-0.3	-0.3	-0.3	-0.2	-0.1	-0.1	-0.1	0.2	0.3	0.4
90.0	0.6	0.3	-0.2	0.0	0.3	0.3	0.1	0.2	0.8	1.1	0.5	-0.3	-0.2	0.4	0.2	-0.1	0.3	0.5	0.4

WEIGHTED SUM OF NEGATIVE INTENSITIES = -13.08

Fmax (30.0, 0.0, 15.0) = 9.7402
Fmin (20.0, 25.0, 15.0) = -0.9300

ORIENTATION DISTRIBUTION FUNCTION, FI2 = 20.0

	0.0	5.0	10.0	15.0	20.0	25.0	30.0	35.0	40.0	45.0	50.0	55.0	60.0	65.0	70.0	75.0	80.0	85.0	90.0
0.0	2.5	2.4	2.5	4.4	7.9	9.7	7.9	4.4	2.5	2.4	2.5	2.2	1.6	0.9	0.5	0.9	1.6	2.2	2.5
5.0	2.1	2.2	2.3	4.1	7.5	9.4	7.6	4.2	2.3	2.0	2.0	1.6	1.2	1.0	0.9	1.0	1.2	1.5	1.6
10.0	1.4	1.9	1.9	3.1	6.2	8.1	6.5	3.4	1.6	1.3	1.0	0.6	0.6	0.9	1.1	0.8	0.4	0.3	0.5
15.0	0.9	1.6	1.2	1.7	4.1	5.8	4.5	2.2	0.9	0.7	0.4	0.2	0.3	0.6	0.8	0.3	-0.2	0.0	0.3
20.0	0.7	1.3	0.6	0.3	1.8	3.2	2.6	1.4	0.8	0.4	0.1	0.1	0.1	0.2	0.3	0.1	-0.2	0.0	0.2
25.0	0.8	1.1	0.1	-0.6	0.2	1.2	1.3	1.2	1.0	0.3	-0.2	-0.2	-0.2	-0.2	0.0	0.1	-0.1	-0.1	-0.2
30.0	0.9	1.0	0.0	-0.9	-0.6	0.1	0.4	1.0	1.2	0.4	-0.3	-0.3	-0.3	-0.4	-0.2	-0.1	-0.2	0.0	0.2
35.0	0.8	0.8	0.0	-0.7	-0.8	-0.5	-0.3	0.2	0.7	0.5	0.2	0.3	0.4	0.1	0.0	0.0	-0.1	0.2	0.6
40.0	0.5	0.5	0.1	-0.5	-0.7	-0.6	-0.7	-0.4	0.2	0.5	0.6	0.8	0.8	0.6	0.7	0.7	0.3	0.1	0.1
45.0	0.2	0.4	0.2	-0.2	-0.3	-0.3	-0.4	-0.4	0.1	0.4	0.3	0.2	0.3	0.4	0.9	1.3	1.0	0.3	-0.1
50.0	0.2	0.4	0.5	0.3	0.1	0.2	0.1	0.1	0.3	0.2	-0.3	-0.4	-0.2	0.1	0.6	1.2	1.2	0.8	0.6
55.0	0.3	0.4	0.6	0.6	0.4	0.4	0.4	0.3	0.2	0.0	-0.3	-0.1	0.2	0.3	0.3	0.5	0.6	0.7	0.9
60.0	0.2	0.2	0.4	0.5	0.3	0.2	0.2	0.1	0.0	-0.1	0.1	0.5	0.9	0.6	0.1	-0.2	-0.2	-0.2	0.0
65.0	0.1	0.0	0.1	0.2	0.0	-0.1	-0.1	-0.1	-0.2	0.0	0.2	0.4	0.6	0.4	0.0	-0.2	-0.2	-0.3	-0.2
70.0	0.1	0.0	0.1	0.1	-0.2	-0.4	-0.2	0.0	0.1	0.1	0.1	-0.2	-0.2	0.0	0.1	0.0	0.1	0.2	0.4
75.0	0.3	0.1	0.1	0.1	-0.2	-0.4	0.0	0.6	0.6	0.5	0.3	-0.2	-0.4	0.0	0.3	0.1	0.0	0.1	0.5
80.0	0.3	0.1	0.0	0.1	-0.1	-0.2	0.2	0.8	0.7	0.6	0.6	0.3	0.1	0.2	0.3	0.1	-0.1	-0.2	0.0
85.0	0.2	-0.1	-0.2	0.0	0.1	0.0	0.2	0.3	0.0	0.0	0.2	0.2	0.1	0.1	0.0	0.0	0.2	0.1	0.0
90.0	0.2	-0.1	-0.3	0.0	0.1	0.1	0.1	-0.1	-0.4	-0.5	-0.6	-0.7	-0.3	0.1	-0.1	-0.2	0.2	0.3	0.2

WEIGHTED SUM OF NEGATIVE INTENSITIES = -14.76

Fmax (25.0, 0.0, 20.0) = 9.7402
Fmin (17.5, 32.5, 20.0) = -0.8699

ORIENTATION DISTRIBUTION FUNCTION, FI2 = 25.0

	0.0	5.0	10.0	15.0	20.0	25.0	30.0	35.0	40.0	45.0	50.0	55.0	60.0	65.0	70.0	75.0	80.0	85.0	90.0
0.0	2.4	2.5	4.4	7.9	9.7	7.9	4.4	2.5	2.4	2.5	2.2	1.6	0.9	0.5	0.9	1.6	2.2	2.5	2.4
5.0	2.3	2.4	4.2	7.7	9.7	7.8	4.3	2.4	2.1	2.0	1.6	1.2	1.0	0.8	1.0	1.2	1.5	1.6	1.4
10.0	2.0	2.1	3.6	7.0	9.0	7.2	3.8	1.9	1.5	1.1	0.7	0.6	1.0	1.1	0.8	0.4	0.3	0.4	0.2
15.0	1.8	1.6	2.4	5.4	7.3	5.8	2.8	1.3	0.8	0.5	0.3	0.4	0.8	0.9	0.4	-0.1	0.0	0.3	0.2
20.0	1.5	1.0	1.2	3.4	5.1	4.2	2.2	1.1	0.6	0.2	0.3	0.4	0.5	0.5	0.2	-0.1	0.1	0.2	0.0

25.0	1.3	0.4	0.2	1.7	3.2	3.0	2.1	1.5	0.6	−0.1	−0.1	0.0	−0.1	0.1	0.1	0.0	0.0	−0.1	−0.4
30.0	0.9	0.0	−0.4	0.6	1.8	2.0	1.9	1.7	0.8	−0.2	−0.4	−0.4	−0.4	−0.3	−0.1	−0.2	0.0	0.3	0.2
35.0	0.5	−0.3	−0.7	−0.1	0.7	1.0	1.2	1.3	0.8	0.1	0.1	0.2	0.0	−0.1	−0.1	−0.1	0.2	0.7	0.8
40.0	0.2	−0.3	−0.8	−0.6	−0.1	0.1	0.2	0.6	0.7	0.6	0.8	1.0	0.8	0.7	0.7	0.4	0.2	0.2	0.1
45.0	0.2	−0.1	−0.6	−0.8	−0.6	−0.5	−0.3	0.2	0.6	0.7	0.6	0.8	0.9	1.2	1.5	1.4	0.7	0.1	−0.2
50.0	0.4	0.3	−0.2	−0.7	−0.7	−0.5	−0.2	0.3	0.7	0.4	0.0	0.0	0.3	0.9	1.6	1.8	1.4	1.0	0.9
55.0	0.5	0.5	0.2	−0.1	−0.3	−0.1	0.2	0.6	0.6	0.2	−0.3	−0.2	0.1	0.4	0.8	1.0	1.0	1.2	1.3
60.0	0.3	0.3	0.4	0.3	0.2	0.3	0.4	0.5	0.3	0.1	0.1	0.3	0.4	0.2	0.0	−0.1	0.0	0.2	0.4
65.0	0.0	0.0	0.2	0.4	0.5	0.5	0.3	0.1	−0.1	0.0	0.4	0.6	0.6	0.3	0.0	−0.2	−0.3	−0.2	−0.1
70.0	−0.2	−0.1	0.0	0.2	0.4	0.4	0.2	0.0	−0.2	−0.1	0.0	0.1	0.1	0.2	0.1	0.0	0.0	0.1	0.2
75.0	−0.1	−0.1	−0.1	0.1	0.1	0.1	0.3	0.4	0.2	−0.1	−0.3	−0.6	−0.5	0.0	0.1	−0.1	−0.1	0.0	0.2
80.0	0.0	0.0	−0.1	−0.1	−0.2	−0.2	0.4	0.8	0.7	0.4	0.1	−0.3	−0.4	0.0	0.2	0.0	−0.1	−0.2	−0.2
85.0	0.1	0.0	−0.1	−0.1	−0.3	−0.3	0.4	0.8	0.6	0.4	0.5	0.2	0.0	0.0	0.1	0.3	0.4	0.1	−0.1
90.0	0.1	−0.1	−0.2	−0.1	−0.2	−0.1	0.4	0.5	−0.1	−0.2	−0.1	−0.1	−0.2	−0.1	−0.1	0.1	0.5	0.4	0.2

WEIGHTED SUM OF NEGATIVE INTENSITIES = −15.09

Fmax (20.0, 0.0, 25.0) = 9.7402
Fmin (15.0, 45.0, 25.0) = −0.8396

ORIENTATION DISTRIBUTION FUNCTION, FI2 = 30.0

	0.0	5.0	10.0	15.0	20.0	25.0	30.0	35.0	40.0	45.0	50.0	55.0	60.0	65.0	70.0	75.0	80.0	85.0	90.0
0.0	2.5	4.4	7.9	9.7	7.9	4.4	2.5	2.4	2.5	2.2	1.6	0.9	0.5	0.9	1.6	2.2	2.5	2.4	2.5
5.0	2.5	4.4	7.9	9.9	8.0	4.4	2.4	2.2	2.0	1.6	1.2	1.0	0.8	1.0	1.2	1.5	1.6	1.4	1.3
10.0	2.3	4.0	7.6	9.7	7.8	4.1	2.1	1.6	1.2	0.7	0.7	1.0	1.1	0.8	0.4	0.3	0.4	0.1	−0.1
15.0	1.9	3.2	6.6	8.7	6.9	3.5	1.6	1.1	0.6	0.4	0.6	0.9	0.9	0.4	−0.1	0.0	0.3	0.1	−0.1
20.0	1.4	2.1	5.1	7.2	5.8	3.0	1.4	0.8	0.4	0.4	0.6	0.7	0.6	0.2	−0.1	0.1	0.2	0.0	0.1
25.0	0.8	1.2	3.8	5.7	4.9	3.1	1.8	0.9	0.2	0.1	0.2	0.2	0.2	0.1	0.0	0.0	−0.1	−0.3	−0.1
30.0	0.1	0.6	2.8	4.6	4.4	3.3	2.4	1.2	0.1	−0.3	−0.3	−0.4	−0.3	−0.2	−0.2	0.0	0.3	0.3	0.3
35.0	−0.3	0.3	2.2	3.7	3.8	3.2	2.5	1.5	0.4	0.0	0.1	−0.1	−0.2	−0.2	−0.2	0.1	0.7	0.9	0.5
40.0	−0.2	0.3	1.5	2.8	3.0	2.6	2.1	1.6	0.9	0.8	1.0	0.9	0.6	0.6	0.4	0.3	0.3	0.2	−0.2
45.0	0.1	0.2	0.7	1.6	2.0	1.8	1.6	1.6	1.3	1.2	1.4	1.4	1.5	1.7	1.7	1.2	0.5	0.1	−0.1
50.0	0.3	0.1	0.1	0.4	0.8	1.0	1.3	1.7	1.6	1.1	0.9	1.1	1.6	2.2	2.5	2.2	1.7	1.4	1.3
55.0	0.3	0.1	−0.1	−0.2	0.0	0.4	1.1	1.8	1.6	0.8	0.3	0.4	0.9	1.4	1.7	1.7	1.7	1.9	1.9
60.0	0.0	0.0	0.0	−0.1	−0.1	0.2	0.8	1.3	1.2	0.6	0.1	0.0	0.2	0.3	0.3	0.2	0.4	0.7	1.1
65.0	−0.2	−0.1	0.1	0.2	0.3	0.3	0.3	0.5	0.5	0.4	0.3	0.2	0.2	0.1	0.0	−0.1	−0.1	0.0	0.3
70.0	−0.3	−0.2	0.0	0.5	0.8	0.6	0.2	−0.1	0.0	0.2	0.4	0.3	0.4	0.4	0.3	0.2	0.2	0.1	0.1
75.0	−0.3	−0.2	0.0	0.6	0.8	0.6	0.3	0.1	−0.1	−0.2	−0.2	−0.3	−0.1	0.2	0.2	−0.1	0.0	0.1	0.0
80.0	−0.1	−0.2	−0.1	0.3	0.4	0.3	0.5	0.5	0.1	−0.2	−0.5	−0.7	−0.5	0.0	0.1	−0.1	−0.1	0.0	−0.1
85.0	0.0	−0.1	−0.2	0.0	0.0	0.1	0.6	0.9	0.5	0.2	0.1	−0.2	−0.3	−0.1	0.2	0.4	0.5	0.3	0.0
90.0	0.0	−0.1	−0.1	0.1	0.0	0.1	0.7	0.9	0.5	0.4	0.6	0.3	0.0	−0.1	0.0	0.3	0.6	0.4	0.1

WEIGHTED SUM OF NEGATIVE INTENSITIES = −7.80

Fmax (15.0, 7.5, 30.0) = 9.8664

Fmin (55.0, 80.0, 30.0) = -0.6915

ORIENTATION DISTRIBUTION FUNCTION, FI2 = 35.0

	0.0	5.0	10.0	15.0	20.0	25.0	30.0	35.0	40.0	45.0	50.0	55.0	60.0	65.0	70.0	75.0	80.0	85.0	90.0
0.0	4.4	7.9	9.7	7.9	4.4	2.5	2.4	2.5	2.2	1.6	0.9	0.5	0.9	1.6	2.2	2.5	2.4	2.5	4.4
5.0	4.5	8.0	10.0	8.1	4.5	2.5	2.2	2.1	1.7	1.3	0.9	0.8	1.0	1.2	1.5	1.6	1.3	1.3	2.7
10.0	4.3	8.1	10.3	8.2	4.4	2.3	1.8	1.3	0.8	0.7	1.0	1.1	0.8	0.5	0.3	0.3	0.1	-0.2	0.2
15.0	3.8	7.6	9.9	7.8	4.0	1.9	1.3	0.7	0.4	0.6	1.0	0.9	0.4	0.0	0.0	0.2	0.1	-0.1	-0.1
20.0	3.0	6.7	9.0	7.2	3.6	1.7	1.0	0.5	0.5	0.8	0.9	0.7	0.2	0.0	0.2	0.3	0.1	0.1	0.5
25.0	2.4	5.9	8.2	6.8	3.9	2.1	1.1	0.4	0.4	0.5	0.5	0.3	0.2	0.1	0.1	0.0	-0.3	-0.2	0.4
30.0	2.1	5.5	7.8	6.9	4.6	2.8	1.6	0.5	0.0	0.0	-0.2	-0.2	-0.2	-0.1	0.0	0.2	0.3	0.3	0.3
35.0	2.3	5.6	7.9	7.4	5.4	3.7	2.3	0.9	0.2	0.0	-0.1	-0.3	-0.3	-0.3	0.0	0.5	0.8	0.6	0.2
40.0	2.8	5.6	7.6	7.6	6.2	4.5	3.0	1.7	1.0	0.9	0.8	0.5	0.3	0.3	0.3	0.3	0.2	0.0	0.0
45.0	3.0	4.7	6.3	6.8	6.0	4.8	3.6	2.6	2.0	1.9	1.9	1.7	1.7	1.8	1.5	0.9	0.4	0.3	0.8
50.0	2.4	3.1	4.1	4.8	4.7	4.2	3.8	3.3	2.8	2.5	2.5	2.7	3.0	3.2	3.1	2.7	2.4	2.2	2.4
55.0	1.5	1.6	2.1	2.5	2.6	2.9	3.5	3.6	3.1	2.3	2.1	2.3	2.6	2.8	2.8	2.8	2.9	3.1	3.2
60.0	0.8	0.9	0.9	0.8	0.8	1.3	2.3	2.9	2.4	1.5	0.8	0.8	0.9	0.9	0.8	0.9	1.3	1.8	2.4
65.0	0.5	0.5	0.4	0.2	0.0	0.2	0.8	1.4	1.3	0.6	0.0	-0.2	-0.1	0.0	0.1	0.1	0.2	0.5	1.0
70.0	0.4	0.3	0.3	0.3	0.2	-0.1	0.0	0.3	0.5	0.4	0.2	0.1	0.2	0.4	0.5	0.5	0.3	0.1	0.1
75.0	0.3	0.1	0.2	0.5	0.5	0.1	-0.1	0.0	0.1	0.2	0.3	0.3	0.5	0.6	0.4	0.2	0.2	0.1	-0.1
80.0	0.2	0.0	0.0	0.4	0.4	0.2	0.1	0.1	-0.2	-0.3	-0.3	-0.3	0.0	0.2	0.0	-0.2	0.0	0.1	0.1
85.0	0.2	-0.1	-0.1	0.2	0.2	0.2	0.4	0.4	-0.1	-0.4	-0.5	-0.6	-0.4	0.0	0.1	0.2	0.3	0.2	0.0
90.0	0.2	0.0	0.0	0.3	0.4	0.4	0.8	0.8	0.3	0.3	0.4	0.2	-0.1	-0.1	0.0	0.3	0.5	0.1	-0.2

WEIGHTED SUM OF NEGATIVE INTENSITIES = -5.53

Fmax (10.0, 10.0, 35.0) = 10.2847
Fmin (55.0, 85.0, 35.0) = -0.5888

ORIENTATION DISTRIBUTION FUNCTION, FI2 = 40.0

	0.0	5.0	10.0	15.0	20.0	25.0	30.0	35.0	40.0	45.0	50.0	55.0	60.0	65.0	70.0	75.0	80.0	85.0	90.0
0.0	7.9	9.7	7.9	4.4	2.5	2.4	2.5	2.2	1.6	0.9	0.5	0.9	1.6	2.2	2.5	2.4	2.5	4.4	7.9
5.0	8.1	10.1	8.1	4.5	2.5	2.3	2.1	1.7	1.3	0.9	0.8	1.0	1.2	1.5	1.6	1.3	1.3	2.6	5.2
10.0	8.4	10.6	8.5	4.6	2.4	1.9	1.4	0.8	0.8	1.0	1.1	0.8	0.5	0.4	0.3	0.0	-0.2	0.1	1.0
15.0	8.3	10.7	8.4	4.3	2.1	1.5	0.9	0.5	0.7	1.0	0.9	0.4	0.0	0.0	0.2	0.1	-0.1	0.0	-0.1
20.0	7.8	10.3	8.1	4.0	1.9	1.2	0.7	0.6	0.9	1.0	0.7	0.2	0.0	0.2	0.3	0.1	0.1	0.5	0.7
25.0	7.6	10.0	8.1	4.3	2.1	1.2	0.7	0.6	0.8	0.7	0.4	0.2	0.1	0.1	0.0	-0.3	-0.3	0.3	0.6
30.0	7.9	10.4	8.8	5.2	2.8	1.6	0.8	0.3	0.2	0.1	0.0	-0.1	-0.1	0.0	0.2	0.2	0.1	0.2	0.0
35.0	9.0	11.5	10.1	6.8	4.2	2.6	1.4	0.5	0.1	-0.1	-0.3	-0.3	-0.2	0.0	0.4	0.7	0.6	0.3	0.0
40.0	9.9	12.2	11.5	8.8	6.2	4.2	2.7	1.4	0.9	0.5	0.2	0.0	0.0	0.1	0.2	0.1	0.1	0.2	0.6
45.0	9.5	11.2	11.3	9.9	7.7	5.8	4.1	2.9	2.3	2.0	1.7	1.4	1.4	1.4	1.2	0.8	0.7	1.3	2.2
50.0	7.4	8.4	9.1	8.8	7.6	6.4	5.2	4.4	3.9	3.9	3.8	3.7	3.8	3.8	3.8	3.6	3.5	3.7	4.2

55.0	4.8	5.3	5.9	6.0	5.7	5.5	5.4	5.1	4.8	4.8	4.9	4.9	4.8	4.6	4.6	4.8	4.8	4.8	5.1
60.0	3.0	3.1	3.1	3.0	3.0	3.4	4.0	4.3	3.9	3.5	3.4	3.2	2.8	2.4	2.3	2.6	3.0	3.5	4.2
65.0	2.1	2.0	1.5	0.9	0.7	1.1	1.9	2.3	1.8	1.0	0.6	0.4	0.2	0.2	0.4	0.6	0.9	1.4	2.1
70.0	1.5	1.2	0.6	0.1	−0.2	−0.2	0.4	0.8	0.5	−0.1	−0.4	−0.5	−0.4	0.1	0.4	0.5	0.3	0.1	0.2
75.0	1.1	0.7	0.2	−0.1	−0.3	−0.5	−0.1	0.2	0.3	0.3	0.4	0.4	0.4	0.5	0.5	0.3	0.1	−0.1	−0.3
80.0	0.9	0.5	0.0	−0.1	−0.3	−0.4	−0.2	0.1	0.1	0.2	0.4	0.4	0.4	0.4	0.0	−0.3	−0.1	0.1	0.1
85.0	1.0	0.5	0.0	−0.1	−0.3	−0.3	−0.1	0.0	−0.3	−0.5	−0.5	−0.6	−0.3	0.0	−0.1	−0.2	0.1	0.1	0.0
90.0	1.0	0.7	0.2	0.0	−0.1	−0.1	0.2	0.2	−0.2	−0.3	−0.4	−0.5	−0.4	−0.2	−0.1	0.0	0.2	−0.1	−0.4

WEIGHTED SUM OF NEGATIVE INTENSITIES = −10.06

Fmax (7.5, 40.0, 40.0) = 12.1694
Fmin (55.0, 87.5, 40.0) = −0.7449

ORIENTATION DISTRIBUTION FUNCTION, FI2 = 45.0

	0.0	5.0	10.0	15.0	20.0	25.0	30.0	35.0	40.0	45.0	50.0	55.0	60.0	65.0	70.0	75.0	80.0	85.0	90.0
0.0	9.7	7.9	4.4	2.5	2.4	2.5	2.2	1.6	0.9	0.5	0.9	1.6	2.2	2.5	2.4	2.5	4.4	7.9	9.7
5.0	10.1	8.2	4.5	2.6	2.3	2.2	1.7	1.3	0.9	0.8	0.9	1.3	1.5	1.6	1.3	1.3	2.6	5.2	6.6
10.0	10.8	8.6	4.6	2.5	2.1	1.5	0.8	0.8	1.0	1.0	0.8	0.5	0.4	0.3	0.0	−0.3	0.1	0.9	1.4
15.0	11.0	8.5	4.3	2.2	1.7	1.0	0.5	0.7	1.0	0.9	0.4	0.0	0.0	0.2	0.1	−0.1	0.0	−0.1	−0.2
20.0	10.7	8.3	4.1	1.9	1.4	0.8	0.6	0.9	1.0	0.6	0.2	0.0	0.2	0.4	0.2	0.2	0.5	0.7	0.6
25.0	10.7	8.4	4.1	1.8	1.2	0.8	0.7	0.9	0.8	0.4	0.2	0.1	0.2	0.1	−0.3	−0.4	0.1	0.5	0.5
30.0	11.4	9.1	4.9	2.2	1.3	0.8	0.5	0.4	0.3	0.1	0.0	0.0	0.1	0.1	0.0	0.0	0.0	−0.1	−0.1
35.0	12.9	10.8	6.5	3.5	2.1	1.4	0.7	0.2	0.0	−0.1	−0.2	−0.1	0.1	0.3	0.5	0.6	0.4	0.1	−0.1
40.0	14.0	12.4	8.9	5.8	4.1	2.9	1.8	0.9	0.4	0.1	−0.1	−0.1	0.0	0.1	0.0	0.1	0.3	0.8	1.0
45.0	13.2	12.4	10.3	8.1	6.3	4.9	3.6	2.5	1.9	1.4	1.0	0.9	1.0	1.0	0.9	0.9	1.5	2.5	3.0
50.0	10.3	10.1	9.6	8.6	7.3	6.2	5.3	4.7	4.5	4.3	4.0	3.9	4.1	4.5	4.7	4.6	4.6	4.8	5.0
55.0	6.8	6.9	7.1	6.9	6.5	6.1	6.0	6.2	6.6	7.1	7.4	7.2	7.0	7.1	7.2	7.0	6.6	6.1	6.0
60.0	4.4	4.3	4.3	4.3	4.2	4.4	4.9	5.5	6.1	6.9	7.3	6.9	6.0	5.3	5.0	4.9	4.9	5.0	5.1
65.0	3.0	2.8	2.3	2.1	1.9	2.2	2.7	3.0	3.1	3.2	3.3	2.8	1.9	1.4	1.3	1.5	1.9	2.4	2.6
70.0	2.1	1.7	1.1	0.7	0.5	0.6	1.0	0.9	0.4	−0.1	−0.2	−0.5	−0.6	−0.2	0.2	0.3	0.3	0.2	0.2
75.0	1.4	1.0	0.4	0.1	0.0	0.1	0.3	0.3	−0.2	−0.4	−0.3	−0.3	−0.2	0.2	0.4	0.3	0.0	−0.3	−0.4
80.0	1.3	0.8	0.1	−0.2	−0.3	−0.2	0.2	0.3	0.2	0.4	0.7	0.7	0.5	0.3	0.0	−0.2	0.0	0.1	0.1
85.0	1.5	1.0	0.2	−0.2	−0.4	−0.4	0.0	0.1	−0.1	0.0	0.0	−0.1	−0.1	−0.1	−0.3	−0.3	0.0	0.1	0.0
90.0	1.6	1.1	0.2	−0.2	−0.5	−0.5	−0.2	−0.1	−0.4	−0.6	−0.8	−0.9	−0.6	−0.3	−0.2	−0.2	0.0	−0.2	−0.4

WEIGHTED SUM OF NEGATIVE INTENSITIES = −10.22

Fmax (0.0, 40.0, 45.0) = 13.9985
Fmin (55.0, 90.0, 45.0) = −0.8787

ORIENTATION DISTRIBUTION FUNCTION, FI2 = 50.0

	0.0	5.0	10.0	15.0	20.0	25.0	30.0	35.0	40.0	45.0	50.0	55.0	60.0	65.0	70.0	75.0	80.0	85.0	90.0

0.0	7.9	4.4	2.5	2.4	2.5	2.2	1.6	0.9	0.5	0.9	1.6	2.2	2.5	2.4	2.5	4.4	7.9	9.7	7.9
5.0	8.1	4.5	2.6	2.3	2.2	1.7	1.3	0.9	0.8	0.9	1.3	1.5	1.6	1.4	1.3	2.6	5.2	6.6	5.2
10.0	8.4	4.5	2.5	2.1	1.5	0.9	0.8	1.0	1.0	0.8	0.6	0.4	0.3	0.0	-0.3	0.0	0.9	1.4	1.0
15.0	8.3	4.2	2.3	1.8	1.1	0.4	0.6	0.9	0.8	0.4	0.1	0.0	0.1	0.0	-0.1	-0.1	-0.1	-0.2	-0.1
20.0	7.8	3.7	1.9	1.5	0.9	0.5	0.7	0.8	0.5	0.1	0.0	0.2	0.4	0.2	0.2	0.5	0.6	0.6	0.7
25.0	7.6	3.5	1.5	1.2	0.8	0.6	0.8	0.7	0.3	0.0	0.0	0.2	0.2	-0.2	-0.4	0.0	0.4	0.6	0.6
30.0	7.9	3.7	1.3	0.8	0.7	0.5	0.5	0.4	0.2	0.1	0.0	0.1	0.1	-0.1	-0.2	-0.1	-0.1	-0.1	0.0
35.0	9.0	4.7	1.9	1.1	1.0	0.7	0.3	0.1	0.1	0.1	0.1	0.2	0.4	0.4	0.4	0.4	0.1	-0.1	0.0
40.0	9.9	6.3	3.6	2.5	2.2	1.6	0.9	0.3	0.1	0.0	0.1	0.1	0.0	0.0	0.0	0.3	0.7	0.9	0.6
45.0	9.5	7.2	5.4	4.4	4.0	3.3	2.4	1.6	1.0	0.6	0.4	0.4	0.4	0.5	0.6	1.1	2.0	2.6	2.2
50.0	7.4	6.5	5.9	5.5	5.2	4.9	4.5	4.0	3.6	3.3	3.2	3.5	4.1	4.7	4.9	4.7	4.7	4.6	4.2
55.0	4.8	4.7	4.8	4.9	5.0	5.3	5.8	6.3	7.0	7.7	8.2	8.7	9.2	9.5	9.0	7.9	6.7	5.7	5.1
60.0	3.0	3.0	3.2	3.5	3.7	4.2	5.2	6.6	8.2	9.9	10.8	10.7	9.9	8.7	7.5	6.5	5.7	5.0	4.2
65.0	2.1	2.0	2.1	2.2	2.2	2.4	3.2	4.3	5.6	6.9	7.5	6.7	5.1	3.5	2.6	2.4	2.6	2.6	2.1
70.0	1.5	1.4	1.3	1.4	1.2	1.1	1.3	1.5	1.6	1.8	1.7	1.1	0.2	-0.1	0.1	0.3	0.4	0.3	0.2
75.0	1.1	0.9	0.8	0.8	0.8	0.6	0.5	0.2	-0.4	-0.7	-0.7	-0.8	-0.7	-0.1	0.3	0.3	0.1	-0.2	-0.3
80.0	0.9	0.7	0.5	0.5	0.5	0.5	0.5	0.3	-0.1	-0.1	0.2	0.2	0.2	0.3	0.3	0.2	0.2	0.2	0.1
85.0	1.0	0.7	0.3	0.3	0.3	0.3	0.5	0.5	0.2	0.4	0.6	0.5	0.2	0.0	-0.2	-0.1	0.2	0.1	0.0
90.0	1.0	0.7	0.2	0.0	-0.1	-0.1	0.2	0.2	-0.2	-0.3	-0.4	-0.5	-0.4	-0.2	-0.1	0.0	0.2	-0.1	-0.4

WEIGHTED SUM OF NEGATIVE INTENSITIES = -6.06

Fmax (52.5, 60.0, 50.0) = 10.8863
Fmin (57.5, 75.0, 50.0) = -0.8536

ORIENTATION DISTRIBUTION FUNCTION, FI2 = 55.0

	0.0	5.0	10.0	15.0	20.0	25.0	30.0	35.0	40.0	45.0	50.0	55.0	60.0	65.0	70.0	75.0	80.0	85.0	90.0
0.0	4.4	2.5	2.4	2.5	2.2	1.6	0.9	0.5	0.9	1.6	2.2	2.5	2.4	2.5	4.4	7.9	9.7	7.9	4.4
5.0	4.5	2.5	2.3	2.2	1.7	1.3	0.9	0.7	0.9	1.3	1.5	1.6	1.4	1.3	2.6	5.2	6.6	5.3	2.7
10.0	4.3	2.5	2.2	1.6	0.9	0.8	0.9	0.9	0.8	0.6	0.4	0.3	0.0	-0.3	0.0	1.0	1.5	1.0	0.2
15.0	3.8	2.2	1.9	1.1	0.4	0.5	0.8	0.7	0.4	0.1	0.0	0.1	0.0	-0.1	-0.1	-0.1	-0.2	-0.1	-0.1
20.0	3.0	1.7	1.6	1.0	0.4	0.5	0.6	0.3	0.0	0.0	0.2	0.4	0.2	0.2	0.5	0.6	0.5	0.6	0.5
25.0	2.4	1.1	1.2	0.9	0.5	0.5	0.5	0.1	-0.1	-0.1	0.2	0.2	-0.2	-0.4	0.0	0.4	0.6	0.7	0.4
30.0	2.1	0.5	0.6	0.7	0.4	0.3	0.3	0.1	0.0	0.0	0.1	0.1	-0.2	-0.4	-0.3	-0.2	-0.1	0.1	0.3
35.0	2.3	0.4	0.3	0.6	0.5	0.2	0.1	0.2	0.2	0.2	0.3	0.4	0.3	0.3	0.3	0.1	-0.1	-0.1	0.2
40.0	2.8	1.1	0.7	1.0	1.0	0.5	0.2	0.2	0.3	0.4	0.3	0.2	0.0	0.0	0.2	0.5	0.7	0.4	0.0
45.0	3.0	2.0	1.7	2.0	2.1	1.7	1.1	0.6	0.4	0.3	0.0	-0.2	-0.2	0.0	0.4	1.2	1.8	1.6	0.8
50.0	2.4	2.2	2.3	2.7	3.1	3.2	2.8	2.2	1.8	1.7	1.9	2.6	3.4	3.7	3.6	3.5	3.4	3.0	2.4
55.0	1.5	1.6	2.0	2.6	3.3	4.0	4.5	4.7	5.1	6.1	7.4	8.9	9.7	9.4	8.0	6.4	5.0	3.8	3.2
60.0	0.8	0.9	1.3	1.8	2.5	3.6	4.9	6.3	8.1	10.4	12.5	13.3	12.3	10.2	7.9	6.1	4.7	3.4	2.4
65.0	0.5	0.6	0.9	1.2	1.5	2.3	3.7	5.5	7.6	10.0	11.5	10.7	8.0	5.1	3.3	2.8	2.5	1.9	1.0
70.0	0.4	0.4	0.7	0.9	0.8	1.0	1.9	3.0	4.0	5.0	5.2	3.9	1.8	0.4	0.1	0.4	0.6	0.3	0.1
75.0	0.3	0.3	0.5	0.7	0.5	0.4	0.8	0.9	0.6	0.5	0.2	-0.4	-0.7	-0.3	0.4	0.5	0.2	-0.1	-0.1
80.0	0.2	0.2	0.4	0.6	0.5	0.4	0.6	0.4	-0.2	-0.5	-0.5	-0.5	-0.2	0.4	0.7	0.6	0.4	0.2	0.1

85.0	0.2	0.1	0.2	0.6	0.6	0.5	0.8	0.7	0.3	0.3	0.6	0.5	0.3	0.2	0.1	0.2	0.4	0.2	0.0
90.0	0.2	0.0	0.0	0.3	0.4	0.4	0.8	0.8	0.3	0.3	0.4	0.2	−0.1	−0.1	0.0	0.3	0.5	0.1	−0.2

WEIGHTED SUM OF NEGATIVE INTENSITIES = −5.05

Fmax (55.0, 60.0, 55.0) = 13.2718
Fmin (57.5, 77.5, 55.0) = −0.8419

ORIENTATION DISTRIBUTION FUNCTION, FI2 = 60.0

	0.0	5.0	10.0	15.0	20.0	25.0	30.0	35.0	40.0	45.0	50.0	55.0	60.0	65.0	70.0	75.0	80.0	85.0	90.0
0.0	2.5	2.4	2.5	2.2	1.6	0.9	0.5	0.9	1.6	2.2	2.5	2.4	2.5	4.4	7.9	9.7	7.9	4.4	2.5
5.0	2.5	2.3	2.2	1.7	1.3	0.9	0.7	0.9	1.3	1.6	1.7	1.4	1.3	2.7	5.3	6.8	5.4	2.7	1.3
10.0	2.3	2.1	1.5	0.9	0.8	0.9	0.9	0.8	0.7	0.5	0.3	0.1	−0.2	0.1	1.1	1.7	1.2	0.3	−0.1
15.0	1.9	1.9	1.1	0.3	0.4	0.6	0.6	0.4	0.1	0.0	0.0	0.0	−0.2	−0.2	−0.2	−0.2	−0.2	−0.1	−0.1
20.0	1.4	1.7	1.0	0.2	0.2	0.3	0.1	−0.1	−0.1	0.1	0.3	0.2	0.2	0.5	0.5	0.4	0.6	0.5	0.1
25.0	0.8	1.3	1.0	0.3	0.2	0.2	−0.1	−0.2	−0.1	0.2	0.2	−0.1	−0.3	0.0	0.4	0.6	0.8	0.5	−0.1
30.0	0.1	0.7	0.8	0.4	0.1	0.1	0.0	−0.1	−0.2	0.0	0.1	−0.3	−0.6	−0.5	−0.2	0.0	0.3	0.4	0.3
35.0	−0.3	0.2	0.5	0.3	0.0	0.0	0.1	0.2	0.1	0.3	0.4	0.3	0.1	0.1	0.1	−0.1	−0.1	0.1	0.5
40.0	−0.2	0.0	0.3	0.3	0.1	0.0	0.2	0.4	0.5	0.6	0.4	0.2	0.2	0.3	0.4	0.4	0.2	−0.2	−0.2
45.0	0.1	0.3	0.5	0.6	0.5	0.3	0.3	0.4	0.4	0.1	−0.3	−0.6	−0.5	−0.3	0.2	0.9	0.9	0.3	−0.1
50.0	0.3	0.5	0.7	1.0	1.2	1.2	1.0	0.7	0.5	0.4	0.5	1.1	1.6	1.7	1.7	1.9	1.8	1.4	1.3
55.0	0.3	0.4	0.7	1.1	1.7	2.2	2.1	1.9	2.3	3.5	5.4	7.0	7.4	6.4	5.0	3.8	2.7	2.0	1.9
60.0	0.0	0.1	0.3	0.8	1.6	2.5	3.1	3.7	5.4	8.5	11.7	12.8	11.3	8.6	6.1	4.2	2.7	1.6	1.1
65.0	−0.2	−0.2	0.1	0.4	0.9	1.9	3.1	4.6	7.2	10.8	13.3	12.5	8.8	5.1	3.2	2.4	1.7	0.8	0.3
70.0	−0.3	−0.3	−0.1	0.1	0.3	1.0	2.4	3.9	5.8	8.0	8.8	6.7	3.2	0.8	0.4	0.7	0.6	0.3	0.1
75.0	−0.3	−0.3	−0.2	−0.1	−0.2	0.3	1.4	2.3	2.6	3.0	2.6	1.1	−0.2	−0.1	0.5	0.6	0.3	0.0	0.0
80.0	−0.1	−0.3	−0.2	−0.1	−0.2	0.0	0.8	1.0	0.4	−0.1	−0.5	−0.9	−0.6	0.5	1.0	0.7	0.3	0.0	−0.1
85.0	0.0	−0.2	−0.1	0.1	0.0	0.1	0.7	0.7	0.1	−0.2	−0.2	−0.2	−0.1	0.3	0.3	0.3	0.3	0.2	0.0
90.0	0.0	−0.1	−0.1	0.1	0.0	0.1	0.7	0.9	0.5	0.4	0.6	0.3	0.0	−0.1	0.0	0.3	0.6	0.4	0.1

WEIGHTED SUM OF NEGATIVE INTENSITIES = −9.37

Fmax (52.5, 62.5, 60.0) = 13.8802
Fmin (55.0, 80.0, 60.0) = −0.8684

ORIENTATION DISTRIBUTION FUNCTION, FI2 = 65.0

	0.0	5.0	10.0	15.0	20.0	25.0	30.0	35.0	40.0	45.0	50.0	55.0	60.0	65.0	70.0	75.0	80.0	85.0	90.0
0.0	2.4	2.5	2.2	1.6	0.9	0.5	0.9	1.6	2.2	2.5	2.4	2.5	4.4	7.9	9.7	7.9	4.4	2.5	2.4
5.0	2.3	2.2	1.7	1.3	0.9	0.7	0.9	1.3	1.6	1.7	1.5	1.4	2.8	5.4	6.9	5.5	2.8	1.4	1.4
10.0	2.0	1.5	0.9	0.8	0.9	0.8	0.8	0.7	0.5	0.4	0.2	−0.2	0.2	1.3	1.9	1.4	0.4	0.0	0.2
15.0	1.8	1.0	0.2	0.3	0.5	0.5	0.4	0.2	−0.1	−0.1	−0.1	−0.2	−0.3	−0.2	−0.2	−0.2	−0.1	−0.1	0.2
20.0	1.5	0.9	0.0	0.0	0.1	0.0	−0.1	0.0	0.1	0.2	0.2	0.2	0.4	0.5	0.3	0.4	0.5	0.1	0.0

25.0	1.3	0.9	0.2	0.0	−0.1	−0.2	−0.2	−0.1	0.2	0.2	0.0	−0.2	0.1	0.4	0.6	0.8	0.7	0.0	−0.4
30.0	0.9	0.9	0.4	0.0	−0.1	−0.1	−0.2	−0.2	0.0	0.1	−0.3	−0.7	−0.6	−0.3	0.0	0.4	0.5	0.3	0.2
35.0	0.5	0.7	0.4	0.0	0.0	0.1	0.0	−0.1	0.1	0.3	0.2	−0.1	−0.1	−0.1	−0.1	0.0	0.1	0.4	0.8
40.0	0.2	0.4	0.1	−0.2	−0.2	0.1	0.2	0.3	0.5	0.6	0.5	0.4	0.4	0.4	0.3	0.1	−0.2	−0.3	0.1
45.0	0.2	0.2	−0.1	−0.3	−0.3	−0.1	0.3	0.5	0.4	0.0	−0.4	−0.4	−0.3	−0.2	0.3	0.4	0.1	−0.3	−0.2
50.0	0.4	0.3	0.0	−0.1	0.0	0.1	0.2	0.2	−0.1	−0.6	−0.6	−0.3	−0.1	0.1	0.5	0.9	0.8	0.7	0.9
55.0	0.5	0.3	0.1	0.2	0.4	0.6	0.4	0.1	0.2	1.2	2.6	3.5	3.5	2.8	2.2	1.6	1.2	1.2	1.3
60.0	0.3	0.2	0.1	0.3	0.7	1.0	0.8	0.9	2.4	5.5	8.4	9.0	7.4	5.4	3.6	2.1	1.0	0.6	0.4
65.0	0.0	0.0	0.0	0.3	0.7	1.1	1.5	2.3	5.1	9.4	12.3	11.1	7.3	4.2	2.6	1.6	0.7	0.2	−0.1
70.0	−0.2	−0.1	0.0	0.2	0.4	1.0	1.9	3.3	6.0	9.7	10.9	8.1	3.8	1.4	0.9	0.8	0.5	0.4	0.2
75.0	−0.1	−0.2	−0.2	−0.1	−0.1	0.6	1.7	2.9	4.4	6.1	5.9	3.2	0.8	0.5	0.9	0.7	0.3	0.3	0.2
80.0	0.0	−0.3	−0.3	−0.3	−0.4	0.1	1.1	1.6	1.7	1.8	1.1	−0.2	−0.3	0.8	1.2	0.5	0.0	−0.1	−0.2
85.0	0.1	−0.2	−0.3	−0.2	−0.3	−0.1	0.5	0.5	0.0	−0.4	−0.7	−0.9	−0.4	0.4	0.4	0.0	0.0	0.0	−0.1
90.0	0.1	−0.1	−0.2	−0.1	−0.2	−0.1	0.4	0.5	−0.1	−0.2	−0.1	−0.1	−0.2	−0.1	−0.1	0.1	0.5	0.4	0.2

WEIGHTED SUM OF NEGATIVE INTENSITIES = −13.51

Fmax (50.0, 67.5, 65.0) = 12.2782
Fmin (55.0, 85.0, 65.0) = −0.9347

ORIENTATION DISTRIBUTION FUNCTION, FI2 = 70.0

	0.0	5.0	10.0	15.0	20.0	25.0	30.0	35.0	40.0	45.0	50.0	55.0	60.0	65.0	70.0	75.0	80.0	85.0	90.0
0.0	2.5	2.2	1.6	0.9	0.5	0.9	1.6	2.2	2.5	2.4	2.5	4.4	7.9	9.7	7.9	4.4	2.5	2.4	2.5
5.0	2.1	1.7	1.3	0.9	0.7	0.9	1.3	1.6	1.8	1.6	1.5	2.9	5.6	7.1	5.7	2.9	1.5	1.4	1.6
10.0	1.4	0.9	0.8	0.8	0.8	0.8	0.7	0.5	0.5	0.3	−0.1	0.3	1.5	2.3	1.7	0.6	0.1	0.3	0.5
15.0	0.9	0.1	0.2	0.5	0.4	0.4	0.2	−0.1	−0.1	−0.1	−0.3	−0.4	−0.2	−0.2	−0.2	−0.1	−0.1	0.2	0.3
20.0	0.7	−0.1	−0.1	0.0	−0.1	0.0	0.1	0.0	0.1	0.2	0.2	0.3	0.3	0.1	0.3	0.4	0.1	0.0	0.2
25.0	0.8	0.1	−0.1	−0.2	−0.3	−0.1	0.1	0.2	0.2	0.0	−0.1	0.2	0.5	0.6	0.8	0.8	0.1	−0.4	−0.2
30.0	0.9	0.4	0.0	−0.1	−0.1	−0.1	−0.1	0.0	0.1	−0.3	−0.6	−0.5	−0.2	0.1	0.5	0.6	0.3	0.1	0.2
35.0	0.8	0.5	0.1	0.0	0.1	0.0	−0.2	−0.1	0.2	0.0	−0.3	−0.3	−0.3	−0.2	0.0	0.2	0.3	0.5	0.6
40.0	0.5	0.3	0.0	−0.1	0.1	0.0	−0.1	0.2	0.5	0.6	0.5	0.5	0.3	0.2	0.1	−0.2	−0.3	−0.1	0.1
45.0	0.2	0.0	−0.2	−0.3	−0.1	0.0	0.2	0.4	0.4	0.2	0.2	0.2	0.1	0.1	0.3	0.1	−0.3	−0.3	−0.1
50.0	0.2	0.0	−0.3	−0.4	−0.2	0.1	0.3	0.2	−0.3	−0.7	−0.7	−0.7	−0.7	−0.3	0.3	0.5	0.5	0.6	0.6
55.0	0.3	0.1	−0.1	−0.2	0.0	0.3	0.3	−0.2	−0.7	−0.5	0.2	0.5	0.6	0.8	0.8	0.7	0.7	0.9	0.9
60.0	0.2	0.2	0.0	0.0	0.3	0.4	0.2	−0.2	0.4	2.3	4.1	4.2	3.5	2.7	1.7	0.6	0.1	0.1	0.0
65.0	0.1	0.2	0.2	0.3	0.5	0.6	0.5	0.7	2.9	6.6	8.7	7.4	4.9	3.1	1.7	0.6	0.0	−0.1	−0.2
70.0	0.1	0.4	0.6	0.6	0.6	0.9	1.2	2.2	5.3	9.6	10.7	7.6	3.7	1.8	1.1	0.7	0.6	0.6	0.4
75.0	0.3	0.5	0.7	0.7	0.5	0.8	1.5	2.8	5.8	9.0	8.8	5.1	1.9	1.2	1.1	0.7	0.6	0.7	0.5
80.0	0.3	0.3	0.4	0.3	0.2	0.5	1.1	2.0	3.7	5.2	4.3	1.7	0.7	1.4	1.3	0.4	0.1	0.1	0.0
85.0	0.2	0.0	−0.1	0.0	0.0	0.2	0.4	0.6	0.9	1.2	0.5	−0.5	−0.1	0.8	0.6	−0.1	−0.1	0.0	0.0
90.0	0.2	−0.1	−0.3	0.0	0.1	0.1	0.1	−0.1	−0.4	−0.5	−0.6	−0.7	−0.3	0.1	−0.1	−0.2	0.2	0.3	0.2

WEIGHTED SUM OF NEGATIVE INTENSITIES = −11.71

Fmax (47.5, 70.0, 70.0) = 10.7779

Fmin (45.0, 52.5, 70.0) = -0.8805

ORIENTATION DISTRIBUTION FUNCTION, FI2 = 75.0

	0.0	5.0	10.0	15.0	20.0	25.0	30.0	35.0	40.0	45.0	50.0	55.0	60.0	65.0	70.0	75.0	80.0	85.0	90.0
0.0	2.2	1.6	0.9	0.5	0.9	1.6	2.2	2.5	2.4	2.5	4.4	7.9	9.7	7.9	4.4	2.5	2.4	2.5	2.2
5.0	1.7	1.3	0.9	0.7	0.9	1.3	1.6	1.8	1.6	1.6	3.0	5.8	7.4	5.9	3.1	1.5	1.5	1.6	1.5
10.0	0.8	0.8	0.8	0.7	0.8	0.8	0.6	0.6	0.4	0.0	0.4	1.8	2.7	2.0	0.8	0.2	0.3	0.5	0.3
15.0	0.1	0.2	0.4	0.4	0.4	0.2	-0.1	-0.1	-0.1	-0.4	-0.5	-0.2	-0.1	-0.1	-0.1	0.0	0.2	0.3	0.0
20.0	-0.2	-0.1	0.0	0.0	0.1	0.1	0.0	0.0	0.1	0.1	0.1	0.1	-0.1	0.0	0.3	0.1	0.0	0.2	0.0
25.0	0.0	-0.1	-0.1	-0.2	0.1	0.3	0.2	0.1	0.0	0.0	0.3	0.5	0.5	0.7	0.8	0.1	-0.4	-0.2	-0.1
30.0	0.3	0.1	-0.1	-0.1	0.1	0.2	0.2	0.1	-0.2	-0.5	-0.3	-0.1	0.2	0.6	0.8	0.3	0.0	0.1	0.0
35.0	0.4	0.3	0.1	0.1	0.1	-0.1	-0.1	0.1	-0.1	-0.5	-0.6	-0.5	-0.3	0.0	0.3	0.2	0.3	0.4	0.1
40.0	0.2	0.2	0.1	0.2	0.1	-0.3	-0.2	0.2	0.3	0.2	0.2	0.1	0.0	0.0	-0.1	-0.3	-0.2	-0.1	-0.1
45.0	0.0	0.1	0.1	0.1	0.0	-0.2	0.0	0.3	0.5	0.6	0.7	0.5	0.2	0.3	0.2	-0.2	-0.4	-0.3	0.0
50.0	0.0	0.1	0.0	0.0	0.1	0.2	0.4	0.3	0.1	0.0	0.0	-0.3	-0.2	0.2	0.5	0.5	0.5	0.5	0.5
55.0	0.1	0.1	0.0	0.1	0.4	0.7	0.6	0.0	-0.7	-0.8	-0.6	-0.6	-0.1	0.4	0.5	0.5	0.7	0.7	0.4
60.0	0.0	0.0	0.0	0.1	0.5	0.9	0.6	-0.3	-0.7	0.0	0.8	1.1	1.4	1.3	0.5	-0.1	-0.1	-0.1	-0.2
65.0	-0.2	0.0	0.1	0.2	0.5	1.0	0.7	0.1	1.0	3.2	4.3	3.7	2.7	1.9	0.7	-0.2	-0.3	-0.3	-0.3
70.0	0.0	0.3	0.6	0.5	0.6	1.1	1.2	1.5	4.0	7.6	8.1	5.5	2.9	1.6	0.8	0.4	0.5	0.6	0.4
75.0	0.4	0.8	1.0	0.7	0.7	1.2	1.6	2.8	6.5	10.2	9.7	5.6	2.5	1.5	1.0	0.6	0.8	1.0	0.8
80.0	0.7	0.9	0.8	0.5	0.5	0.9	1.4	2.9	6.3	9.1	7.8	4.0	2.0	1.8	1.3	0.4	0.4	0.6	0.5
85.0	0.7	0.6	0.2	0.2	0.3	0.5	0.7	1.6	3.6	5.0	3.7	1.4	0.9	1.4	0.9	0.1	0.1	0.4	0.4
90.0	0.6	0.3	-0.2	0.0	0.3	0.3	0.1	0.2	0.8	1.1	0.5	-0.3	-0.2	0.4	0.2	-0.1	0.3	0.5	0.4

WEIGHTED SUM OF NEGATIVE INTENSITIES = -9.33

Fmax (47.5, 75.0, 75.0) = 10.6454
Fmin (40.0, 57.5, 75.0) = -0.8507

ORIENTATION DISTRIBUTION FUNCTION, FI2 = 80.0

	0.0	5.0	10.0	15.0	20.0	25.0	30.0	35.0	40.0	45.0	50.0	55.0	60.0	65.0	70.0	75.0	80.0	85.0	90.0
0.0	1.6	0.9	0.5	0.9	1.6	2.2	2.5	2.4	2.5	4.4	7.9	9.7	7.9	4.4	2.5	2.4	2.5	2.2	1.6
5.0	1.3	0.9	0.7	0.9	1.3	1.7	1.9	1.7	1.7	3.1	6.0	7.6	6.1	3.2	1.6	1.6	1.7	1.5	1.2
10.0	0.8	0.8	0.7	0.8	0.8	0.6	0.7	0.6	0.2	0.7	2.2	3.2	2.5	1.0	0.3	0.4	0.5	0.4	0.4
15.0	0.2	0.5	0.4	0.5	0.3	-0.1	-0.1	0.0	-0.4	-0.5	-0.1	0.1	0.0	-0.1	0.0	0.2	0.3	0.0	-0.2
20.0	0.0	0.1	0.1	0.2	0.2	-0.1	-0.1	0.0	-0.1	-0.1	-0.1	-0.3	-0.2	0.1	0.1	0.0	0.2	0.0	-0.3
25.0	0.1	0.0	0.0	0.3	0.4	0.2	0.0	0.0	0.0	0.3	0.5	0.3	0.5	0.7	0.2	-0.3	-0.2	-0.1	-0.2
30.0	0.3	0.1	0.0	0.4	0.5	0.3	0.1	-0.1	-0.3	0.0	0.2	0.3	0.6	0.9	0.5	0.0	0.0	0.0	-0.2
35.0	0.3	0.1	0.1	0.3	0.2	0.1	0.1	-0.1	-0.5	-0.6	-0.5	-0.3	0.1	0.5	0.3	0.2	0.3	0.1	-0.2
40.0	0.2	0.1	0.1	0.1	-0.1	-0.2	0.0	0.0	-0.3	-0.4	-0.3	-0.4	-0.2	0.0	-0.2	-0.3	-0.2	-0.1	0.1
45.0	0.1	0.1	0.1	0.1	-0.2	-0.4	0.0	0.2	0.3	0.4	0.4	0.1	0.1	0.1	-0.2	-0.4	-0.3	-0.1	0.5
50.0	0.1	0.2	0.2	0.2	0.0	0.0	0.2	0.4	0.6	0.7	0.5	0.2	0.3	0.6	0.4	0.4	0.4	0.4	0.6

55.0	0.2	0.1	0.2	0.4	0.4	0.5	0.4	0.1	0.0	0.0	−0.2	−0.1	0.4	0.7	0.5	0.6	0.7	0.4	0.2
60.0	0.0	−0.1	0.0	0.3	0.6	0.9	0.5	−0.4	−0.8	−0.6	−0.4	0.1	0.8	0.7	0.0	−0.1	0.0	−0.2	−0.2
65.0	−0.2	−0.2	−0.1	0.0	0.6	1.1	0.6	−0.5	−0.5	0.5	1.0	1.2	1.3	0.8	−0.1	−0.4	−0.3	−0.4	−0.2
70.0	−0.2	0.0	0.0	0.0	0.6	1.4	1.1	0.5	1.9	4.1	4.2	2.7	1.5	0.8	0.2	0.1	0.2	0.2	0.3
75.0	0.3	0.5	0.5	0.2	0.7	1.7	1.8	2.4	5.5	8.6	7.8	4.3	1.9	1.1	0.6	0.4	0.6	0.9	0.8
80.0	0.9	1.0	0.7	0.5	0.9	1.7	2.2	3.8	7.8	10.9	9.3	5.1	2.5	1.8	1.2	0.5	0.6	0.9	1.0
85.0	1.1	1.0	0.6	0.5	0.9	1.3	1.7	3.5	6.9	9.0	7.2	3.8	2.1	2.0	1.5	0.7	0.7	0.8	0.8
90.0	1.1	0.8	0.4	0.4	0.7	0.7	0.7	1.7	3.6	4.6	3.3	1.3	0.7	1.0	0.9	0.7	0.8	0.8	0.7

WEIGHTED SUM OF NEGATIVE INTENSITIES = −10.62

Fmax (45.0, 80.0, 80.0) = 10.8737
Fmin (37.5, 62.5, 80.0) = −0.8816

ORIENTATION DISTRIBUTION FUNCTION, FI2 = 85.0

	0.0	5.0	10.0	15.0	20.0	25.0	30.0	35.0	40.0	45.0	50.0	55.0	60.0	65.0	70.0	75.0	80.0	85.0	90.0
0.0	0.9	0.5	0.9	1.6	2.2	2.5	2.4	2.5	4.4	7.9	9.7	7.9	4.4	2.5	2.4	2.5	2.2	1.6	0.9
5.0	0.9	0.7	0.9	1.3	1.7	1.9	1.8	1.8	3.3	6.2	7.9	6.4	3.4	1.7	1.6	1.7	1.5	1.2	1.0
10.0	0.8	0.7	0.8	0.8	0.7	0.8	0.8	0.4	1.0	2.7	3.9	3.0	1.3	0.5	0.5	0.6	0.4	0.4	0.8
15.0	0.5	0.4	0.5	0.3	−0.1	0.0	0.1	−0.3	−0.5	0.1	0.5	0.3	0.0	0.0	0.2	0.3	0.0	−0.2	0.2
20.0	0.2	0.2	0.3	0.2	−0.2	−0.2	0.0	−0.2	−0.4	−0.4	−0.5	−0.4	0.0	0.1	0.1	0.1	0.0	−0.3	−0.1
25.0	0.2	0.1	0.4	0.5	0.1	−0.1	−0.1	0.0	0.2	0.3	0.1	0.2	0.6	0.3	−0.2	−0.2	−0.1	−0.2	0.0
30.0	0.2	0.1	0.4	0.7	0.4	0.1	−0.1	−0.1	0.2	0.5	0.4	0.6	1.0	0.6	0.0	0.0	0.0	−0.2	−0.1
35.0	0.1	−0.1	0.3	0.4	0.2	0.1	−0.1	−0.4	−0.3	−0.1	−0.1	0.2	0.6	0.5	0.2	0.3	0.1	−0.1	0.0
40.0	−0.1	−0.2	0.1	0.1	−0.1	−0.1	−0.2	−0.6	−0.7	−0.6	−0.6	−0.3	0.1	−0.1	−0.3	−0.2	−0.1	0.1	0.7
45.0	−0.1	−0.2	0.0	−0.1	−0.3	−0.2	−0.2	−0.4	−0.4	−0.3	−0.3	−0.2	0.0	−0.2	−0.5	−0.4	−0.1	0.4	1.3
50.0	−0.1	−0.1	0.1	0.1	−0.2	−0.2	0.0	0.1	0.4	0.4	0.2	0.3	0.5	0.4	0.2	0.2	0.2	0.4	0.9
55.0	0.0	0.0	0.3	0.3	0.1	0.1	0.2	0.4	0.7	0.6	0.3	0.5	0.9	0.7	0.5	0.6	0.4	0.1	0.2
60.0	0.1	0.1	0.3	0.3	0.2	0.3	0.1	−0.1	0.0	−0.1	−0.1	0.5	0.9	0.4	0.0	0.1	0.0	−0.2	−0.1
65.0	0.0	0.0	0.1	0.0	0.2	0.5	0.0	−0.8	−0.8	−0.5	−0.3	0.3	0.6	0.2	−0.3	−0.2	−0.3	−0.3	0.0
70.0	0.0	0.0	0.0	−0.2	0.3	0.8	0.2	−0.6	−0.1	0.9	0.9	0.5	0.4	0.2	0.0	0.0	−0.1	−0.1	0.2
75.0	0.3	0.4	0.2	0.0	0.6	1.4	1.0	1.0	2.9	4.7	4.0	2.0	0.8	0.5	0.4	0.2	0.2	0.5	0.7
80.0	0.8	0.8	0.7	0.7	1.3	2.0	2.1	3.3	6.6	8.9	7.4	3.9	1.9	1.4	1.0	0.5	0.5	0.9	1.1
85.0	0.9	1.0	1.1	1.3	1.9	2.2	2.5	4.5	8.2	10.4	8.5	4.7	2.6	2.2	1.9	1.4	1.1	1.0	0.9
90.0	0.9	1.0	1.2	1.5	1.8	1.7	1.8	3.6	6.6	8.2	6.5	3.4	1.9	1.9	2.0	1.7	1.3	0.9	0.7

WEIGHTED SUM OF NEGATIVE INTENSITIES = −13.04

Fmax (45.0, 85.0, 85.0) = 10.4058
Fmin (37.5, 67.5, 85.0) = −0.9240

ORIENTATION DISTRIBUTION FUNCTION, FI2 = 90.0

	0.0	5.0	10.0	15.0	20.0	25.0	30.0	35.0	40.0	45.0	50.0	55.0	60.0	65.0	70.0	75.0	80.0	85.0	90.0

0.0	0.5	0.9	1.6	2.2	2.5	2.4	2.5	4.4	7.9	9.7	7.9	4.4	2.5	2.4	2.5	2.2	1.6	0.9	0.5
5.0	0.7	0.9	1.3	1.7	2.0	1.9	1.9	3.4	6.5	8.2	6.6	3.6	1.8	1.7	1.8	1.5	1.2	1.0	0.9
10.0	0.7	0.8	0.8	0.7	0.9	1.0	0.7	1.3	3.3	4.6	3.6	1.7	0.7	0.7	0.7	0.4	0.4	0.8	1.1
15.0	0.4	0.5	0.3	-0.1	0.2	0.4	-0.2	-0.3	0.5	1.1	0.8	0.2	0.1	0.3	0.3	0.0	-0.2	0.3	0.6
20.0	0.2	0.3	0.2	-0.2	-0.1	0.1	-0.3	-0.7	-0.6	-0.5	-0.4	-0.1	0.1	0.1	0.1	0.0	-0.3	-0.1	0.2
25.0	0.2	0.4	0.5	0.1	-0.1	-0.1	-0.2	-0.1	-0.1	-0.2	-0.1	0.5	0.4	-0.1	-0.2	-0.1	-0.2	-0.1	0.1
30.0	0.1	0.4	0.6	0.3	0.0	-0.1	0.0	0.3	0.6	0.4	0.5	0.9	0.7	0.1	0.0	0.1	-0.1	-0.1	0.0
35.0	-0.2	0.1	0.5	0.3	0.0	-0.1	-0.1	0.2	0.4	0.3	0.3	0.8	0.8	0.4	0.4	0.3	0.0	0.0	0.2
40.0	-0.4	-0.1	0.2	0.0	-0.1	-0.2	-0.4	-0.5	-0.4	-0.3	-0.2	0.2	0.2	-0.1	-0.1	0.0	0.2	0.7	1.0
45.0	-0.4	-0.2	0.0	-0.2	-0.2	-0.3	-0.6	-0.9	-0.8	-0.6	-0.4	-0.1	-0.2	-0.5	-0.5	-0.2	0.2	1.1	1.6
50.0	-0.4	-0.1	0.2	0.0	-0.1	-0.2	-0.4	-0.5	-0.4	-0.3	-0.2	0.2	0.2	-0.1	-0.1	0.0	0.2	0.7	1.0
55.0	-0.2	0.1	0.5	0.3	0.0	-0.1	-0.1	0.2	0.4	0.3	0.3	0.8	0.8	0.4	0.4	0.3	0.0	0.0	0.2
60.0	0.1	0.4	0.6	0.3	0.0	-0.1	0.0	0.3	0.6	0.4	0.5	0.9	0.7	0.1	0.0	0.1	-0.1	-0.1	0.0
65.0	0.2	0.4	0.5	0.1	-0.1	-0.1	-0.2	-0.1	-0.1	-0.2	-0.1	0.5	0.4	-0.1	-0.2	-0.1	-0.2	-0.1	0.1
70.0	0.2	0.3	0.2	-0.2	-0.1	0.1	-0.3	-0.7	-0.6	-0.5	-0.4	-0.1	0.1	0.1	0.1	0.0	-0.3	-0.1	0.2
75.0	0.4	0.5	0.3	-0.1	0.2	0.4	-0.2	-0.3	0.5	1.1	0.8	0.2	0.1	0.3	0.3	0.0	-0.2	0.3	0.6
80.0	0.7	0.8	0.8	0.7	0.9	1.0	0.7	1.3	3.3	4.6	3.6	1.7	0.7	0.7	0.7	0.4	0.4	0.8	1.1
85.0	0.7	0.9	1.3	1.7	2.0	1.9	1.9	3.4	6.5	8.2	6.6	3.6	1.8	1.7	1.8	1.5	1.2	1.0	0.9
90.0	0.5	0.9	1.6	2.2	2.5	2.4	2.5	4.4	7.9	9.7	7.9	4.4	2.5	2.4	2.5	2.2	1.6	0.9	0.5

WEIGHTED SUM OF NEGATIVE INTENSITIES = -7.74

Fmax (45.0, 0.0, 90.0) = 9.7402
Fmin (35.0, 45.0, 90.0) = -0.8787

TOTAL SUM OF NEGATIVE INTENSITIES = -197.30

9.74 6.56 1.37 0.00 0.59 0.54 0.00 0.00 1.03 2.97
5.03 6.00 5.09 2.60 0.20 0.00 0.10 0.00 0.00 epsilon-fiber, <110>||TD

0.54 0.66 0.71 0.44 0.19 0.17 0.08 0.00 0.00 0.00 eta-fiber, <100>||RD

9.74 10.12 10.77 10.95 10.73 10.71 11.43 12.88 14.00 13.20
10.26 6.78 4.35 3.02 2.10 1.44 1.27 1.49 1.65 alpha-fiber, <110>||RD

7.02 7.12 7.25 7.05 6.57 6.15 6.00 gamma-fiber, <111>||ND

0.00 0.00 0.05 0.00 0.00 0.00 0.00 0.00 0.00 0.00
0.00 0.00 0.00 0.00 0.00 0.00 0.25 1.12 1.65 zeta-fiber, <110>||ND

9.74 7.89 4.44 2.51 2.37 2.48 2.16 1.57 0.88 0.54 tau-fiber, <100>||ND

```
1.73  10.89  13.41  13.91  12.46  10.92  10.69  10.96  10.42   9.74          Beta-fiber of FCC
  90     52     54     52     51     48     47     46     45     45
  42     60     61     63     66     71     76     80     84     90            Position of beta-fiber

*****************************************************************************************************
                              *** END OF PROGRAM CUBODF-2010 ***
*****************************************************************************************************
```

CHAPTER 08

밀러지수(Miller Index)

결정구조체의 금속재료에서 결정방위를 정의하기 위해서는 결정격자구조에 따른 결정격자면과 결정격자방향을 정의하는 것이 필요하다. 이에 대한 정의로 재료공학에서는 밀러지수를 사용한다. 이 부록에서는 결정격자구조에 대한 간략한 소개와 밀러지수를 사용하여 결정격자면과 결정격자방향을 정의하는 방법을 설명하였다.

8.1 결정격자구조

결정격자구조는 그림 8.1과 같이 원자들의 주기적인 배열에 의해서 만들어지므로 이와 같은 주기적인 원자들의 배열에서 가장 기본이 되며 반복되는 단위결정격자를 기준으로 결정격자구조를 구분한다. 이를 구분하기 위해 결정격자구조에서 필수적으로 고려하는 격자요소를 설명하면 그림 8.2와 같이 격자상수 a, b, c와 사잇각 α, β, γ이다.

결정격자구조는 결정격자의 대칭성에 따라 구분하게 되는데, 이러한 결정격자구조의 구분에 적용되는 대칭성을 정리하면 그림 8.3과 같이 회전축(rotation axes), 거울면(mirror planes), 반전점(inversion points), 회반축(rotation–inversion axes) 및 병진(transitional symmetry) 대칭성이 있으며 결정구조에 따라 존재하는 대칭성을 표 8.1에 정리하였다. 결정구조는 이러한 대칭성에 따라 그림 8.4와 같이 구분된다. 이러한 대칭성에 따라 구분된 결정격자구조를 그림 8.5에 정리하였다.

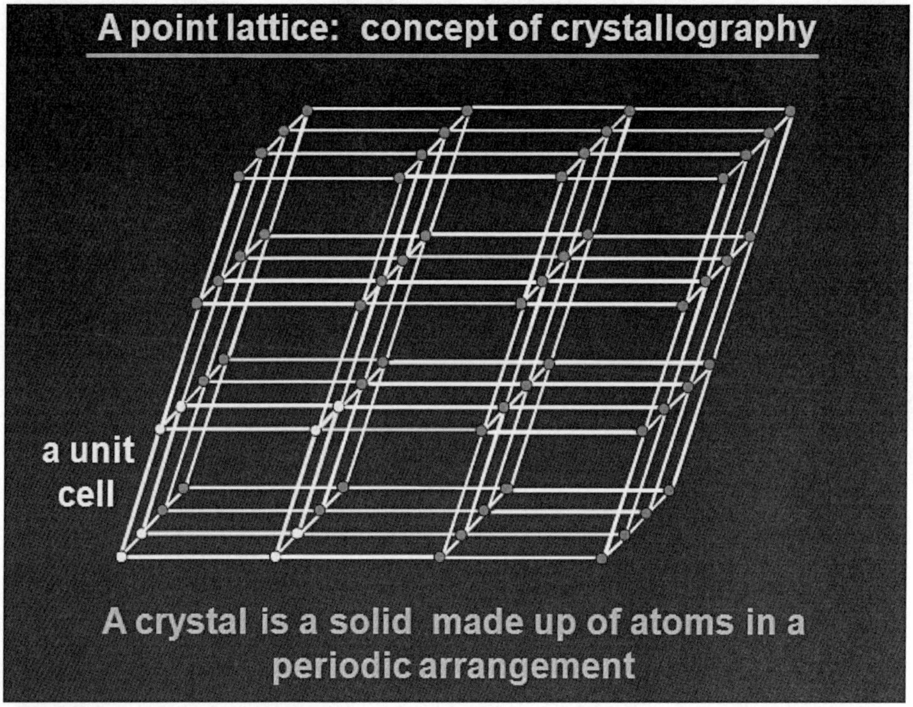

그림 8.1 단위결정격자(unit cell)

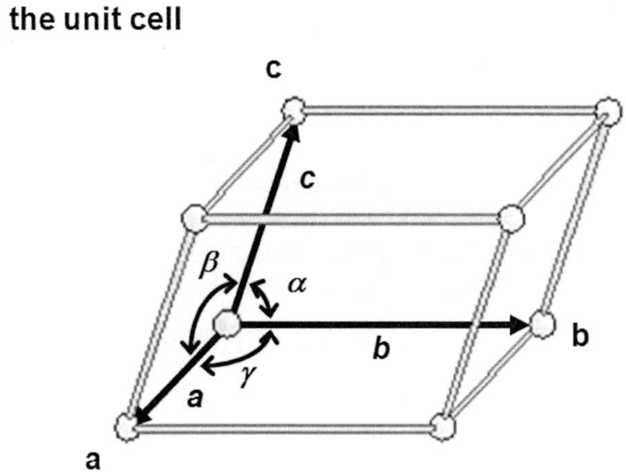

그림 8.2 단위결정격자의 격자상수

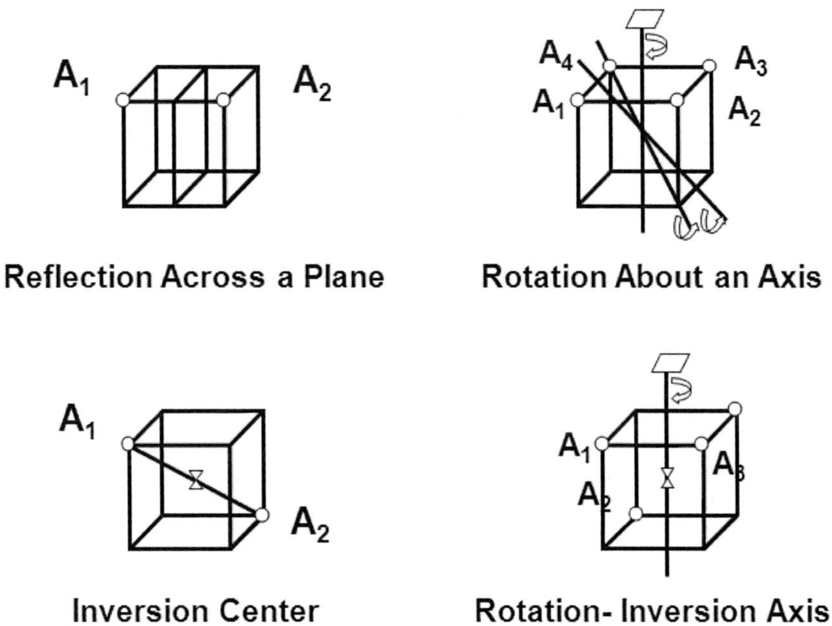

그림 8.3 결정구조의 대칭조작

표 8.1 결정구조에 따라 존재하는 대칭성

System	Minimum symmetry elements
Cubic	Four-3-fold rotation axes
Tetragonal	One 4-fold rotation (or rotation-inversion) axis
Orthorhombic	Three perpendicular 2-fold rotation (or rotation-inversion) axes
Rhombohedral	One 3-fold rotation (or rotation-inversion) axis
Hexagonal	One 6-fold rotation (or rotation-inversion) axis
Monoclinic	One 2-fold rotation (or rotation-inversion) axis
Triclinic	None

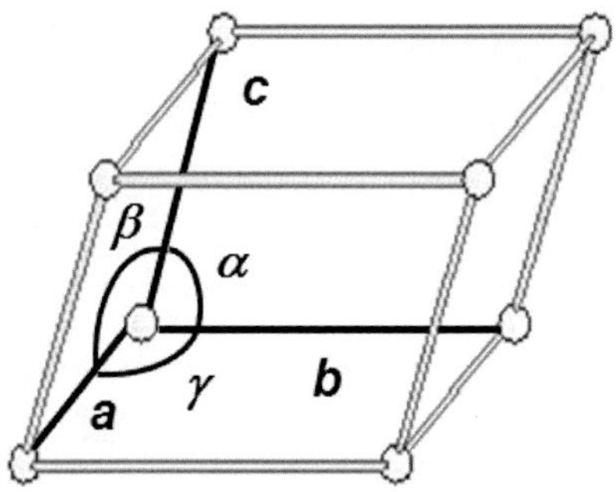

Cubic	$a = b = c$	$\alpha = \beta = \gamma = 90$
Tetragonal	$a = b \neq c$	$\alpha = \beta = \gamma = 90$
Orthorhombic	$a \neq b \neq c$	$\alpha = \beta = \gamma = 90$
Rhombohedral	$a = b = c$	$\alpha = \beta = 90,\ \gamma \neq 90$
Hexagonal	$a = b \neq c$	$\alpha = \beta = 90,\ \gamma = 120$
Monoclinic	$a \neq b \neq c$	$\alpha = \gamma = 90,\ \beta \neq 90$
Triclinic	$a \neq b \neq c$	$\alpha \neq \beta \neq \gamma \neq 90$

그림 8.4 결정격자구조의 구분

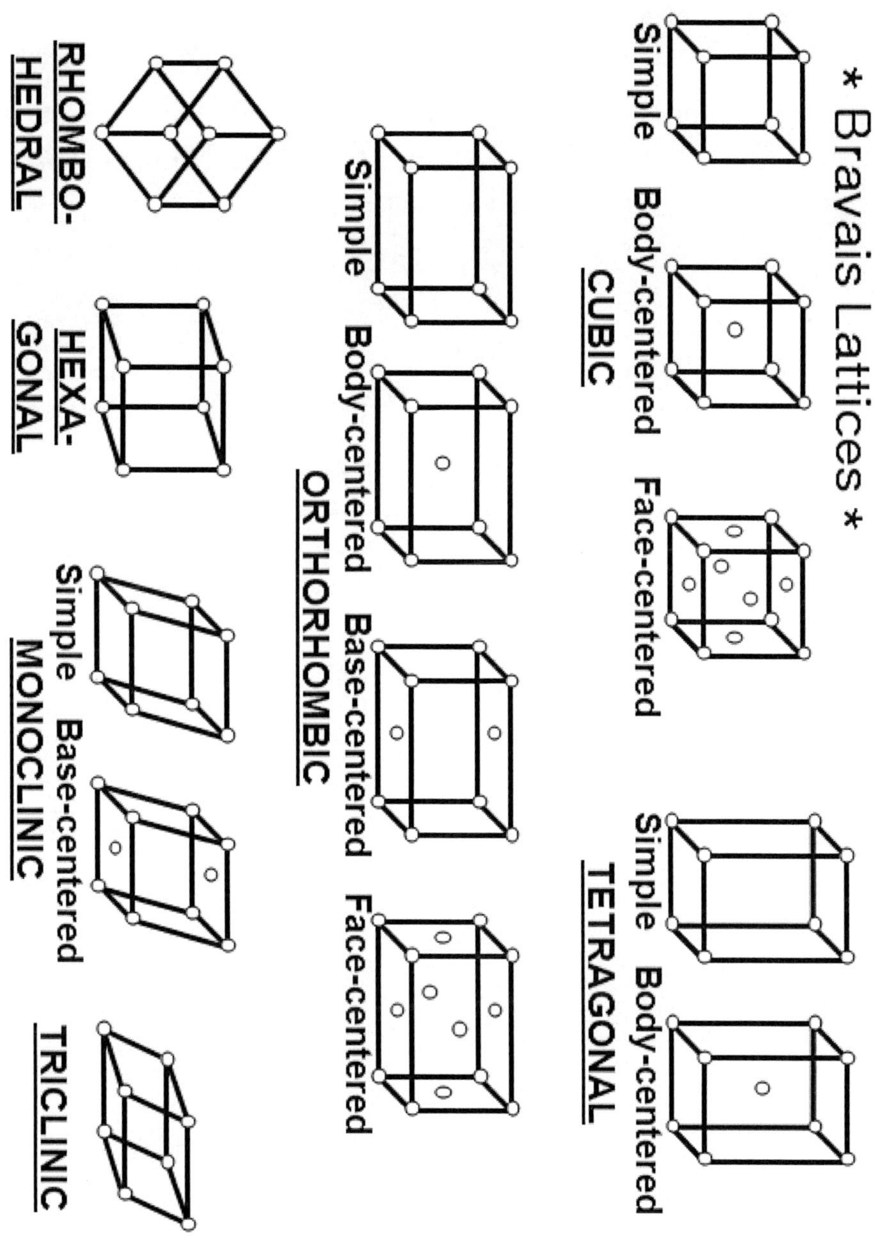

그림 8.5 14 Bravais Lattices

8.2 원자의 위치

결정격자 내에서 원자의 위치를 표시할 때는 격자상수(lattice parameter)를 사용한다. 그러므로 격자상수 a, b, c가 각각 단위길이가 되며 좌표축이 된다. 그러므로 체심입방정(Body Centered Cubic)에서 체심원자의 위치는 아래 그림과 같이 1/2, 1/2, 1/2 위치가 된다.

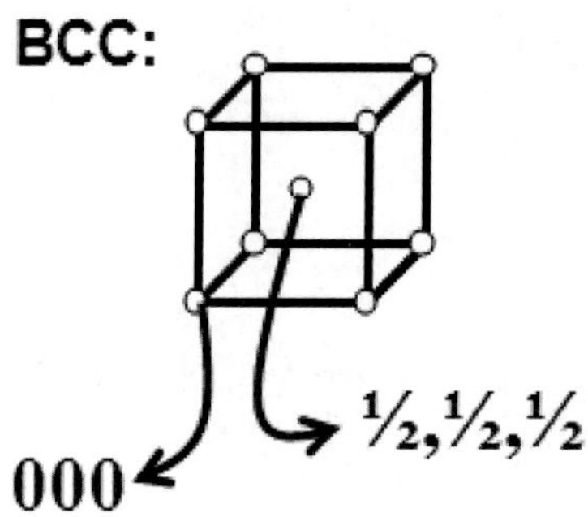

8.3 결정격자방향의 밀러지수

결정격자 내에서 격자방향을 표시하기 위한 밀러지수를 구하는 방법은 다음과 같다.

- 오른손 좌표계(1축에서 2축 방향으로 회전하면 오른나사가 진행하는 방향으로 3축이 위치하는 좌표계)를 사용하도록 한다.
- 표시하기 위한 격자방향 위에 놓여 있는 두 점의 좌표를 구한다.
- 두 번째 점의 좌표에서 첫 번째 점의 좌표를 빼줌으로써, 각 격자좌표계에서 이동한 거리만큼 격자상수의 배수를 얻게 된다.

- 구해진 격자좌표계의 이동거리가 가장 간단한 정수가 되도록 임의의 숫자를 곱해서 분수를 없애 준다.
- 구해진 이동거리 좌표가 UVW로 결정되면 이 정수를 직선괄호로 묶어 [UVW]로 표시한다. UVW 중에서 음수가 얻어지면 음수는 그 숫자에 윗줄을 그어 표시한다.
- [UVW]는 개별 결정방향을 표시하는 반면에 괄호의 모양을 바꾼 〈UVW〉는 결정학적인 대칭성에 따라 동등한 방향을 모두 대표하는 결정방향군을 의미한다. 이러한 결정방향군은 수학적으로 가능한 모든 [UVW], [WUV], [VWU] 등의 자리이동 조합과 각각의 부호 변화를 통해 모두 구할 수 있다.

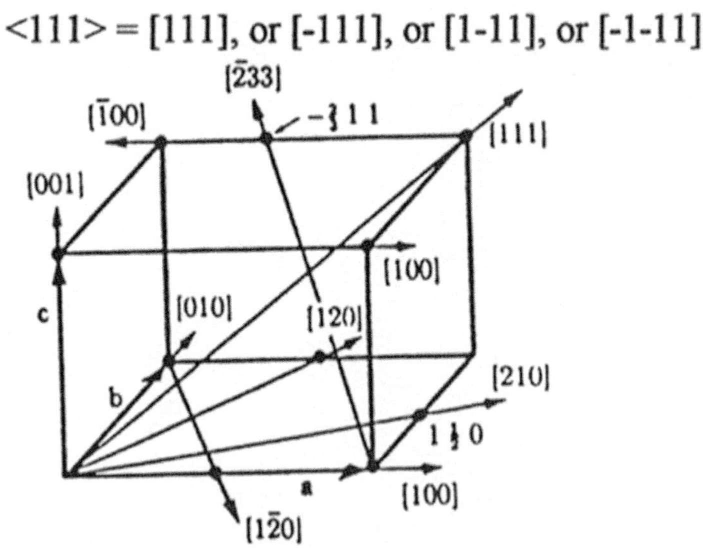

예제 8.1 그림에서 방향 A와 방향 B의 밀러지수를 구하면

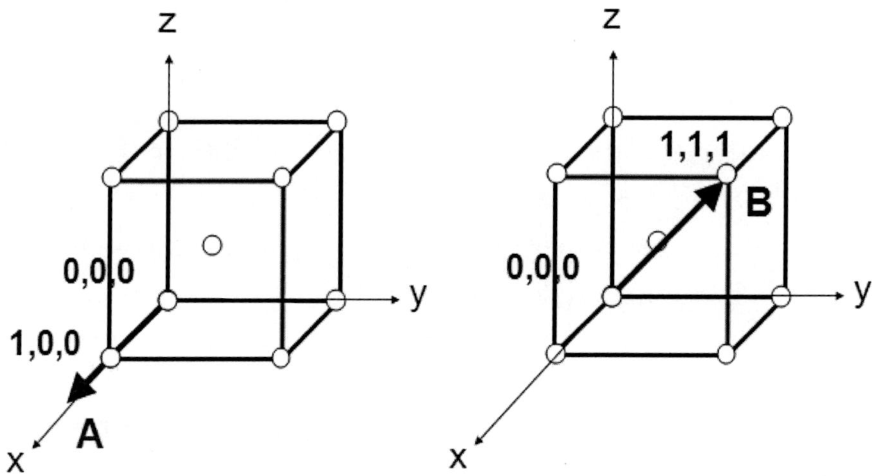

방향 A의 밀러지수는

1) 두 점의 좌표를 구하면 0,0,0 과 1,0,0
2) 두 번째 좌표에서 첫 번째 좌표를 빼면 1,0,0 − 0,0,0 = 1,0,0
3) 분수가 없는 최소의 정수표현이므로
4) [100]

방향 B의 밀러지수는

1) 두 점의 좌표를 구하면 0,0,0 과 1,1,1
2) 두 번째 좌표에서 첫 번째 좌표를 빼면 1,1,1 − 0,0,0 = 1,1,1
3) 분수가 없는 최소의 정수표현이므로
4) [111]

예제 8.2 그림에서 방향 C의 밀러지수를 구하면

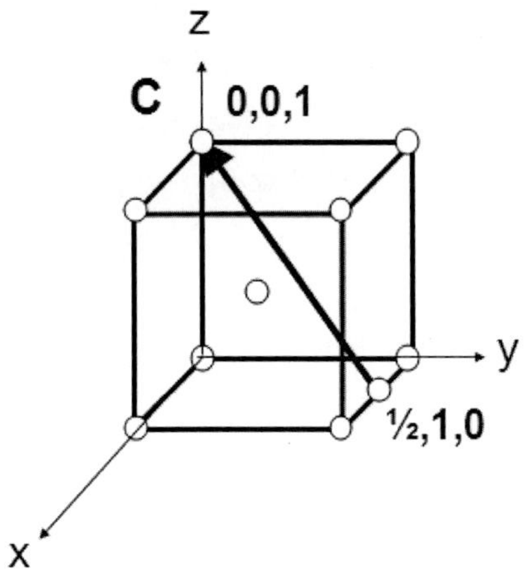

방향 C의 밀러지수는

1) 두 점의 좌표를 구하면 $^1/_2$,1,0 과 0,0,1
2) 두 번째 좌표에서 첫 번째 좌표를 빼면 0,0,1 $-^1/_2$,1,0 = $-^1/_2$,−1,1
3) 분수를 없애기 위해 2를 곱하면 2($-^1/_2$,−1,1)= −1,−2,2
4) [$\overline{12}$2]

결정방향을 밀러지수로 표현할 때 반드시 알아 두어야 할 사항들을 정리하면 다음과 같다.

- 한 방향의 양의 방향과 음의 방향은 같은 것이 아니다. 즉, [100]과 [$\bar{1}$00]은 동일하지 않다. 두 방향은 같은 선상에 놓여 있지만 가리키는 방향이 반대이다.
- 한 방향과 그 방향의 배수로 표현된 방향은 동일하다. 즉 [100]과 [200]은 같은 방향이다. 최소의 정수로 표현해야 하는 것을 생략한 것 뿐이다.

- 특정 방향군은 동등한 방향을 나타낸다. 이러한 방향군들은 밀러지수를 나타내기 위한 좌표계를 선택하는 방법에 따라 특정한 밀러지수의 형태로 나타나는 것이다. 예를 들면, [100]방향은 좌표계에서 x축과 y축을 변화시켜 정의한다면 [010]과 같은 방향이 된다. 이와 같이 결정학적인 좌표축의 정의에 따라 달라지며, 물리적으로 동등한 방향을 의미하는 경우의 방향들을 방향군 또는 방향족이라고 부르며 〈UVW〉와 같이 〈 〉괄호를 사용하여 표시한다.

8.4 결정격자면의 밀러지수

결정격자 내에서 격자면을 표시하기 위한 밀러지수는 세 개의 정수를 사용하여 (HKL)로 표시하며 밀러지수를 구하는 방법은 다음과 같다.

- 표시하고자 하는 결정면이 결정좌표축과 만나는 좌표값(절점)을 격자상수값의 배수로 구한다. 만일 결정면이 원점을 지난다면 결정면을 평행이동하거나 원점을 이동하여 결정좌표축과 만나는 점을 구한다.
- 이 좌표축과 만나는 점의 좌표들의 역수를 취한다.
- 이 값들에 적당한 하나의 정수를 곱해서 분수를 없애고 가장 간단한 정수로 바꾼다.
- 괄호()를 이용하여 (HKL)로 표시하고, 음수값을 갖는 경우 해당 숫자에 윗줄을 그어 음수임을 표시한다.
- (HKL)은 개별 결정면을 표시하는 반면에 괄호의 모양을 바꾼 {HKL}은 결정학적인 대칭성에 따라 동등한 면을 모두 대표하는 결정면군을 의미한다. 이러한 결정면군은 수학적으로 가능한 모든 (HKL), (LHK), (KLH) 등의 자리이동 조합과 각각의 부호변화를 통하여 모두 구할 수 있다.

다음 그림에서 결정면을 밀러지수로 표현하는 방법을 예를 들어 설명하였다.

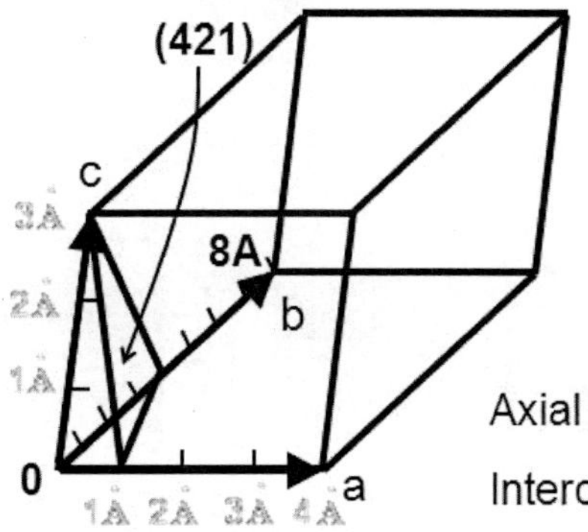

Axial lengths	4Å	8Å	3Å
Intercept length	1Å	4Å	3Å
Fractional Intercepts	¼	½	1
Miller indices	4	2	1

먼저 단위결정격자에서 격자상수값이 a축, b축, c축으로 각각 4A, 8A, 3A인 재료에서 각각의 축을 1A, 4A, 3A 위치에서 자르고 지나가는 결정면을 격자상수값의 배수로 표시하면, $^1/_4$,$^1/_2$,1이 되고, 이 값의 역수를 취하면 4,2,1이 된다. 그러므로 이와 같은 결정면의 밀러지수는 (421)면이 된다.

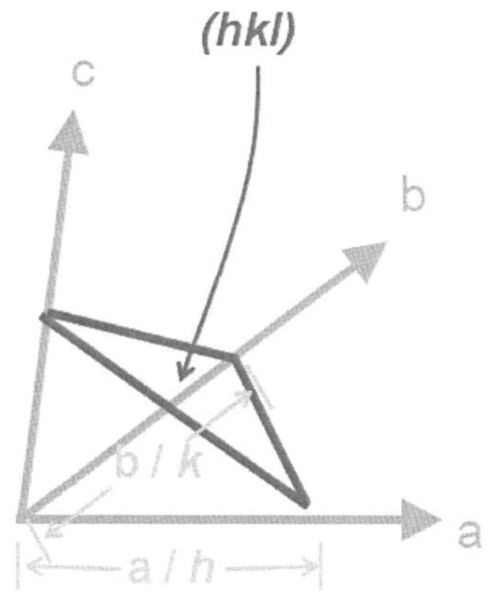

그림 8.6 (hkl)결정면의 표시

예제 8.3 그림에서 결정면 C의 밀러지수를 구하면

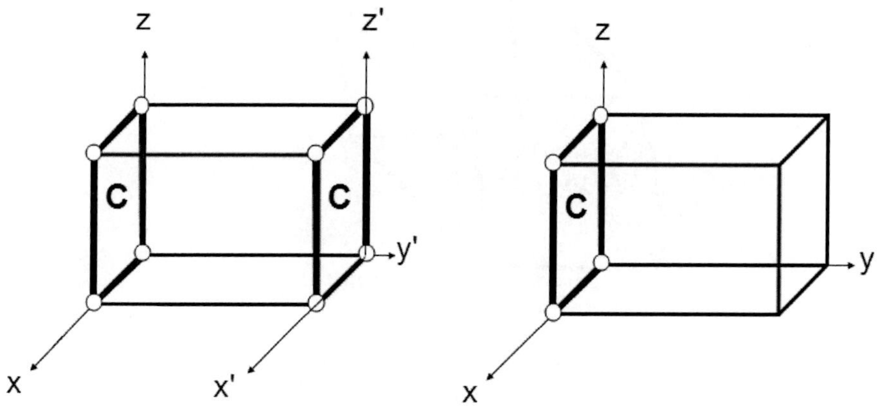

결정면 C의 밀러지수는

1) 결정면이 원점을 지나므로 원점을 y방향으로 이동하면
2) 결정면이 결정좌표축을 지나는 점의 좌표를 격자상수값을 기준으로 표현하면 $x=\infty$, $y=-1$, $z=\infty$
3) 역수값을 취하면 $1/x=0$, $1/y=-1$, $1/z=0$
4) 곱할 것이 없이 정수표현 0,-1,0
5) $(0\bar{1}0)$

예제 8.4 그림에서 결정면 A와 결정면 B의 밀러지수를 구하면

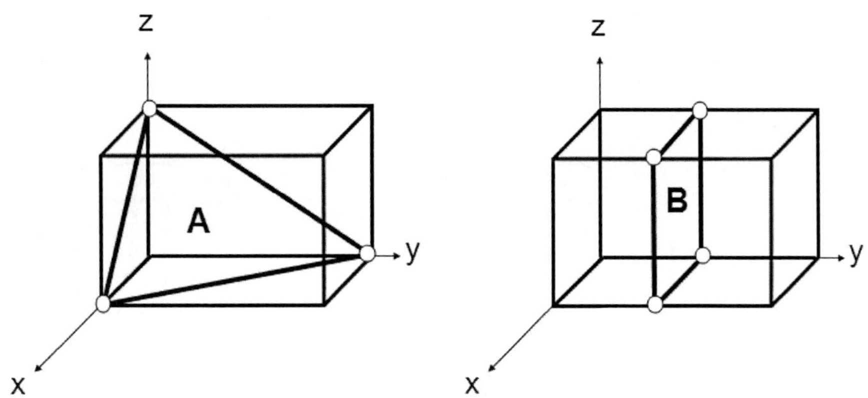

결정면 A의 밀러지수는

1) 결정면이 결정좌표축을 지나는 점의 좌표를 격자상수값을 기준으로 표현하면 x=1, y=1, z=1
2) 역수값을 취하면 1/x=1, 1/y=1, 1/z=1
3) 곱할 것이 없이 정수표현 1,1,1
4) (111)

결정면 B의 밀러지수는

1) 결정면이 결정좌표축을 지나는 점의 좌표를 격자상수값을 기준으로 표현하면 $x=\infty$, $y=1/2$, $z=\infty$
2) 역수값을 취하면 1/x=0, 1/y=2, 1/z=0
3) 곱할 것이 없이 정수표현 0,2,0
4) (020)

예제 8.5 그림에서 굵은 선으로 표시된 결정면의 밀러지수를 서로 다른 원점을 기준으로 구하면

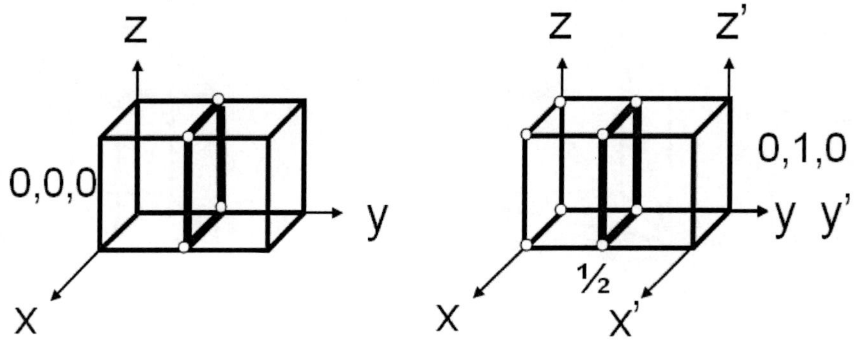

왼쪽 그림과 같이 0,0,0을 원점으로 구한 결정면의 밀러지수는

1) 결정면이 결정좌표축을 지나는 점의 좌표를 격자상수값을 기준으로 표현하면 $x=\infty$, $y=1/2$, $z=\infty$
2) 역수값을 취하면 $1/x=0$, $1/y=2$, $1/z=0$
3) 곱할 것이 없이 정수표현 0,2,0
4) (020)

오른쪽 그림과 같이 0,1,0을 원점으로 구한 결정면의 밀러지수는

1) 결정면이 결정좌표축을 지나는 점의 좌표를 격자상수값을 기준으로 표현하면 $x=\infty$, $y=-1/2$, $z=\infty$
2) 역수값을 취하면 $1/x=0$, $1/y=-2$, $1/z=0$
3) 곱할 것이 없이 정수표현 0,−2,0
4) $(0\bar{2}0)$

• 동일한 면에 대해 밀러지수를 구한 것이므로 (020)면과 $(0\bar{2}0)$면은 동일하다.

예제 8.6 그림에서 결정면 A와 결정면 S의 밀러지수를 구하면

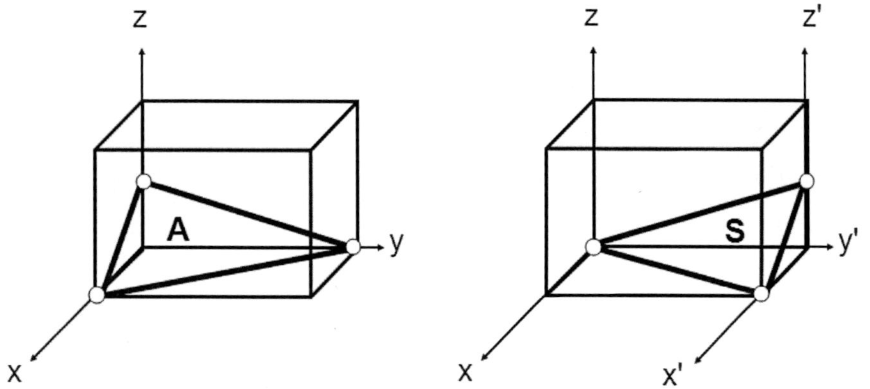

결정면 A의 밀러지수는

1) 결정면이 결정좌표축을 지나는 점의 좌표를 격자상수값을 기준으로 표현하면 x=1, y=1, z=$^1/_2$
2) 역수값을 취하면 1/x=1, 1/y=1, 1/z=2
3) 곱할 것 없이 정수표현 1,1,2
4) (112)

결정면 S의 밀러지수는

1) 결정면이 결정좌표축을 지나는 점의 좌표를 격자상수값을 기준으로 표현하면 x=1, y=−1, z=$^1/_2$
2) 역수값을 취하면 1/x=1, 1/y=−1, 1/z=2
3) 곱할 것 없이 정수표현 1,−1,2
4) $(1\bar{1}2)$

단순입방정(simple cubic), 체심입방정(BCC ; Body Centered Cubic), 면심입방정(FCC ; Face Centered Cubic)의 입방정 구조(cubic structure)를 갖는 재료에서는 같은 밀러지수를 갖는 (XYZ)면과 [XYZ]방향은 "(XYZ)면에 수직인 방향이 [XYZ] 방향이다"의 관계가 있다. 이 관계는 입방정구조에서만 유효하며, 다른 결정격자에서는 같은 밀러지수의 결정면과 결정방향사이에 수직관계가 존재하지 않는다.

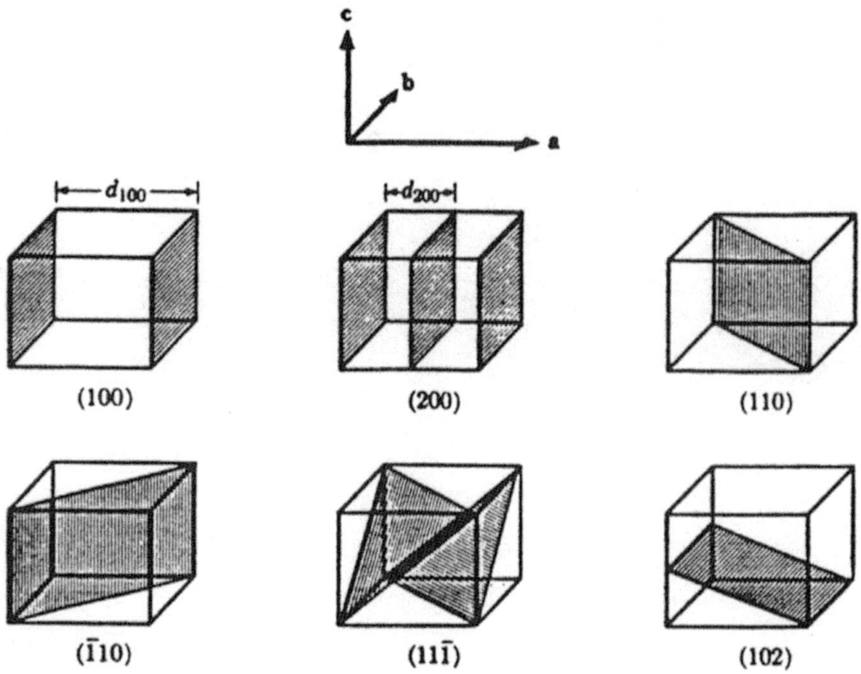

그림 8.7 다양한 결정면의 밀러지수 표현

8.5 육방정계에서의 밀러지수

육방정계(hexagonal structure)에서 결정좌표축간의 사이각이 120도이므로 일반적인 직각좌표계와는 다른 성질들이 있다. 육방정계의 결정구조에서는 3개의 정수로 표현되는 밀러지수를 사용하는 경우에 결정학적으로 동등한 대칭면과 대칭방향들이 유사한 밀러지수로 표현되지 않기 때문에 결정방향군이나 결정면군을 표현하기 어렵다.

이러한 이유로 육방정계에서는 종속적인 변수를 한 개 더 사용하여 4개의 정수로 표현하는 밀러지수를 사용하기도 한다. 일반적으로 3개의 정수를 사용하는 밀러지수를 3 digits 밀러지수라고 하며, (hkl)[uvw]로 표현하고, 4개의 정수를 사용하는 밀러지수를 4 digits 밀러지수라고 하며 (hkil)[uvtw]로 표현한다.

3 index 표현방법과 4 index 표현방법에는 서로 변환식이 존재하며, 동일한 결정면, 결정방향에 대해 (HKL)[UVW]와 (hkil)[uvtw]의 두 가지로 표현하면 각각의 지수들은 아래의 관계식을 갖는다.

$$h = H, \quad k = K, \quad i = -(H+K), \quad l = L$$

$$u = \frac{(2U-V)}{3}, \quad v = \frac{(2V-U)}{3}, \quad t = \frac{-(U+V)}{3}, \quad w = W$$

육방정계에서 간단한 결정면과 결정방향에 대해 두 가지 표현법으로 밀러지수를 표시하여 보도록 하겠다. 입방정계에서와 동일한 방법을 적용한다. 3개의 정수를 사용하는 경우에는 육방정계의 a_1, a_2, a_3, 좌표축에서 a_1과 a_2만을 사용한다. a_3축은 a_1과 a_2축으로 표현이 가능한 종속적인 좌표축이다. 먼저 주요 결정면을 표시한다.

HCP의 주요 결정면들

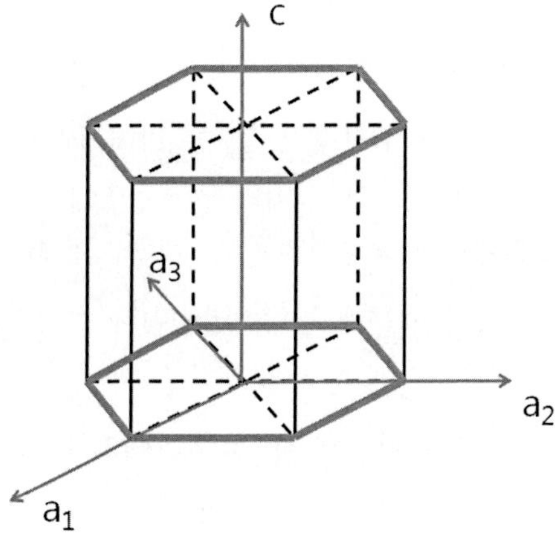

Basal Plane

각 좌표계의 절점은 ∞, ∞, ∞, 1

역수를 취하면 0, 0, 0, 1

분수는 없으므로 0, 0, 0, 1

(0001) 또는 (001)

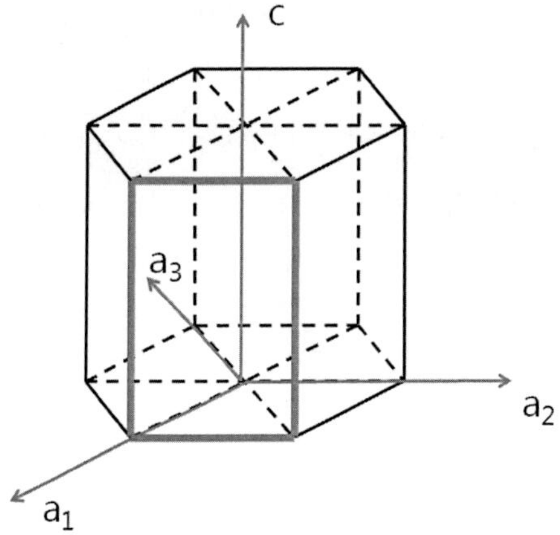

Prismatic Plane

각 좌표계의 절점은 1, ∞, −1, ∞

역수를 취하면 1, 0, −1, 0

분수는 없으므로 1, 0, −1, 0

$(10\bar{1}0)$ 또는 (100)

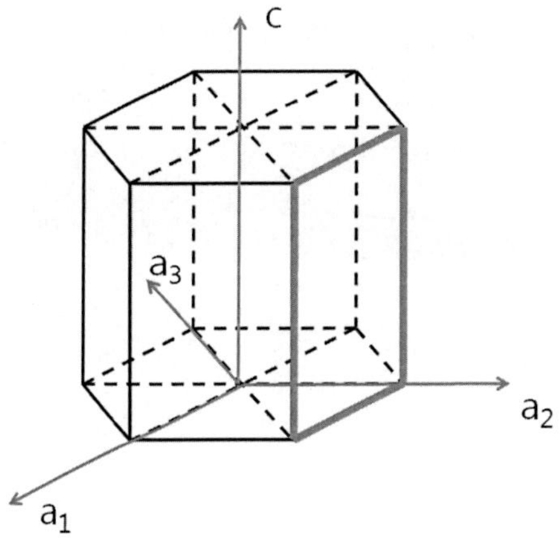

Prismatic Plane

각 좌표계의 절점은 ∞, 1, −1, ∞

역수를 취하면 0, 1, −1, 0

분수는 없으므로 0, 1, −1, 0

$(01\bar{1}0)$ 또는 (010)

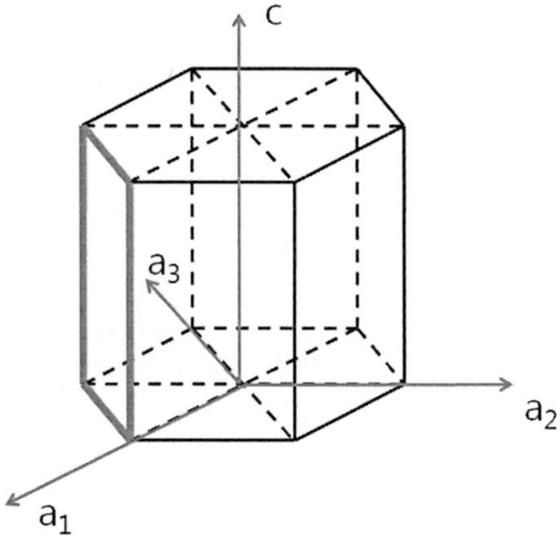

Prismatic Plane
각 좌표계의 절점은 1, −1, ∞, ∞
역수를 취하면 1, −1, 0, 0
분수는 없으므로 1, −1, 0, 0
$(1\bar{1}00)$ 또는 $(1\bar{1}0)$

Prismatic면 3가지를 비교해 보면 결정학적으로 동등한 결정면군이 되며, 4개의 정수로 표현한 표현법에서는 각각 $(10\bar{1}0)$, $(01\bar{1}0)$, $(1\bar{1}00)$으로 대칭적인 면임을 밀러지수를 보고 확인할 수 있다. 그러나 이것을 3개의 정수로 표현한 것은 (100), (010), $(1\bar{1}0)$으로 서로 대칭적인 결정면이라는 것을 밀러지수에서 확인하기 어렵다는 것을 알 수 있다.

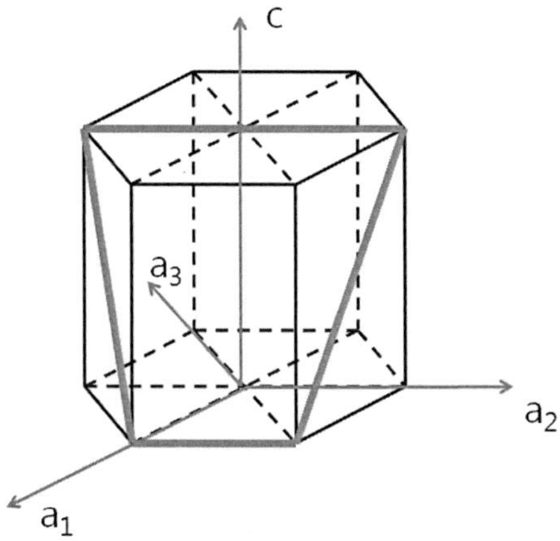

Pyramidal Plane
각 좌표계의 절점은 1, ∞, −1, 1
역수를 취하면 1, 0, −1, 1
분수는 없으므로 1, 0, −1, 1
$(10\bar{1}1)$ 또는 (101)

위의 결정면은 오른쪽 그림과 같이 표현할 수도 있다.

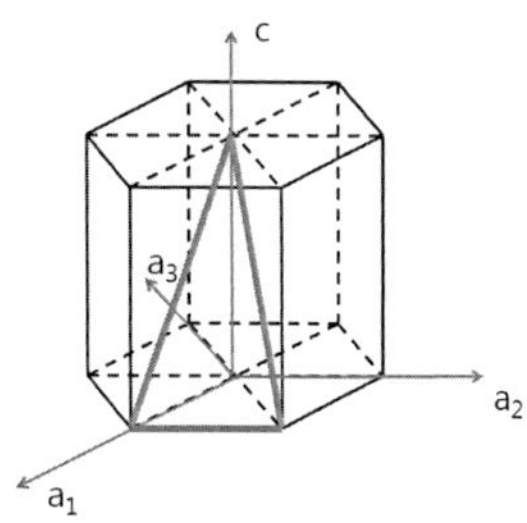

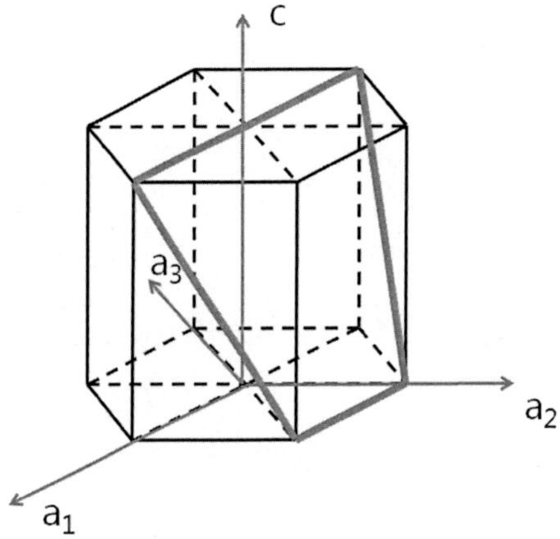

Pyramidal Plane

$(01\bar{1}1)$ 또는 (011)

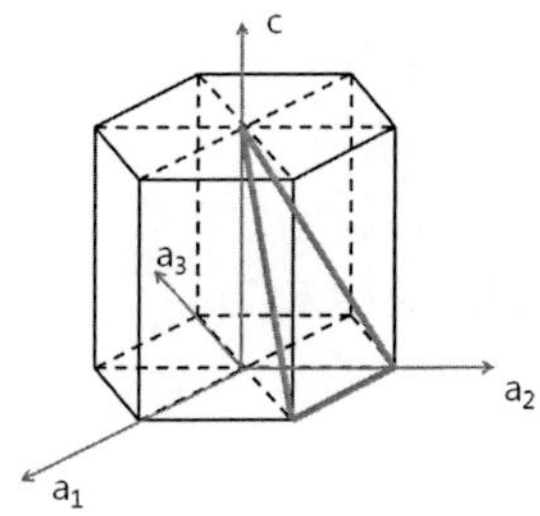

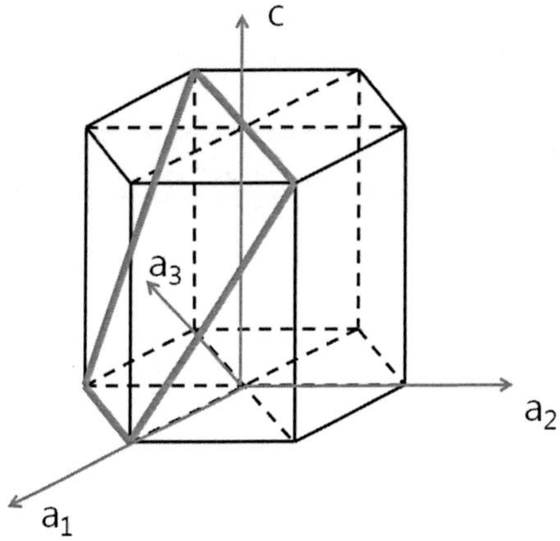

Pyramidal Plane

$(1\bar{1}01)$ 또는 $(1\bar{1}1)$

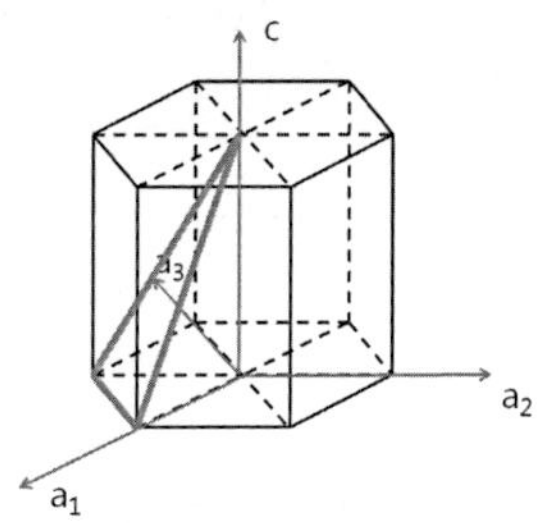

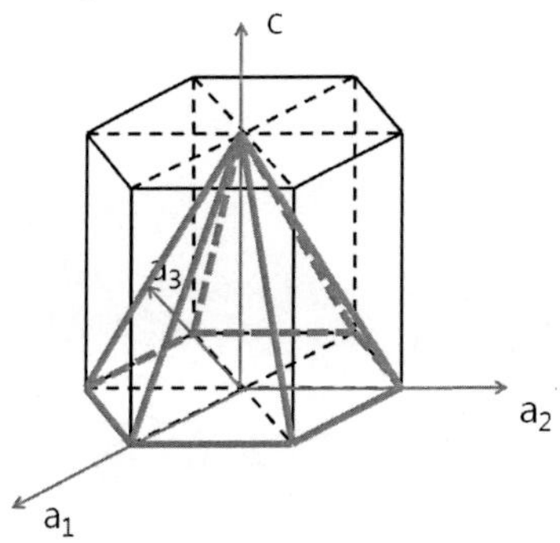

왼쪽의 그림과 같이 Pyramidal면을 모두 정리하면 아래와 같이 4 index, 3 index로 표시되며 결정면 대칭성의 표현 정도를 확인할 수 있다.

$(10\bar{1}1)$, $(01\bar{1}1)$, $(\bar{1}101)$, $(\bar{1}011)$, $(0\bar{1}11)$, $(1\bar{1}01)$

(101), (011), $(\bar{1}11)$, $(\bar{1}01)$, $(0\bar{1}1)$, $(1\bar{1}1)$

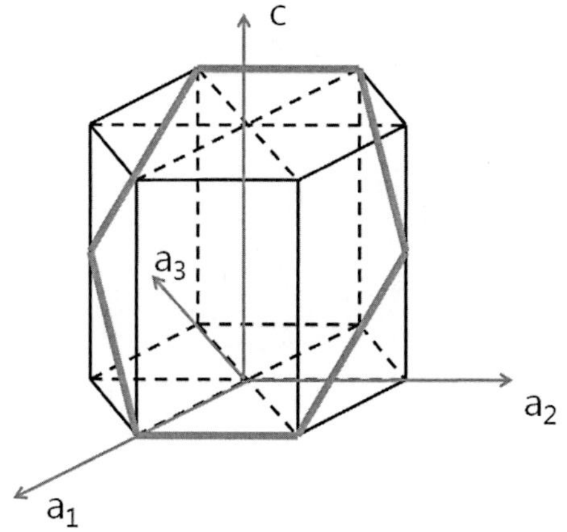

Pyramidal Plane
$(10\bar{1}2)$ 또는 (102)

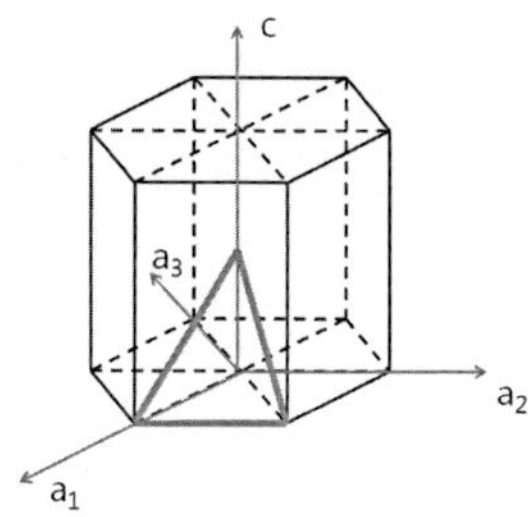

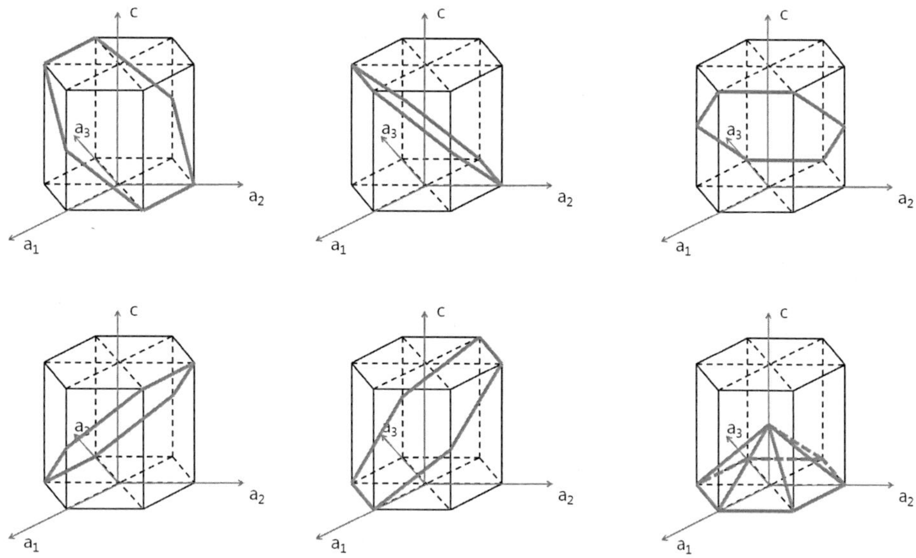

위의 그림과 같이 또 다른 Pyramidal면을 모두 정리하면 아래와 같이 4 index, 3 index로 표시되며 결정면 대칭성의 표현 정도를 확인할 수 있다.

$(10\bar{1}2)$, $(01\bar{1}2)$, $(\bar{1}102)$, $(\bar{1}012)$, $(0\bar{1}12)$, $(1\bar{1}02)$

(102), (012), $(\bar{1}12)$, $(\bar{1}02)$, $(0\bar{1}2)$, $(1\bar{1}2)$

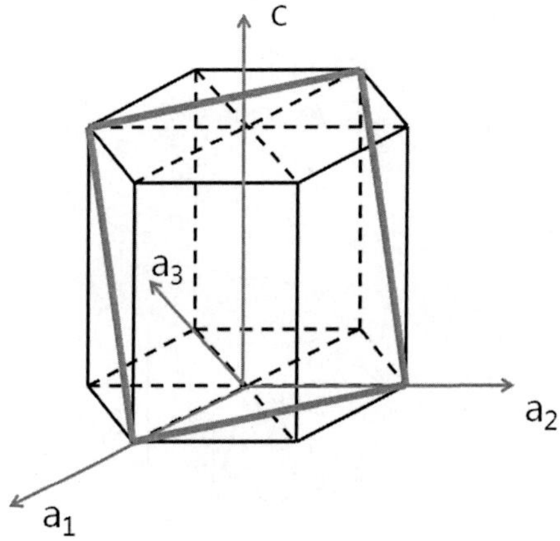

2차 Pyramidal Plane

$(11\bar{2}2)$ 또는 (112)

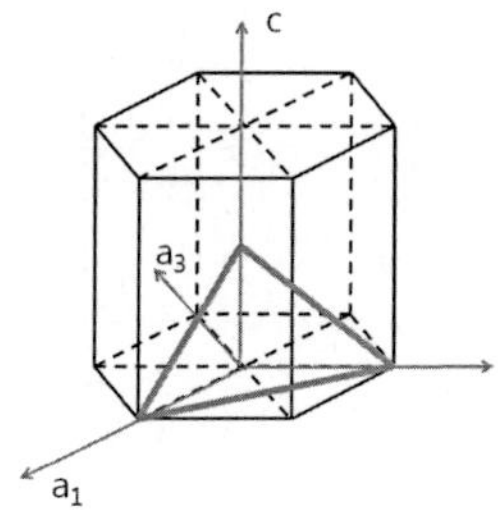

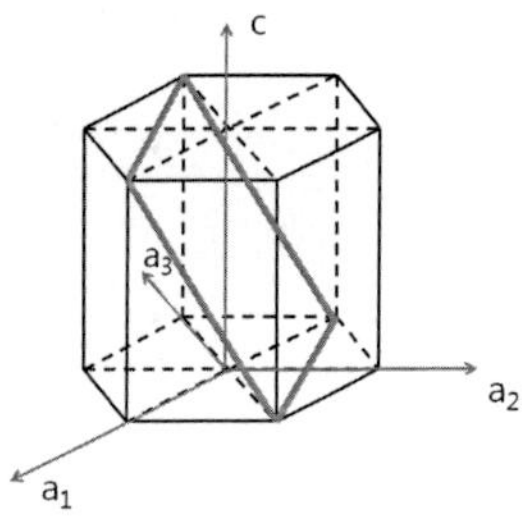

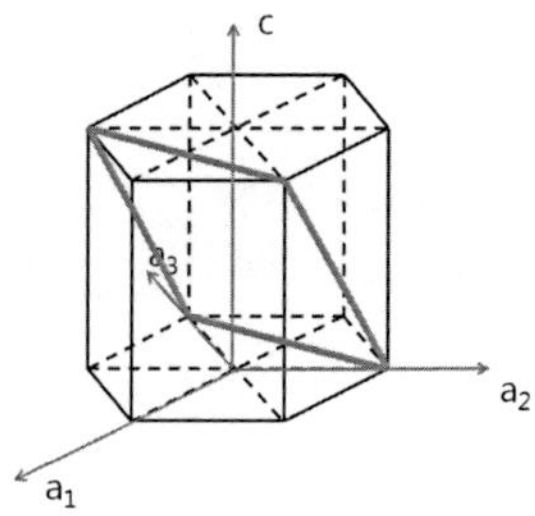

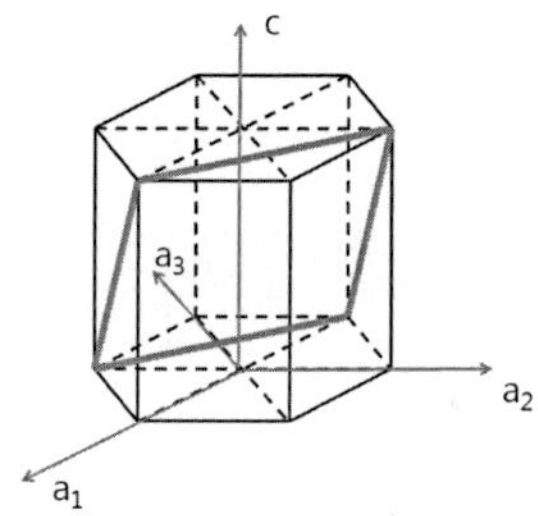

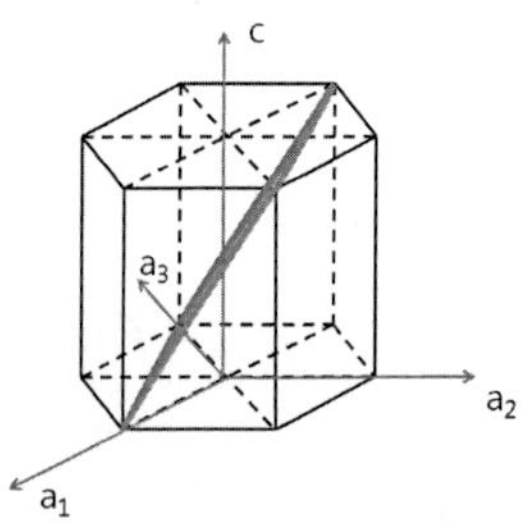

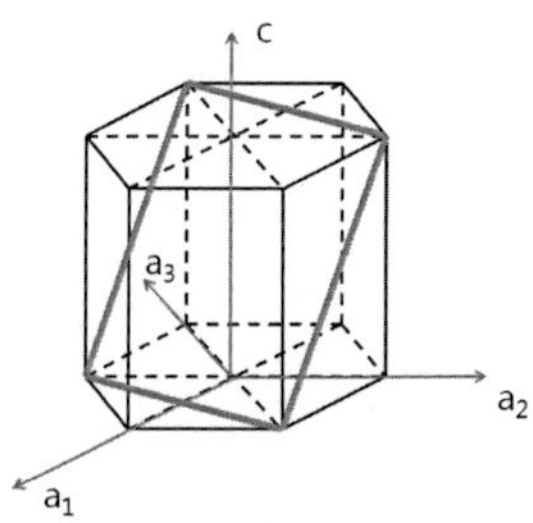

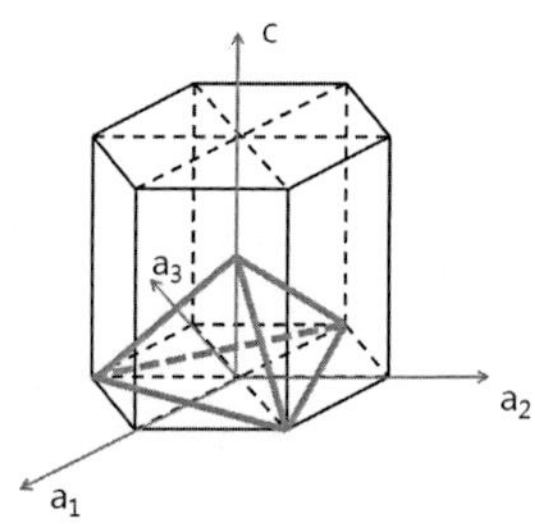

$(11\bar{2}2)$, $(\bar{1}2\bar{1}2)$, $(\bar{2}112)$, $(\bar{1}\bar{1}22)$, $(1\bar{2}12)$, $(2\bar{1}\bar{1}2)$

(112), $(\bar{1}22)$, $(\bar{2}12)$, $(\bar{1}\bar{1}2)$, $(1\bar{2}2)$, $(2\bar{1}2)$

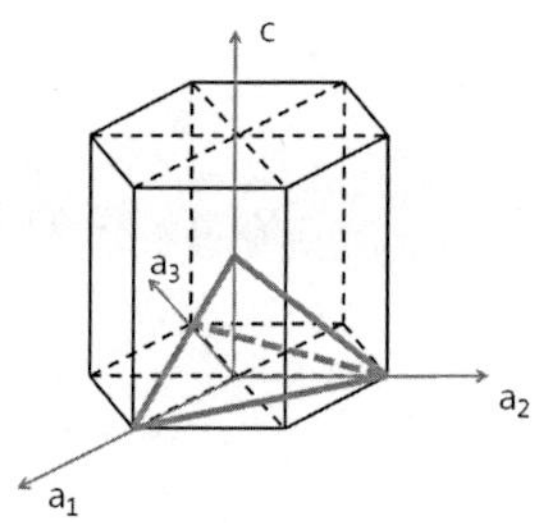

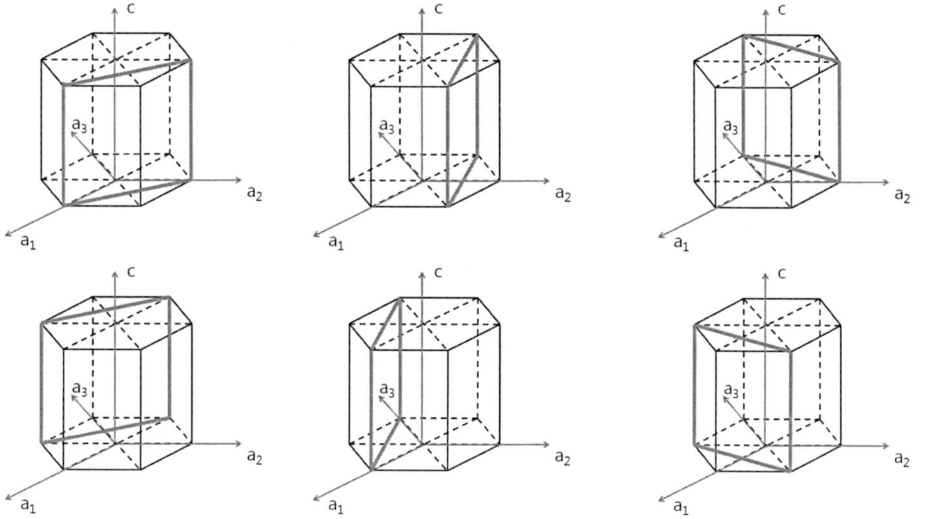

$(11\bar{2}0)$, $(\bar{1}2\bar{1}0)$, $(\bar{2}110)$, $(\bar{1}\bar{1}20)$, $(1\bar{2}10)$, $(2\bar{1}\bar{1}0)$

(110), $(\bar{1}20)$, $(\bar{2}10)$, $(\bar{1}\bar{1}0)$, $(1\bar{2}0)$, $(2\bar{1}0)$

이번에는 결정방향에 대해서 알아보자. 육방정계에서 결정방향을 4개의 정수를 이용하여 밀러지수로 표현하는 것은 입방정계에서 하는 방법과 달라야 한다. 입방정계에서는 방향을 연결하는 두 점의 좌표를 읽어서 두 번째 좌표를 첫 번째 좌표로 빼주어서 밀러지수를 얻었지만, 육방정계에서는 공간을 3개의 직각좌표계가 아니라 4개의 좌표축을 사용하므로 한 개의 좌표축이 독립적이지 못하여 한 방향을 정하는 방법이 무수하게 많이 존재한다.

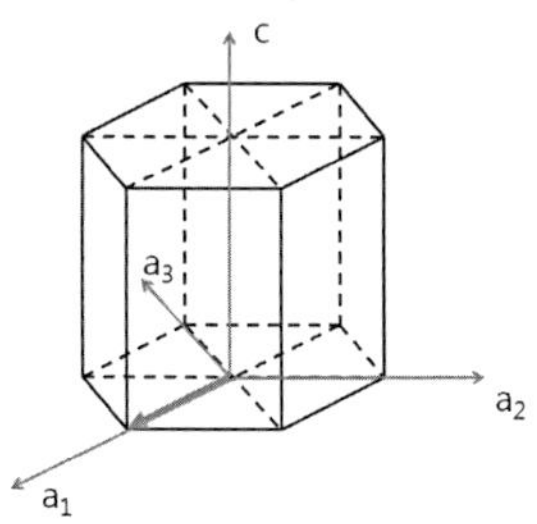

좌측의 방향을 정의하는 방법을 예를 들면 3 index를 사용하면 [100] 방향이 되지만, 4개의 정수를 사용하면, $[1000]=[2110]=[1\overline{22}0]=\ldots$ 등의 다양한 표현이 가능하다. 따라서 4 index를 사용하는 경우에는 [uvtw]에서 $t=-(u+v)$의 규칙을 만족하는 표현만을 사용하기로 정한다. 이것은 4 index에서 사용하는 결정면과 수

직인 방향을 쉽게 구별하기 위하여 사용하는 것으로 같은 밀러지수를 갖는 결정면과 결정방향은 결정면의 법선벡터가 결정방향과 유사한 방향이 된다. 이는 HCP 금속의 c/a 축비에 따라 달라진다.

입방정계와 같은 방법으로 3개의 정수로 표현한 밀러지수를 먼저 구하고 관계식을 이용하여 4개의 정수로 표현한 밀러지수를 구하는 것이 쉬운 방법이다.

$$h = H, \quad k = K, \quad i = -(H+K), \quad l = L$$

$$u = \frac{(2U-V)}{3}, \quad v = \frac{(2V-U)}{3}, \quad t = \frac{-(U+V)}{3}, \quad w = W$$

HCP의 주요 결정방향들

결정 축 방향의 밀러지수를 살펴보자.

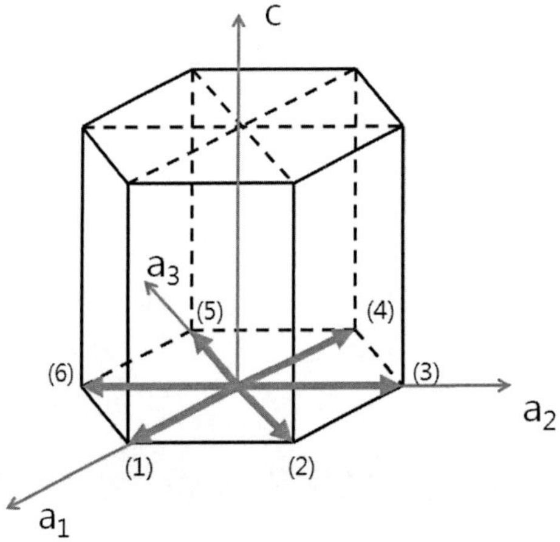

(1)번 방향
두 점의 좌표는 0,0,0에서 1,0,0
좌표를 빼면 1,0,0 − 0,0,0 = 1,0,0
분수가 없으므로 1,0,0
[100]
수식에 의해 $\frac{2}{3}, -\frac{1}{3}, -\frac{1}{3}, 0$
분수를 없애면 2, −1, −1, 0
$[2\bar{1}\bar{1}0]$

(2)번 방향

두 점의 좌표는 0,0,0에서 1,1,0이므로 1,1,0 − 0,0,0 = 1,1,0

분수가 없으므로 1,1,0 [110]

수식에 의해 ⅓,⅓,−⅔,0이므로 분수를 없애면 1,1,−2,0 [$11\bar{2}0$]

(3)번 방향

두 점의 좌표는 0,0,0에서 0,1,0이므로 0,1,0 − 0,0,0 = 0,1,0

분수가 없으므로 0,1,0 [010]

수식에 의해 −⅓,⅔,−⅓,0이므로 분수를 없애면 −1,2,−1,0 [$\bar{1}2\bar{1}0$]

(4)번 방향

두 점의 좌표는 0,0,0에서 −1,0,0이므로 −1,0,0 − 0,0,0 = −1,0,0

분수가 없으므로 −1,0,0 [$\bar{1}00$]

수식에 의해 −⅔,⅓,⅓,0이므로 분수를 없애면 −2,1,1,0 [$\bar{2}110$]

(5)번 방향

두 점의 좌표는 0,0,0에서 −1,−1,0이므로 −1,−1,0 − 0,0,0 = −1,−1,0

분수가 없으므로 −1,−1,0 [$\bar{1}\bar{1}0$]

수식에 의해 −⅓,−⅓,⅔,0이므로 분수를 없애면 −1,−1,2,0 [$\bar{1}\bar{1}20$]

(6)번 방향

두 점의 좌표는 0,0,0에서 0,−1,0이므로 0,−1,0 − 0,0,0 = 0,−1,0

분수가 없으므로 0,−1,0 [$0\bar{1}0$]

수식에 의해 ⅓,−⅔,⅓,0이므로 분수를 없애면 1,−2,1,0 [$1\bar{2}10$]

방향	(1)	(2)	(3)	(4)	(5)	(6)
3 index	[100]	[110]	[010]	[$\bar{1}00$]	[$\bar{1}\bar{1}0$]	[$0\bar{1}0$]
4 index	[$2\bar{1}\bar{1}0$]	[$11\bar{2}0$]	[$\bar{1}2\bar{1}0$]	[$\bar{2}110$]	[$\bar{1}\bar{1}20$]	[$1\bar{2}10$]

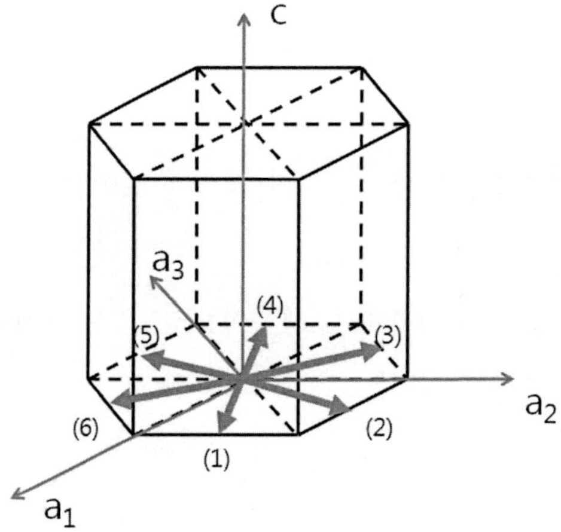

방향	(1)	(2)	(3)	(4)	(5)	(6)
3 index	[210]	[120]	$[\bar{1}10]$	$[\bar{2}\bar{1}0]$	$[\bar{1}\bar{2}0]$	$[1\bar{1}0]$
4 index	$[10\bar{1}0]$	$[01\bar{1}0]$	$[\bar{1}100]$	$[\bar{1}010]$	$[0\bar{1}10]$	$[1\bar{1}00]$

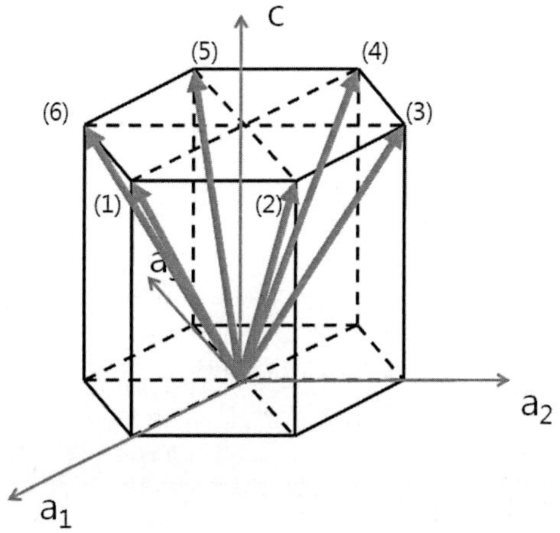

방향	(1)	(2)	(3)	(4)	(5)	(6)
3 index	[101]	[111]	[011]	$[\bar{1}01]$	$[\bar{1}\bar{1}1]$	$[0\bar{1}1]$
4 index	$[2\bar{1}\bar{1}3]$	$[11\bar{2}3]$	$[\bar{1}2\bar{1}3]$	$[\bar{2}113]$	$[\bar{1}\bar{1}23]$	$[1\bar{2}13]$

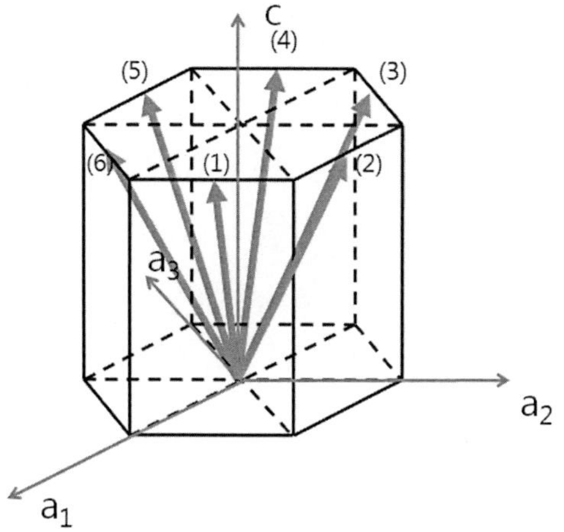

방향	(1)	(2)	(3)	(4)	(5)	(6)
3 index	[212]	[122]	$[\bar{1}12]$	$[\bar{2}\bar{1}2]$	$[\bar{1}\bar{2}2]$	$[1\bar{1}2]$
4 index	$[10\bar{1}2]$	$[01\bar{1}2]$	$[\bar{1}102]$	$[\bar{1}012]$	$[0\bar{1}12]$	$[1\bar{1}02]$

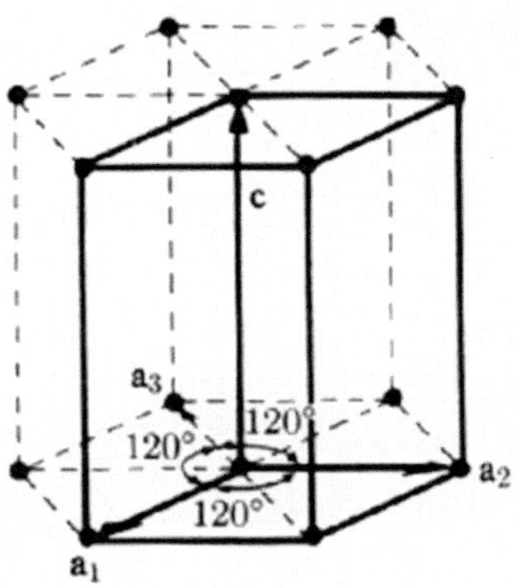

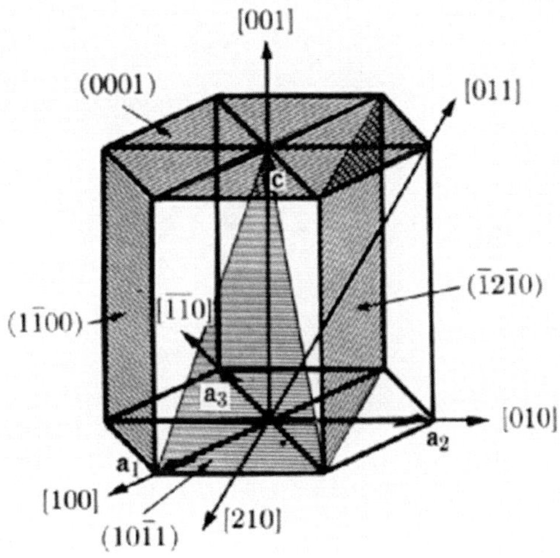

8.6 금속재료의 슬립계와 쌍정계

8.6절에서는 면심입방정계(FCC ; Face Centered Cubic)와 체심입방정계(BCC ; Body Centered Cubic), 조밀육방정계(HCP)에 대한 일반적으로 알려진 슬립계와 쌍정계를 단위격자 내에 도시하였다.

FCC 슬립계 $\{111\}\langle 1\bar{1}0\rangle$ 슬립계 12개 슬립방향을 반대로 하면 24개

BCC 슬립계 $\{1\bar{1}0\}\langle 111\rangle$ 슬립계 12개 슬립방향을 반대로 하면 24개

BCC 슬립계 $\{11\bar{2}\}\langle 111\rangle$ 슬립계 12개 슬립방향을 반대로 하면 24개

BCC 슬립계 $\{12\bar{3}\}\langle 111\rangle$ 슬립계 24개 슬립방향을 반대로 하면 48개

HCP Basal slip system $\{0001\}\langle 11\bar{2}0\rangle$ 3개

HCP Prismatic slip system $\{10\bar{1}0\}\langle \bar{1}2\bar{1}0\rangle$ 3개

HCP Pyramidal slip system $\{10\bar{1}1\}\langle \bar{1}2\bar{1}0\rangle$ 6개

HCP Pyramidal slip system $\{11\bar{2}2\}\langle \bar{1}\bar{1}23\rangle$ 6개

HCP slip system $\{11\bar{2}2\}\langle \bar{1}100\rangle$ 6개

HCP Tensile twin system $\{10\bar{1}2\}\langle \bar{1}011\rangle$ CRSS 2MPa

HCP Compressive twin system $\{10\bar{1}1\}\langle \bar{1}012\rangle$ CRSS 76~153MPa

HCP Tensile twin system $\{11\bar{2}1\}\langle \bar{1}\bar{1}26\rangle$

FCC 슬립계 $\{111\}\langle 1\bar{1}0\rangle$

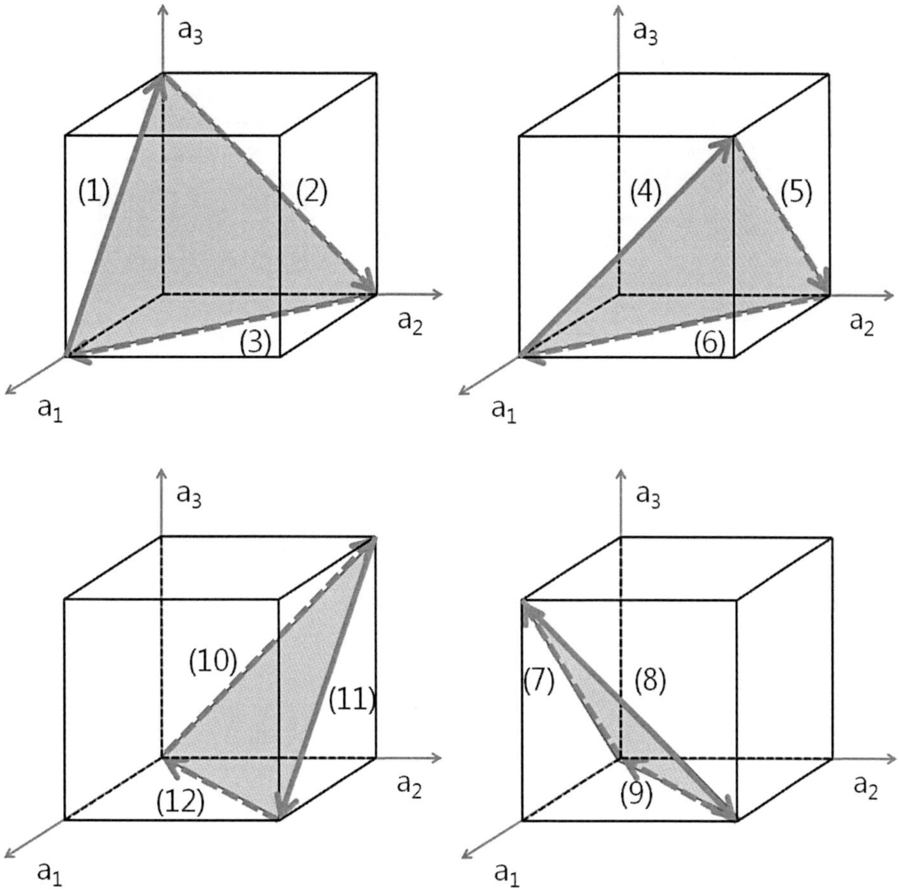

(1)	$(111)[\bar{1}01]$	(2)	$(111)[01\bar{1}]$	(3)	$(111)[1\bar{1}0]$
(4)	$(\bar{1}\bar{1}1)[011]$	(5)	$(\bar{1}\bar{1}1)[\bar{1}0\bar{1}]$	(6)	$(\bar{1}\bar{1}1)[1\bar{1}0]$
(7)	$(\bar{1}11)[101]$	(8)	$(\bar{1}11)[01\bar{1}]$	(9)	$(\bar{1}11)[\bar{1}\bar{1}0]$
(10)	$(1\bar{1}1)[011]$	(11)	$(1\bar{1}1)[10\bar{1}]$	(12)	$(1\bar{1}1)[\bar{1}\bar{1}0]$

BCC 슬립계 $\{1\bar{1}0\}\langle 111\rangle$

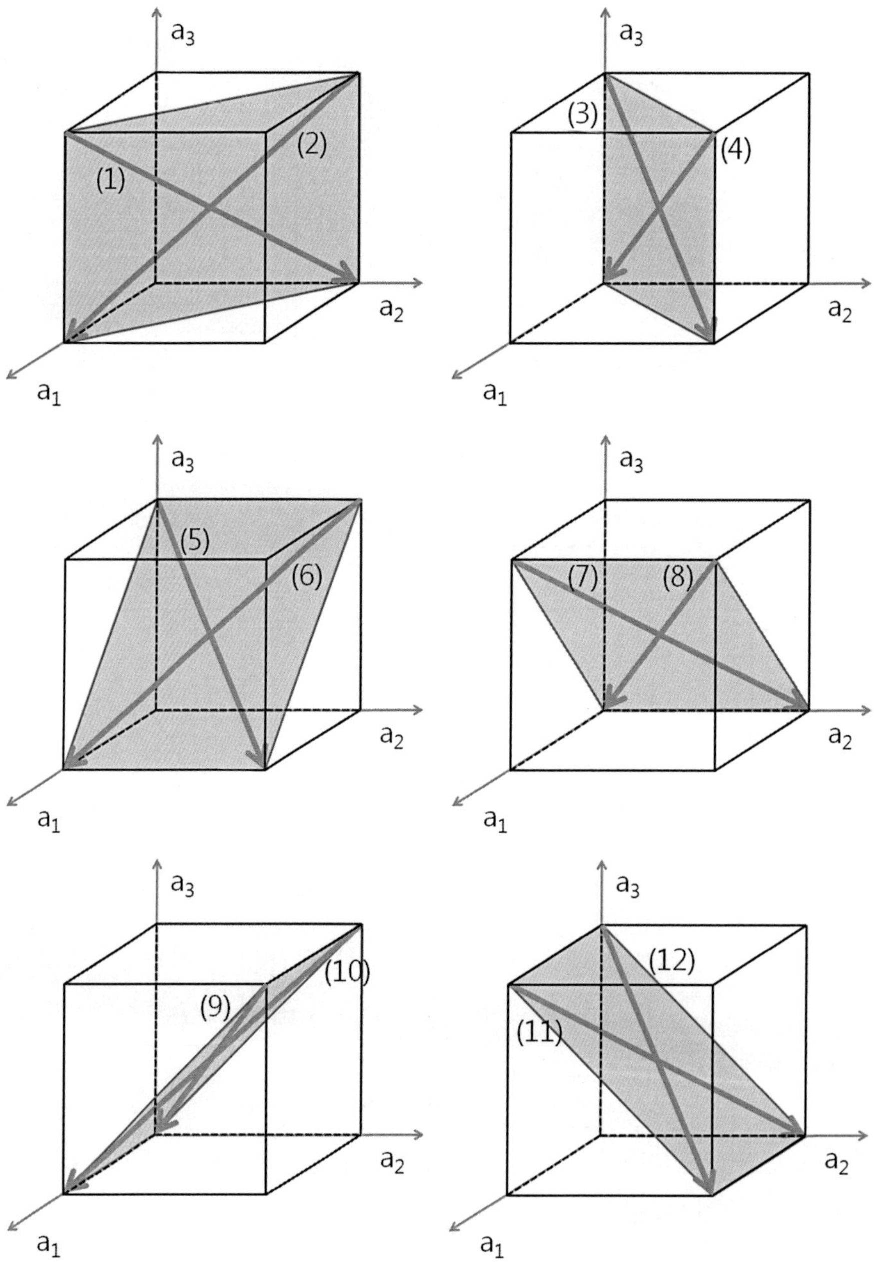

BCC 슬립계 $\{11\bar{2}\}\langle 111\rangle$

⟨111⟩방향 한 개에 세 가지 {112}면이 존재한다.

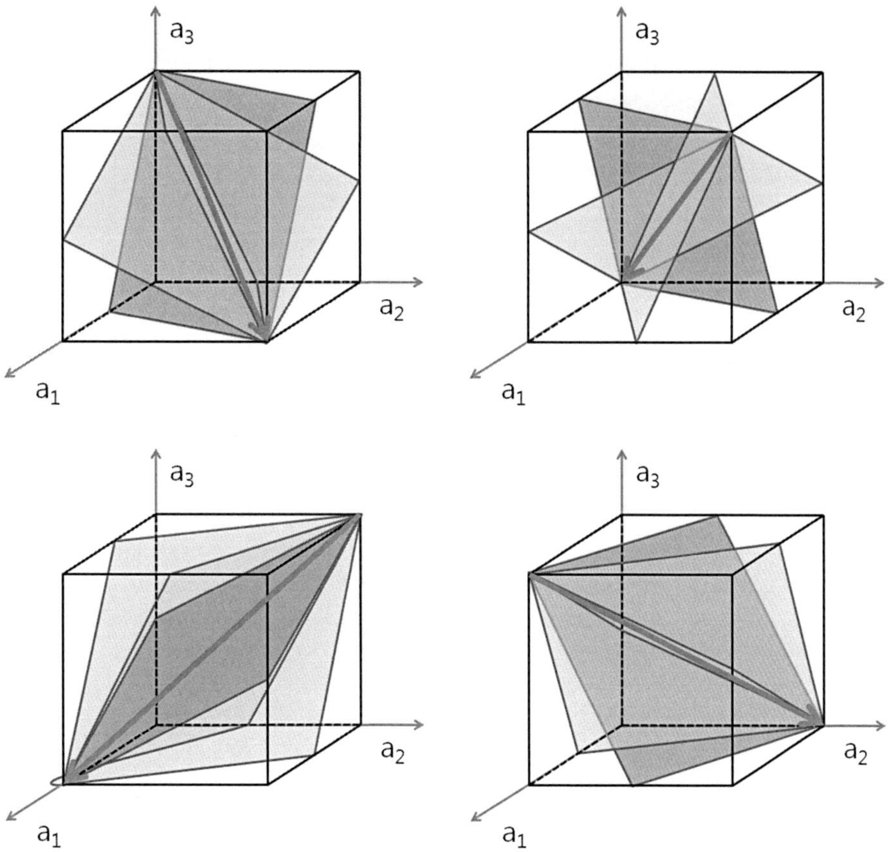

BCC 슬립계 {$12\bar{3}$}〈111〉

〈111〉방향 한 개에 6개의 {123}면이 존재한다.

{112}〈111〉 슬립계에서 {112}면 한 가지를 다음의 왼쪽 그림에 표현하였다. 이에 대응하는 {$12\bar{3}$}〈111〉슬립계의 {123}면은 두 가지 면이 존재하므로 결국 〈111〉방향 하나에 6개의 슬립면이 대응하게 된다.

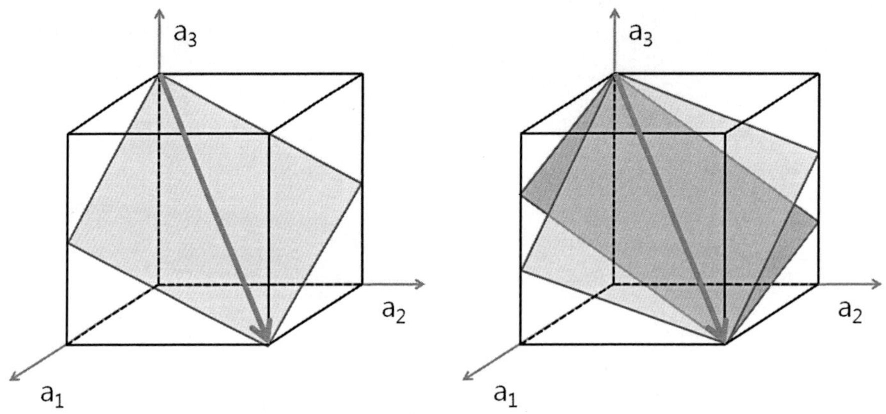

그러므로 4개의 슬립방향에 슬립면 6개씩이 대응하여 24개의 슬립계가 존재한다.

HCP Basal slip system $\{0001\}\langle 11\bar{2}0\rangle$

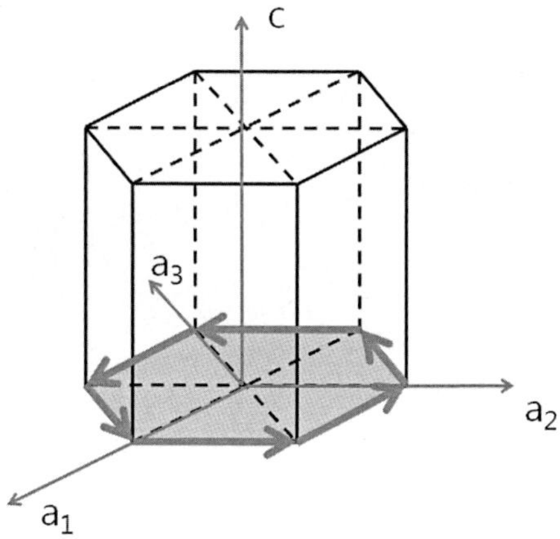

HCP Prismatic slip system $\{10\bar{1}0\}\langle \bar{1}2\bar{1}0\rangle$

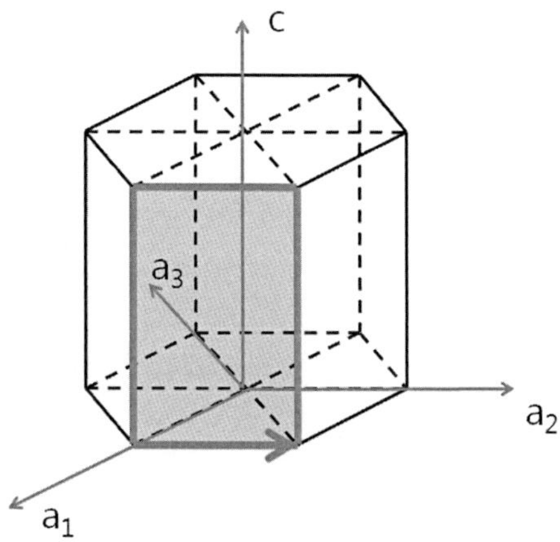

HCP Pyramidal slip system $\{10\bar{1}1\}\langle\bar{1}2\bar{1}0\rangle$

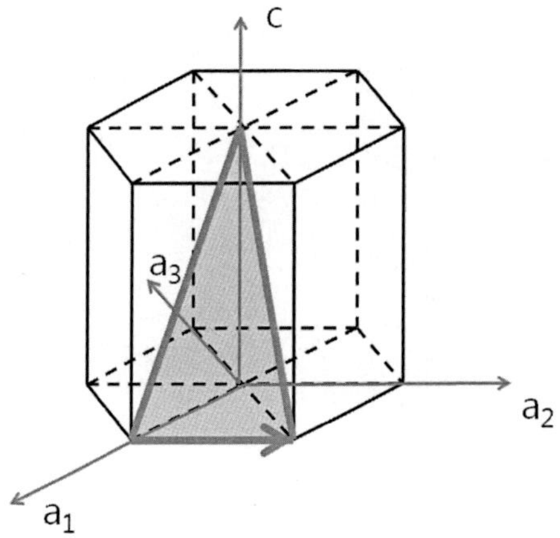

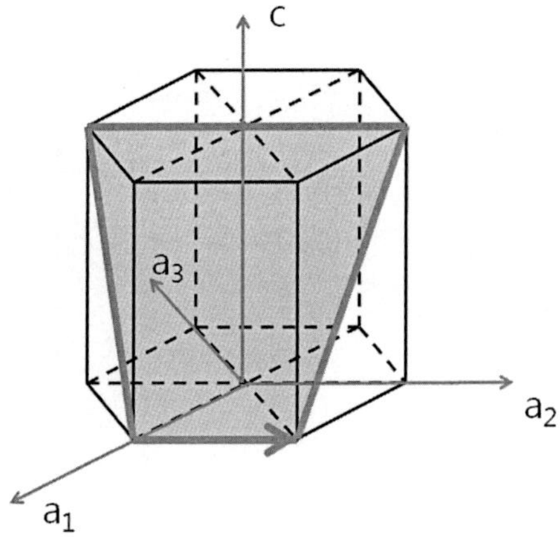

HCP Pyramidal slip system $\{1122\}\langle 1123\rangle$

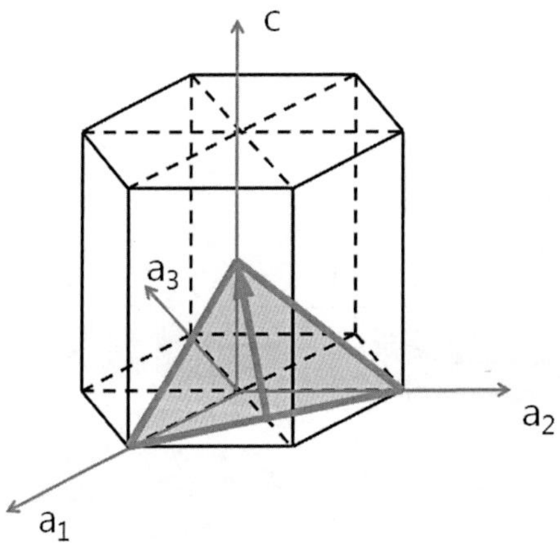

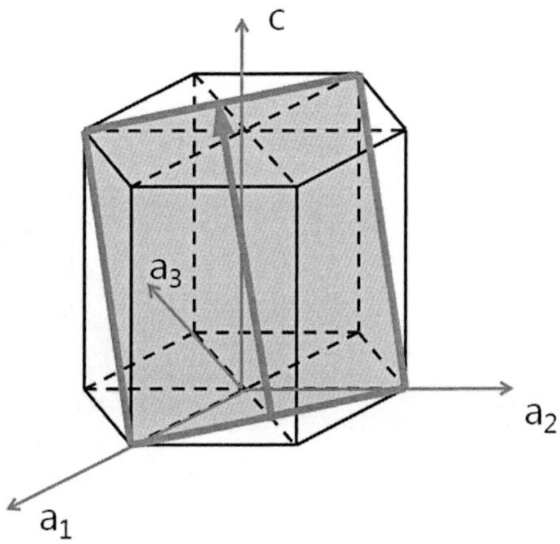

HCP slip system $\{11\bar{2}2\}\langle\bar{1}100\rangle$

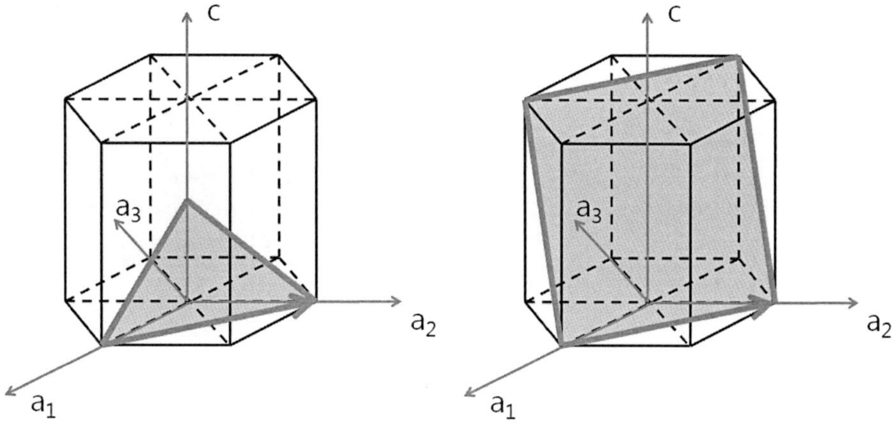

HCP Tensile twin system $\{1012\}\langle1011\rangle$

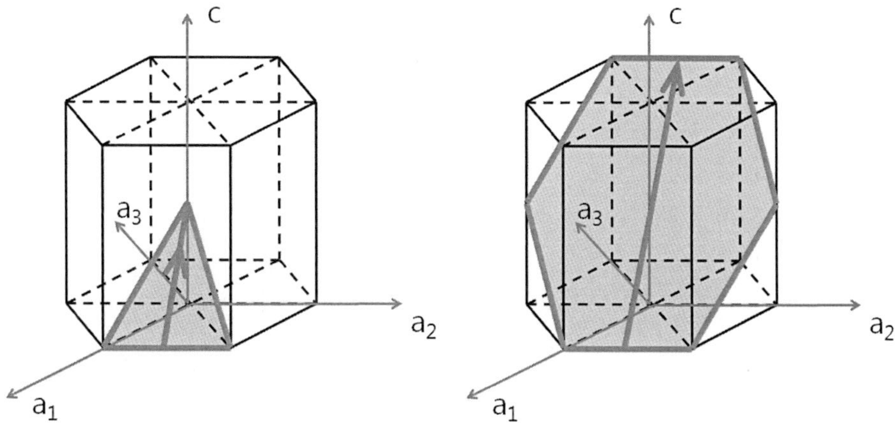

HCP Compressive twin system $\{10\bar{1}1\}\langle\bar{1}012\rangle$

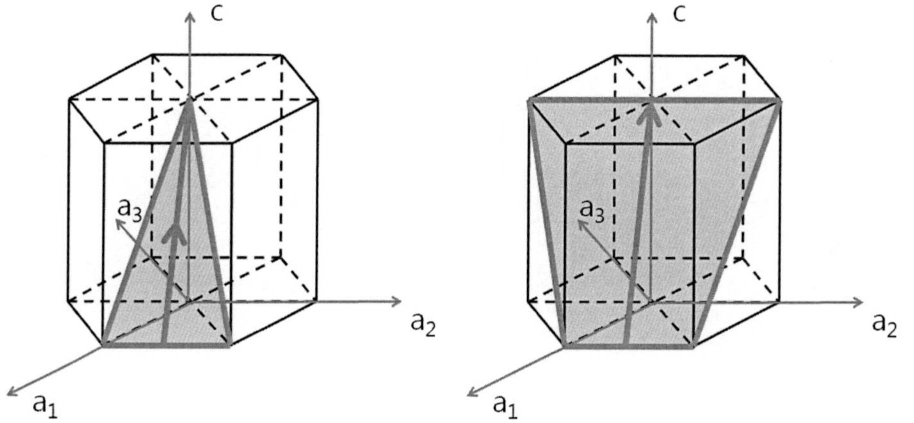

HCP Tensile twin system $\{1121\}\langle1126\rangle$

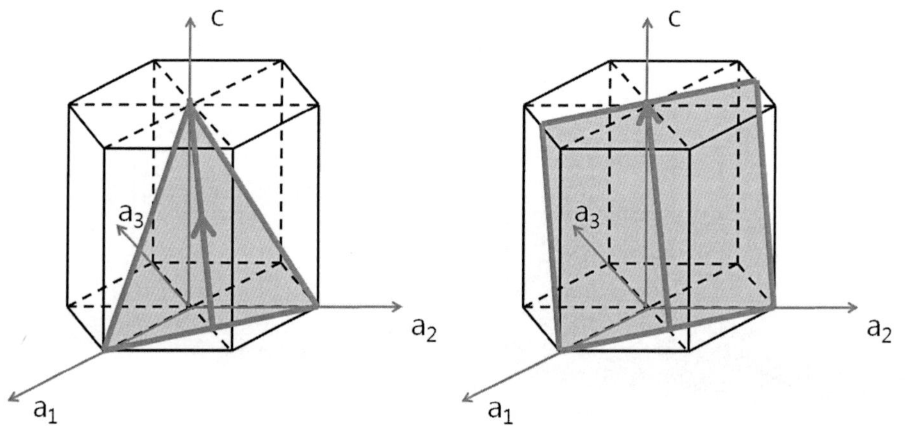

찾아보기

저자약력

박 노 진 (njpark@kumoh.ac.kr)

- 학　　력 : 독일 클라우스탈공대 금속공학과(Dr.-Ing., Dipl.-Ing.), 성균관대학교 금속공학과(공학사)
- 경　　력 : 독일 클라우스탈공대 금속연구소 연구원, 미국 워싱턴주립대학교 객원교수
- 현　　재 : 금오공과대학교 신소재시스템공학부 교수
- 연구분야 : 집합조직분석, 미세조직분석, X-선공학, 형상기억합금 등

정 효 태 (htjeong@gwnu.ac.kr)

- 학　　력 : 서울대학교 금속공학과(공학사, 공학석사, 공학박사)
- 경　　력 : 캐나다 McGill 대학교 연구원
- 현　　재 : 강릉원주대학교 신소재금속공학과 교수
- 연구분야 : 집합조직, 소성변형, 컴퓨터시뮬레이션

집합조직해석

2011년 2월 20일 초판 인쇄
2011년 2월 28일 초판 발행

저　자 : 박 노 진 · 정 효 태
발행자 : 우 명 찬 · 송 　 준
발행처 : 홍릉과학출판사
주　소 : ㊫ 142-885 서울시 강북구 인수동 455-60
등　록 : 1976년 10월 21일 제5-66호
전　화 : 999－2274~5, 996－8341, 903－7037
팩　스 : 905-6729
ISBN : 978-89-7283-886-9

hongpub@hongpub.co.kr
www.hongpub.co.kr

저자와의 협의하에 인지생략